台科大圖書
since 1997

超 Easy！
blender
3D 繪圖設計速成包

含 3D 列印技巧

倪慧君　編著

序 Preface

本書採用合法、免費的自由軟體「Blender」來建構 3D 物件。

在全球 Blender 使用者的共同開發和持續改版下,目前版本已支援各國語言,而 Blender 的最大特色就是軟體程式體積小且相當穩定,不像其他 3D 建模軟體,需要搭配較好的電腦設備,因此,Blender 很適合用來教學。

Blender 可以運行於不同的平台,而且安裝時,佔用資源最少。Blender 軟體除了可以進行 3D 建模外,還能製作 3D 場景、3D 人物互動動畫、3D 特效和 Python Programming 製作 3D 互動遊戲,甚至還包括後製(如 After Effect)之功能,並且功能經過整合、不需轉檔。因此學會 Blender 軟體,等於學會許多軟體。

本書從基礎到進階,化難為簡、深入淺出,藉由「實務的操作」,可以快速的學會 Blender,而學生若提早接觸到 Blender 並熟悉其操作,將來欲轉用到其他 3D 軟體時,可以立即進入狀況。

本書範例說明

為方便讀者學習本書範例與實作,所提供的相關檔案請至本公司網站(http://www.tiked.com.tw)的圖書專區下載,或者直接於首頁的關鍵字欄輸入本書相關關鍵字(例如:書號、書名、作者)進行書籍搜尋,尋得該書後即可下載範例內容檔案。

‧Blender 是 Blender 基金會的註冊商標。

‧本書所引述的圖片及網頁內容,純屬教學及介紹之用,著作權屬於法定原著作權享有人所有,絕無侵權之意,在此特別聲明,並表達深深的感謝。

目錄

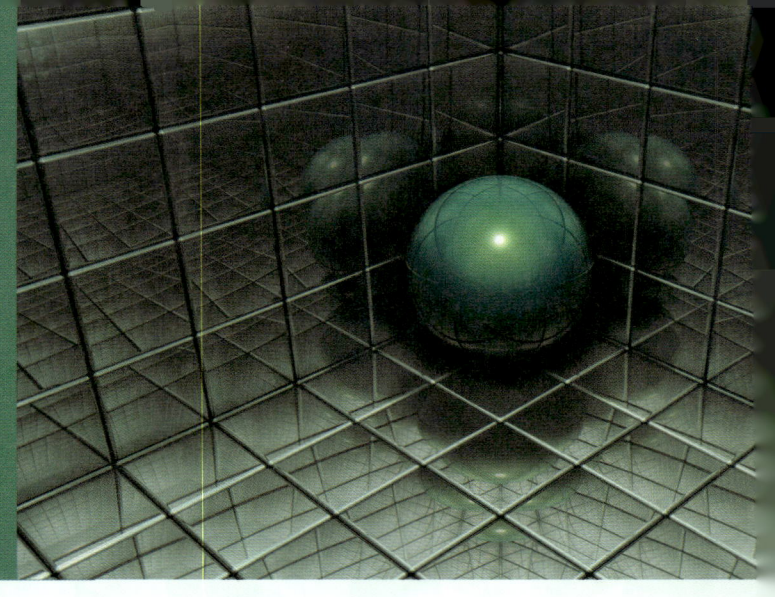

Chapter 1　Blender 軟體認識

1-1　Blender 軟體安裝　　2
1-2　Blender 軟體畫面　　6
1-3　Blender 切換成繁體中文介面　　8
1-4　Blender 開啟檔案　　10
1-5　Blender 儲存檔案　　11
1-6　Blender 匯出 3D 列印格式 STL 檔案（*.stl）　　12

Chapter 2　Blender 的基本操作認識

2-1　Blender 滑鼠操作　　14
2-2　Blender 度量單位　　15
2-3　Blender 視圖方向　　16
2-4　Blender 物體輔助圖示　　18
2-5　Blender 常用快速鍵　　19

Chapter 3　基礎 3D 建模－骰子

3-1　建立骰子本體　　26
3-2　骰子的點數　　29
3-3　儲存檔案　　36

Contents

Chapter 4　基礎 3D 建模－杯子

4-1	建立杯身	40
4-2	建立把手	46
4-3	連接杯身與把手	54
4-4	建立杯子厚度	56
4-5	儲存檔案	60

Chapter 5　基礎 3D 建模－車子

5-1	製作車體	64
5-2	製作輪胎、車燈、排氣管	73
5-3	製作擋風玻璃	83
5-4	結合物件	85
5-5	儲存檔案	88

Chapter 6　中階 3D 建模－兔子

6-1	製作身體與頭部	92
6-2	兔子的耳朵	97
6-3	製作手部	105
6-4	製作臉部物件	111
6-5	結合物件	125
6-6	儲存檔案	126
6-7	衍生製作－熊	129

目錄

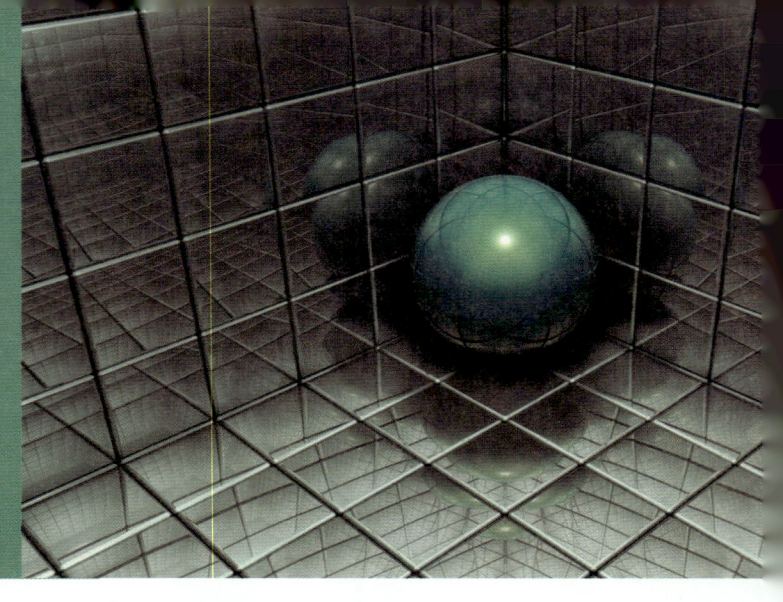

Chapter 7　中階 3D 建模－招財貓

- 7-1　製作身體與頭部　　136
- 7-2　耳朵製作　　141
- 7-3　製作手部　　150
- 7-4　臉部物件製作　　155
- 7-5　結合物件　　169
- 7-6　儲存檔案　　172
- 7-7　延伸製作－招財貓金幣　　175

Chapter 8　進階 3D 建模－人物

- 8-1　身體物件製作　　184
- 8-2　腳部製作　　191
- 8-3　手部製作　　203
- 8-4　頭部與頭髮　　209
- 8-5　製作臉部物件　　221
- 8-6　儲存檔案　　228

Chapter 9　3D 模型列印

- 9-1　3D 模型列印　　232
- 9-2　範例檔案列印參數　　237

附錄　3D 列印工程師認證簡介　　附-1

Chapter 1

Blender 軟體認識

- ◆ 1-1　**Blender 軟體安裝**
- ◆ 1-2　**Blender 軟體畫面**
- ◆ 1-3　**Blender 切換成繁體中文介面**
- ◆ 1-4　**Blender 開啟檔案**
- ◆ 1-5　**Blender 儲存檔案**
- ◆ 1-6　**Blender 匯出 3D 列印格式 STL 檔案（*.stl）**

● 學 習 目 標 ●

本單元將會介紹如何下載安裝 Blender 軟體及說明 Blender 軟體的操作介面。

● 運 用 新 功 能 ●

- 軟體設定中文化
- 開啟檔案和儲存檔案
- 匯出 3D 列印格式檔案（.stl）

1-1 Blender 軟體安裝

下載軟體前請先檢查適合自己系統的作業環境,再下載適合的軟體版本。

Step ① 確認系統需求

1. 從 Windows 桌面左下角執行【開始→控制台】,開啟控制台。

2. 控制台視窗中,點選【系統及安全性→系統】。

3. 「系統」視窗中，檢查電腦的基本資訊，查看「安裝記憶體（RAM）」和「系統類型」，注意您的電腦規格是否符合 Blender 最低運作環境。

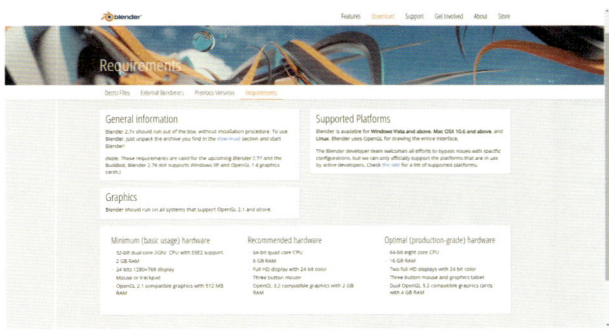

詳細說明可參考「Blender 官方網站→ Download → Requirements」。
參考來源：https://www.blender.org/download/requirements/。

Step 2 下載軟體

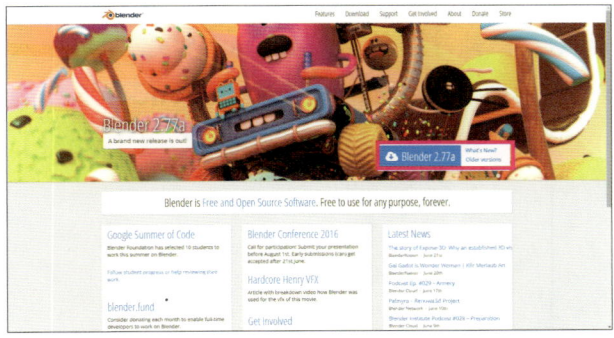

1. 進入官方網站（http://www.blender.org）以下載最新版本。

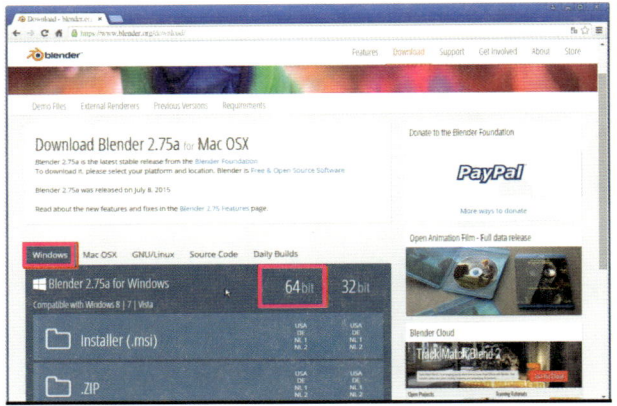

2. 進入下載頁面後，請依照自己的作業環境選擇下載版本。

   本書使用電腦的操作環境為 Windows 64 位元作業系統。

Step ❸ 安裝軟體

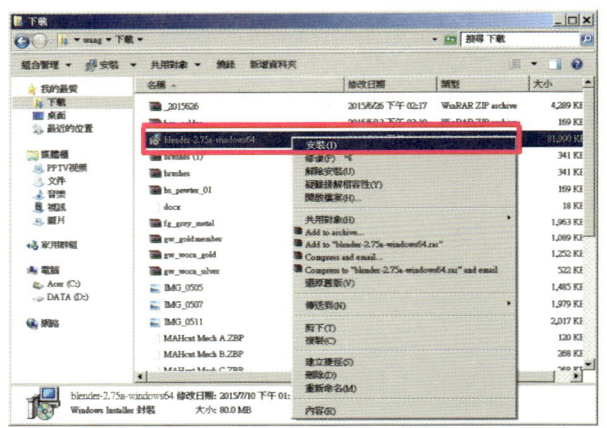

1. 點選下載後，到下載位置，找到檔案「blender2.75a.windows 64」，執行以安裝軟體。

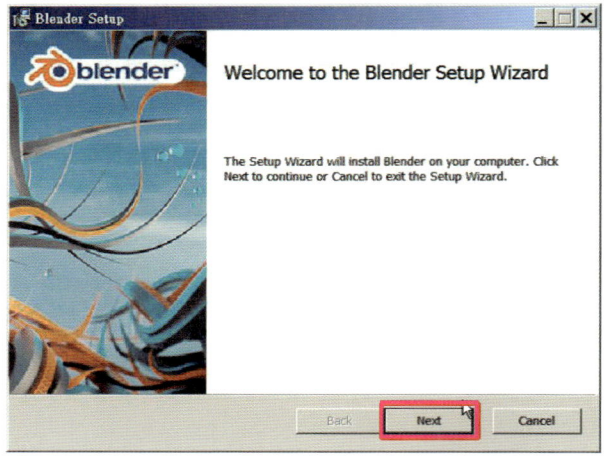

2. 執行安裝 Blender 軟體，進入「Welcome to the Blender Setup Wizard」歡迎畫面，點選【Next】進行下一步。

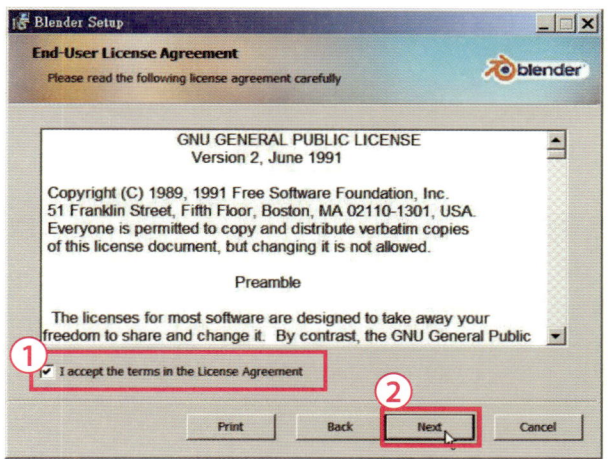

3. 進入授權畫面（End-User License Agreement），勾選【I accept the terms in the License Agreement】同意此授權條款，點選【Next】進行下一步。

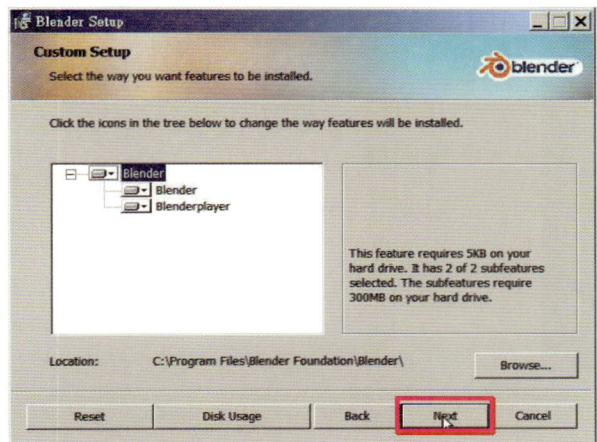

4. 點選【Next】進行下一步。

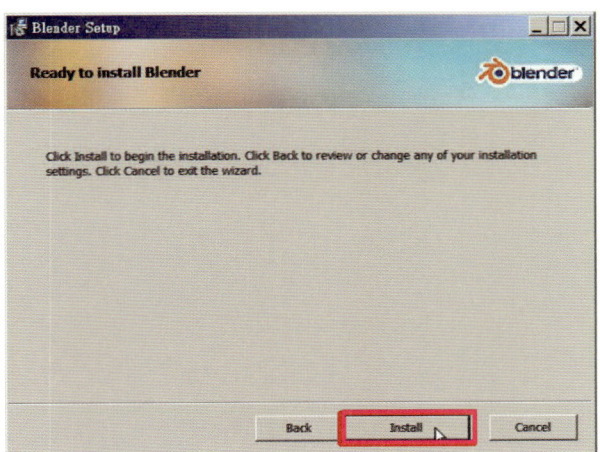

5. 按下【Install】，執行安裝。

1-2 Blender 軟體畫面

啟動畫面

1. 開啟 Blender 軟體後，就會進入啟動畫面並開啟預設的檔案，在畫面空白處點擊滑鼠左鍵或右鍵，就可以取消啟動畫面。

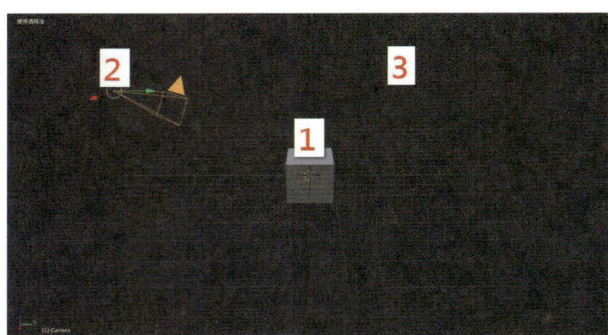

2. 預設檔案中會有 3 項物件：
   ①立方體（Cube）；
   ②攝影機（Camera）；
   ③燈光（Lamp）。

Blender 預設工具介面

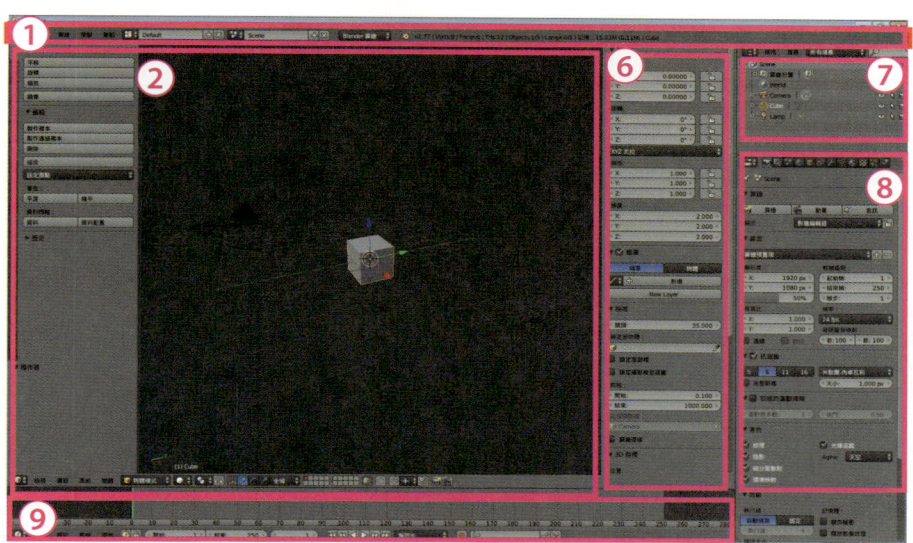

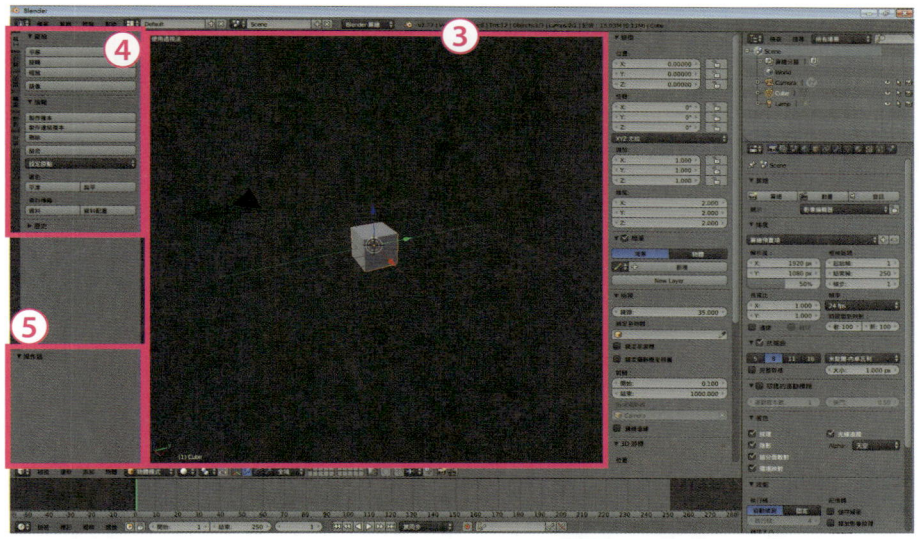

1. **資訊編輯器**：可執行開啟、儲存、匯出 STL 檔案等功能。
2. **3D 視圖編輯器**：主要的工作範圍，下方的指令列可以進行視窗切換、實體或線框模式切換、點線面的變形或調整等操作。
3. **3D 預視區域**：預覽物件及場景的主要工作區域。
4. **工具架區域**：將常用的工具分類，可快速方便製作。
5. **操作器面板**：按下工具按鈕後，可以在此進行初步調整。
6. **屬性區域**：可按 N 開啟或關閉，針對物件或場景進行基本設定。
7. **大綱管理器編輯器**：可對場景及物件進行管理。
8. **屬性編輯器**：針對物件或場景做更多設定。
9. **時間軸編輯器**：時間軸的播放與管理控制。

1-3 Blender 切換成繁體中文介面

Blender 預設為英文操作介面，但內建有多國語言可供切換，本書示範操作畫面為繁體中文，請依下列步驟將操作介面更改為繁體中文。

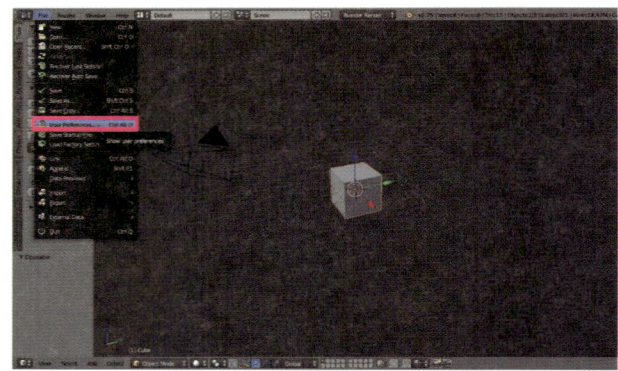

1. 在【資訊編輯器】指令列點選【檔案（File）→使用者偏好設定（User Preferences…）】，打開「Blender 使用者偏好設定（Blender User Preferences）」視窗。

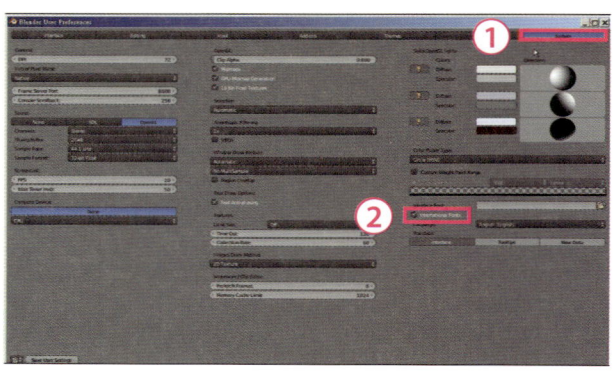

2. 點選【系統（System）】標籤，勾選下方【International Fonts】選項。

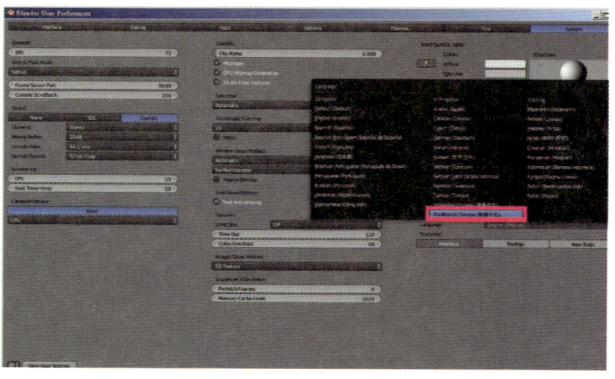

3. 點選【Language】，選擇「Traditional Chinese（繁體中文）」。

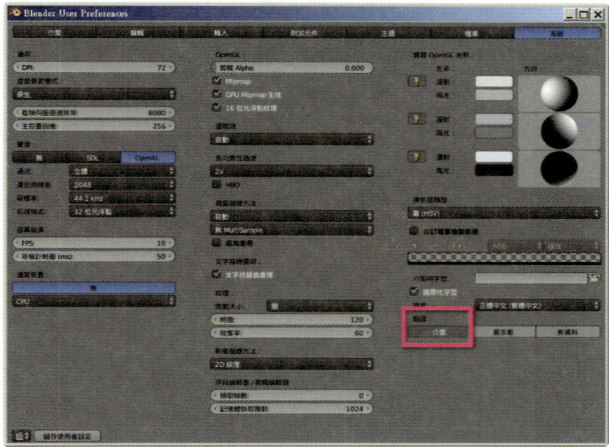

4. 最後將【Translate】下方的【Interface】選項打開,便可轉為成繁體中文介面。

   打開【提示框(Tooltips)】選項可將 Blender 的提示訊息改為中文;打開【新資料(New Date)】選項,會使新增的檔案及物件名稱預設為中文。

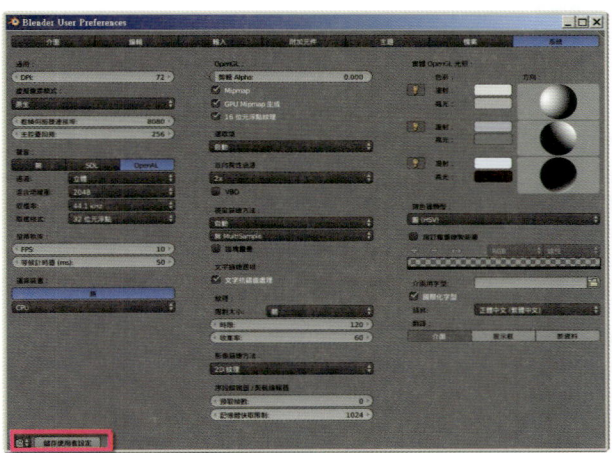

5. 點選【儲存使用者設定】來儲存剛剛的設定。

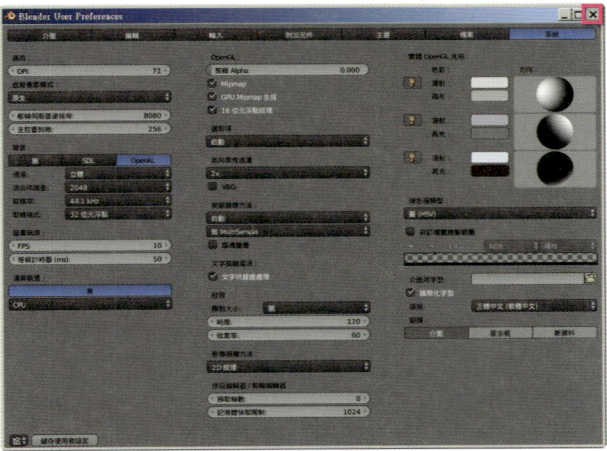

6. 點選右上角【關閉】按鈕關閉偏好設定,即完成設定。

1-4 Blender 開啟檔案

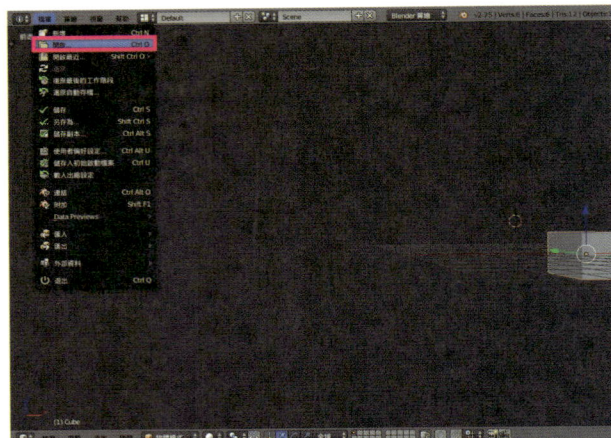

1. 點選【資訊編輯器】指令列上的【檔案→開啟…】指令。

    【開啟…】快速鍵為 `Ctrl` + `O`。

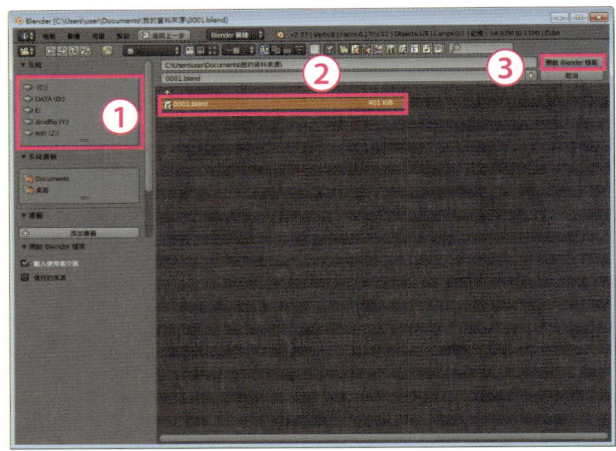

2. 進入開啟檔案畫面，依序進行①選擇檔案位置→②選擇檔案名稱→③開啟 Blender 檔案，就可以打開 Blender 檔案。

1-5 Blender 儲存檔案

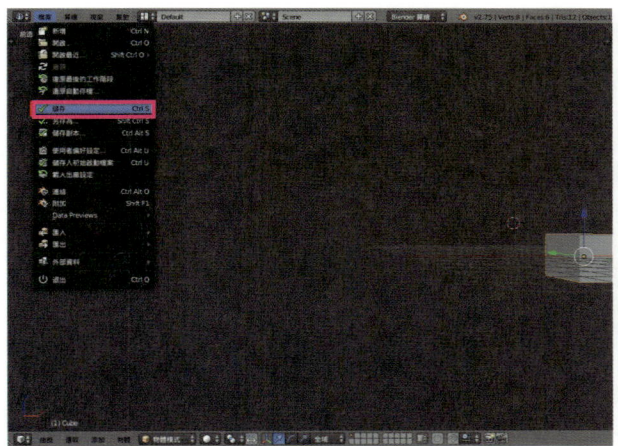

1. 點選【資訊編輯器】指令列上的【檔案→儲存】指令。

   【儲存】快速鍵為 Ctrl + S 。

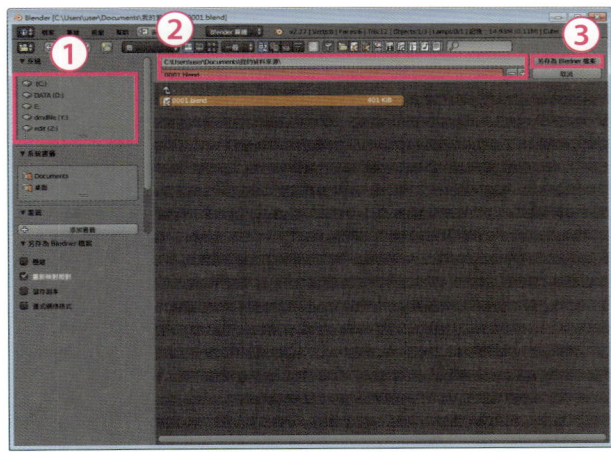

2. 進入儲存畫面，依序進行①選擇儲存位置→②輸入檔案名稱→③儲存 Blender 檔案（副檔名預設為「.blend」）

   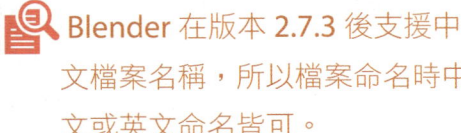
   Blender 在版本 2.7.3 後支援中文檔案名稱，所以檔案命名時中文或英文命名皆可。

1-6 Blender 匯出 3D 列印格式 STL 檔案（*.stl）

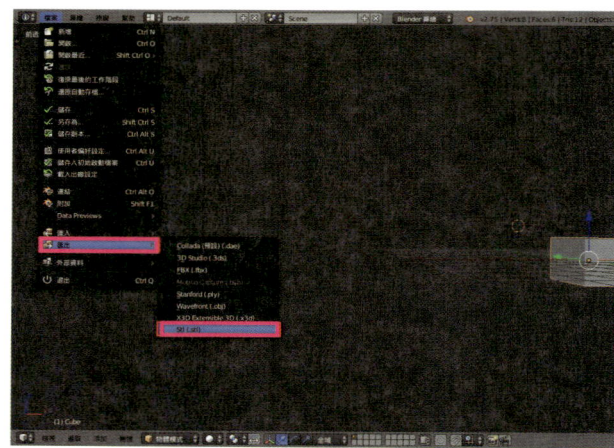

1. 點選【資訊編輯器】指令列上的【檔案→匯出→STL(.stl)】指令。

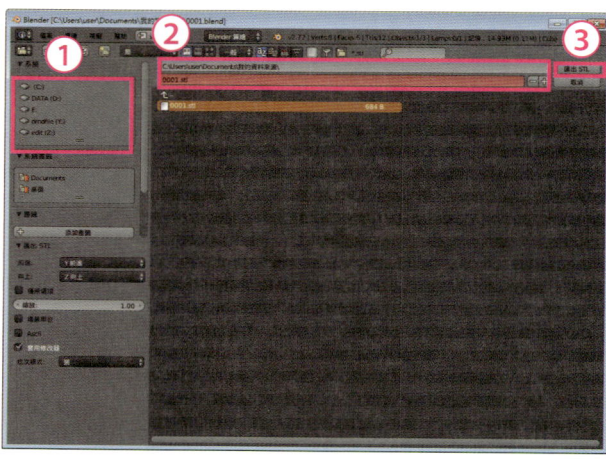

2. 進入匯出 STL 畫面，依序進行①選擇匯出檔案位置→②輸入檔案名稱→③點選【匯出 STL】按鈕進行儲存（副檔名預設為「.stl」）。

Chapter 2

Blender 的基本操作認識

◆ 2-1　Blender 滑鼠操作
◆ 2-2　Blender 度量單位
◆ 2-3　Blender 視圖方向
◆ 2-4　Blender 物體輔助圖示
◆ 2-5　Blender 常用快速鍵

學習目標
介紹基本操作的方式，包括：如何使用滑鼠切換視角角度、快速鍵的相互應用。

運用新功能
- 使用滑鼠操作方便編輯
- 認識物體輔助圖示
- 常用功能的快速鍵

2-1 Blender 滑鼠操作

在 Blender 中，操作使用方式與一般 Windows 軟體不同，請讀者反覆操作即可適應並完成操作。

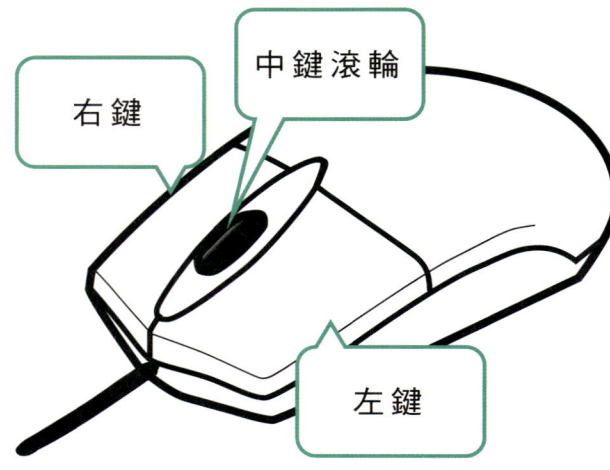

1. 滑鼠左鍵：設定游標位置（物件建立的原點）、拖移物件。
2. 滑鼠右鍵：可選取物件（物體模式）、選取點、線、面（編輯模式），可搭配按住 Shift 進行加選選取複數物件。選取中的物件會有亮橘色外框線。
3. 滑鼠中鍵滾輪：
   (1)「按住」滑鼠中鍵滾輪並拖曳，可改變「3D 預視區域」中的鏡頭角度。
   (2)「滾動」滑鼠中鍵滾輪，可拉近、拉遠調整視圖。
   (3) 按住 Shift + 滾動滑鼠中鍵滾輪，可上下調整視圖。
   (4) 按住 Ctrl + 滾動滑鼠中鍵滾輪，可左右調整視圖。

2-2 Blender 度量單位

　　Blender 中使用的度量單位分為「長度」和「角度」，可在【屬性編輯器→場景標籤→單位面板】中進行調整。

1. 長度單位

   Blender 長度單位分三個單位長度。

   無：預設單位，由使用者自行決定的 10 進位制。

   公制：1 Blender Unit 可以是 1m、1cm、1km。

   英制：1 inch ＝ 0.305BU。

2. 角度單位

   角度：1 圓周＝ 360 度。

   弧度：1 圓周＝ 2。

   > 本書使用預設的 Blender Unit（BU）單位設定。

2-3 Blender 視圖方向

1. 視圖方向主要是讓使用者在 3D 預視區域中，依照「前視」、「後視」、「左視」、「右視」、「頂視」、「底視」、「透視 / 正視圖」等方向或透視法為依據，在建模時更方便對物件的基本結構進行調整。

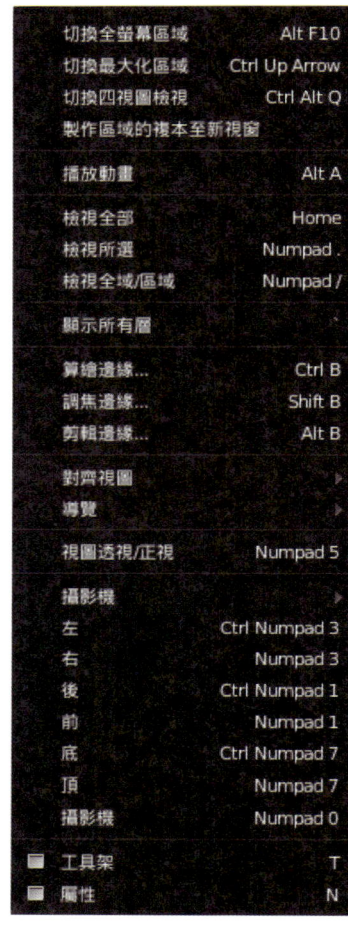

按  可快速切換「前視圖」。

按 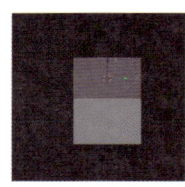 可快速切換「右視圖」。

按 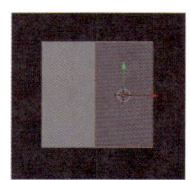 可快速切換「頂視圖」。

按  ＋  可快速切換「後視圖」。

按  ＋ 可快速切換「左視圖」。

按  ＋ 可快速切換「底視圖」。

2. 四視圖配置：開啟 Blender 的四視圖可以使 3D 預視區域的畫面同時呈現 3D 模型不同面向。

點選【3D 視圖編輯器】指令列的【檢視】，選取清單中的【切換到四視圖檢示】，就可以開啟四視圖。

快速鍵：

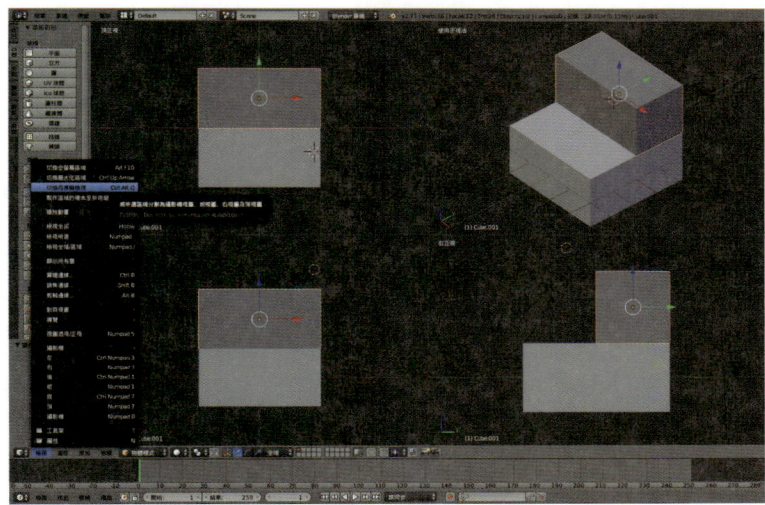

3. 或按 開啟顯示【屬性區域】，點擊【顯示面板→切換四視圖檢視】按鈕也可以開啟四視圖配置。

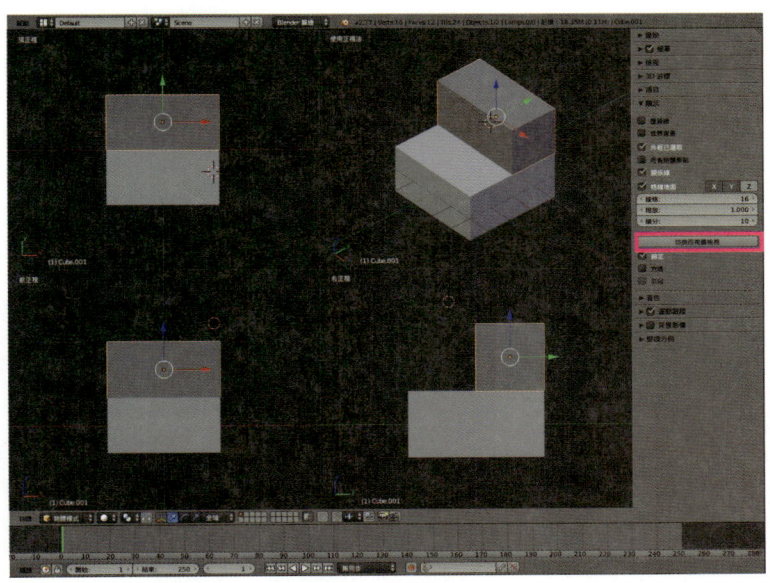

2-4 Blender 物體輔助圖示

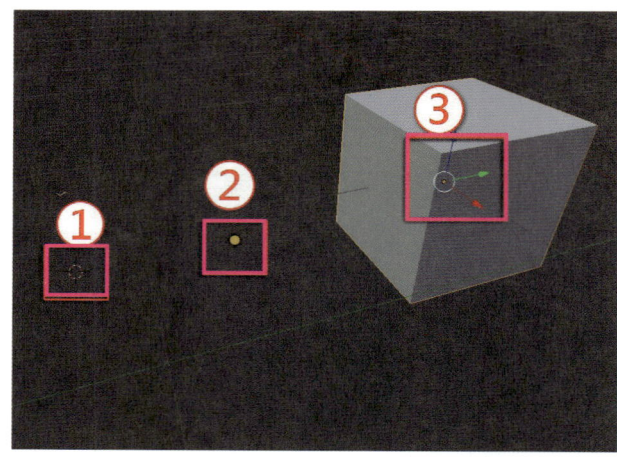

1. 物體輔助圖示
   ① 游標：新物件會以游標位置為基準來產生。
   ② 物件中心點：每個物件都有中心點，預設是在物件的正中央，但是物件在編輯之後，中心點不一定會在中心。
   ③ 三軸向輔助座標：有「平移」、「旋轉」、「縮放」3個模式可以選擇。X、Y、Z 三個軸向以顏色區分，分別是：X 軸紅色、Y 軸綠色、Z 軸藍色。

   > 三軸向輔助座標可在「3D 視圖編輯器」中切換模式或選擇開啟關閉。
   >
   > 三軸向輔助座標切換：
   >
   > 關閉三軸向輔助座標：

2. 三種不同輔助座標模式

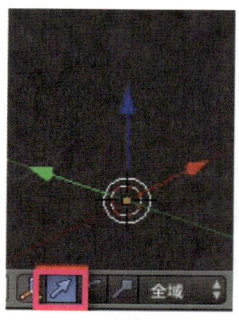
平移

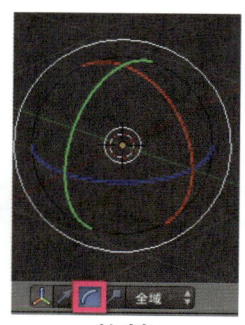
旋轉

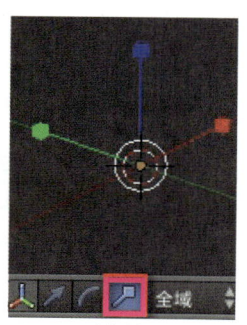
縮放

2-5 Blender 常用快速鍵

模式切換

按下 Tab 可快速切換「物體模式」與「編輯模式」這兩種物體的互動模式。也可以在【3D 視圖編輯器】的指令列上，點選【物體模式】按鈕進行切換。

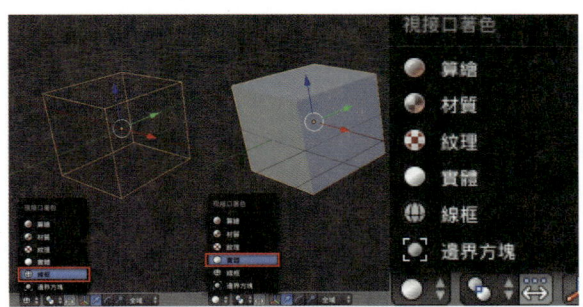

按下 Z 可切換「實體模式」與「線框模式」這兩種物體的顯示／著色模式。

也可以在【3D 視圖編輯器】的指令列上，點選【視接口著色】按鈕以進行切換。

「物體模式」的常用功能與快速鍵

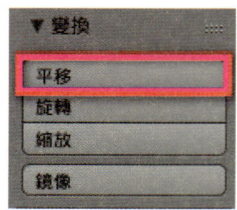

G 平移：移動物件。按下 **G** 後，可再按 **X**、**Y** 或 **Z** 進行限定沿 X 軸、Y 軸或 Z 軸方向的移動。

也可以按下【工具架區域→工具標籤→變換面板】上的【平移】按鈕執行這項功能。

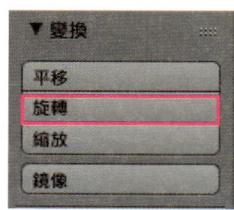

R 旋轉：使用滑鼠或數字輸入改變角度。按下 **R** 後，可再按 **X**、**Y** 或 **Z** 進行限定沿 X 軸、Y 軸或 Z 軸方向的旋轉。

也可以按下【工具架區域→工具標籤→變換面板】上的【旋轉】按鈕執行這項功能。

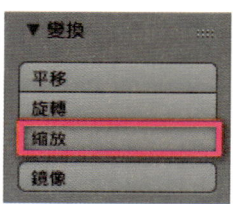

S 縮放：以物件原點為中心做等比例縮放。按下 **S** 後，可再按 **X**、**Y** 或 **Z** 進行限定沿 X 軸、Y 軸或 Z 軸方向的縮放。

也可以按下【工具架區域→工具標籤→變換面板】上的【縮放】按鈕執行這項功能。

Shift + **A** 添加：新增物件。可以在【工具架區域→建立標籤】執行同樣的功能。

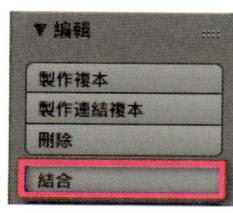

Ctrl + **J** 結合：將物件與物件做結合。可以按下【工具架區域→工具標籤→編輯面板】上的【結合】按鍵執行相同功能。或是點選【3D 視圖編輯器】指令列上的【物體→結合】來執行。

「編輯模式」的常用功能與快速鍵

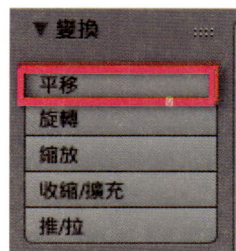

G 平移：調整、移動點、線、面物件。按下 **G** 後，可再按 **X**、**Y** 或 **Z** 進行限定沿 X 軸、Y 軸或 Z 軸方向的移動。

也可以按下【工具架區域→工具標籤→變換面板】上的【平移】按鈕執行這項功能。

> 「編輯模式」下使用 **G** 移動物件時，原點不會跟著移動。

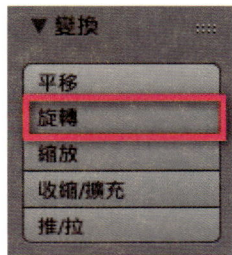

R 旋轉：旋轉角度。按下 **R** 後，可再按 **X**、**Y** 或 **Z** 進行限定沿 X 軸、Y 軸或 Z 軸方向的旋轉。

也可以按下【工具架區域→工具標籤→變換面板】上的【旋轉】按鈕執行這項功能。

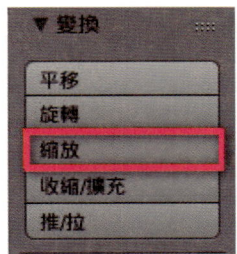

S 縮放：縮放點、線、面物件。按下 **S** 後，可再按 **X**、**Y** 或 **Z** 進行限定沿 X 軸、Y 軸或 Z 軸方向的縮放。

也可以按下【工具架區域→工具標籤→變換面板】上的【縮放】按鈕執行這項功能。

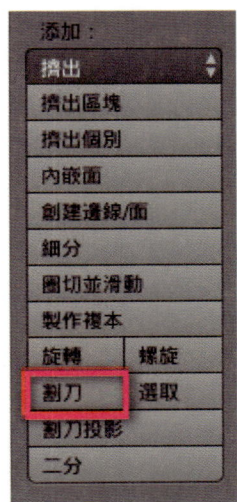

K 割刀：裁切線、面物件。點選物件可以在物件上新增點及線，點選完畢後按下 **Enter** 完成裁切。

也可以按下【工具架區域→工具標籤→網格工具面板】上的【割刀】按鈕執行這項功能。

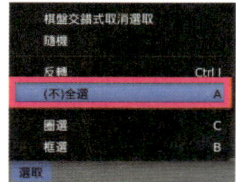

 (不) 全選：可全選物件的點、線、面或取消目前的選取。
可以在【3D 視圖編輯器】指令列上點選【選取→(不)全選】執行相同指令。

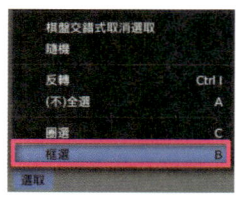

 框選：可框選點、線、面物件。
可以在【3D 視圖編輯器】指令列上點選【選取→框選】執行相同指令。

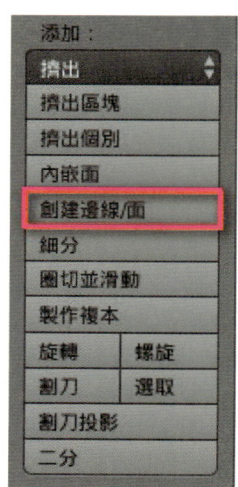

 創建邊線 / 面：填滿線、面物件。
也可以按下【工具架區域→工具標籤→網格工具面板】上的【創建邊線 / 面】按鈕執行這項功能。

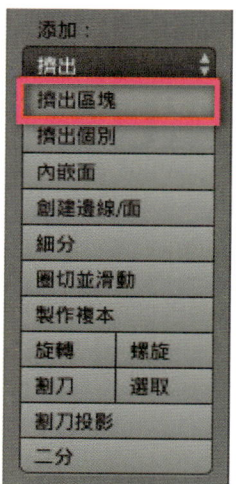

 擠出區塊：將目前選取的點、線、面物件向外或內延伸。按滑鼠左鍵進行確認，按右鍵可以讓變形回到原點，進行移動向量為「0」的擠出區塊。
也可以按下【工具架區域→工具標籤→網格工具面板】上的【擠出區塊】按鈕執行這項功能。

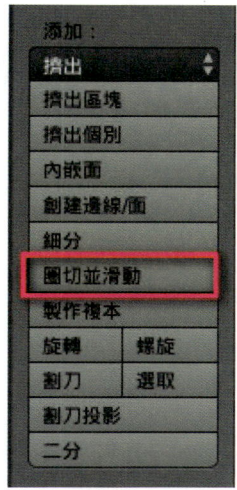

Ctrl + **R** 圈切並滑動：可環繞切割物件。按下按鈕後，移動滑鼠到要執行圈切的面上，可以看到亮橘色的裁切線，需要圈切更多層的話，可使用滑動滑鼠滾輪來增加切割次數，確認後按下左鍵。按下左鍵後可以滑動來決定裁切的位置，再按一次左鍵確認，或按右鍵讓裁切位置置中。

快速鍵列表

1. 常用功能快速鍵

A：全選（All）	**B**：框選（Box）
C：圈選（Circle）	**E**：擠出（Extrude）
F：連結成面（Face）	**G**：移動（Grab）
H：隱藏（Hide）	**Alt** + **H**：取消隱藏
Shift + **H**：Hide Unselected	**K**：割刀（Knife Cut）
M：移動圖層（Move Layer）	**N**：屬性選單
R：旋轉（Rotate）	**S**：放大縮小（Scale）
T：工具菜單	**X**：刪除
Z：框線模式（Wireframe）	

2. 視角調整快速鍵

- `1`：前視角
- `3`：側視角（右）
- `5`：透視圖 / 正視圖（View Persp/Orth）
- `7`：頂視角
- `Ctrl` + `0`：設定相機為目前鏡頭（Cameras）
- `2`：下轉（Orbit Down）
- `4`：左轉（Orbit Left）
- `6`：右轉（Orbit Right）
- `8`：上轉（Orbit Up）

3. 群組功能快速鍵

- `Ctrl` + `G`：建立新群組
- `Shift` + `Ctrl` + `G`：加入群組
- `Shift` + `G`：群組選擇（Group Select）
- `Ctrl` + `Alt` + `G`：移出群組
- `Shift` + `Alt` + `G`：移出群組

4. 其他快速鍵

- `Ctrl` + `J`：物體合併（Join）
- `Shift` + `S`：吸附（Snap）

Chapter 3

基礎 3D 建模－
骰子

建立一個骰子

- 細分功能
- 擠出功能
- 面選取模式
- 縮放功能
- 切換模式
- 圈切與滑動功能
- 儲存 Blender
- 匯出 stl 檔

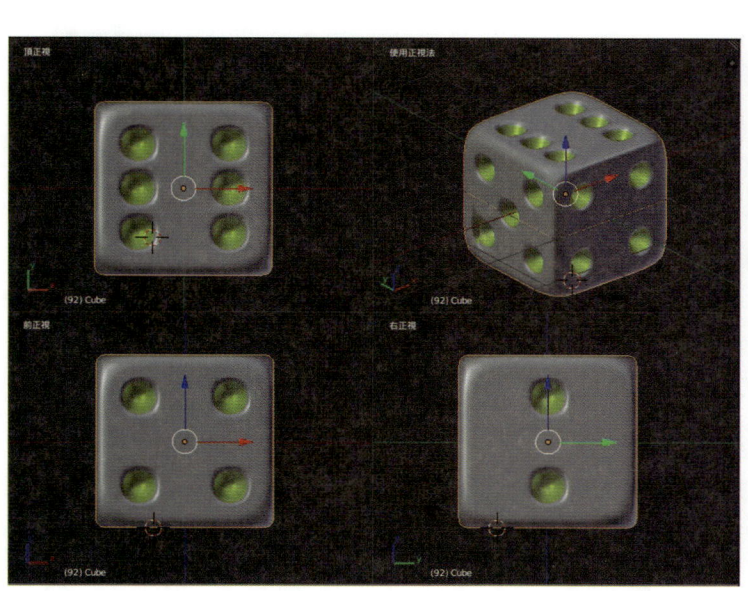

3-1 建立骰子本體

Step 1 前置作業

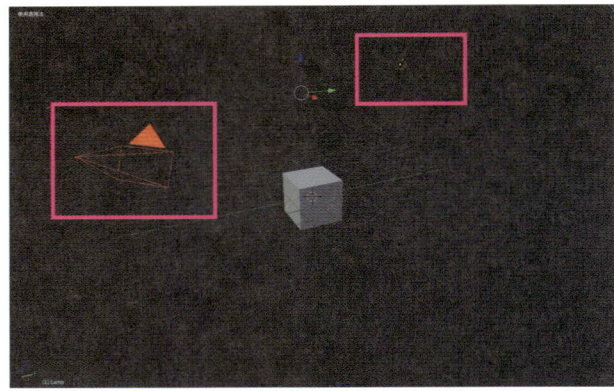

1. 開啟 Blender 軟體後,選取並刪除「攝影機」及「燈光」物件。

【刪除】快速鍵:

Step 2 細分表面功能

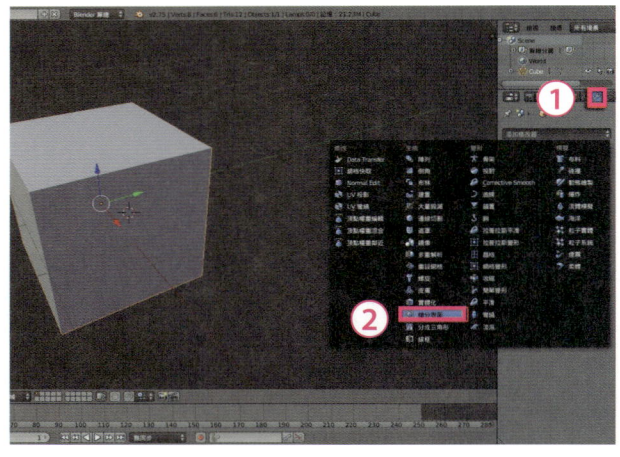

1. 選取畫面中的立方物件,到【屬性編輯器】選擇【修改器】標籤,按下【添加修改器】按鈕,選擇選單中的【細分表面】。

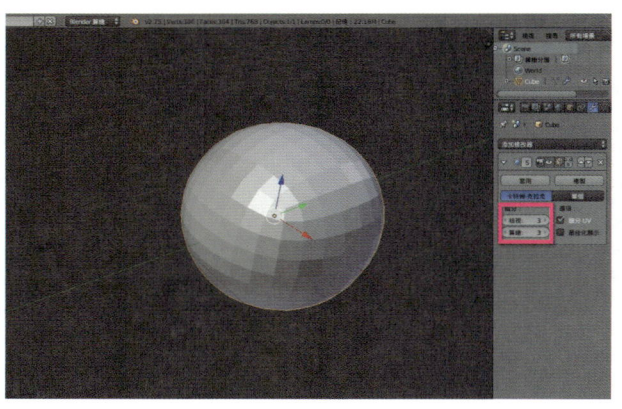

2. 設定「細分表面修改器」內容為
檢視:3
算繪:3。

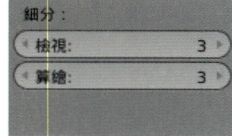

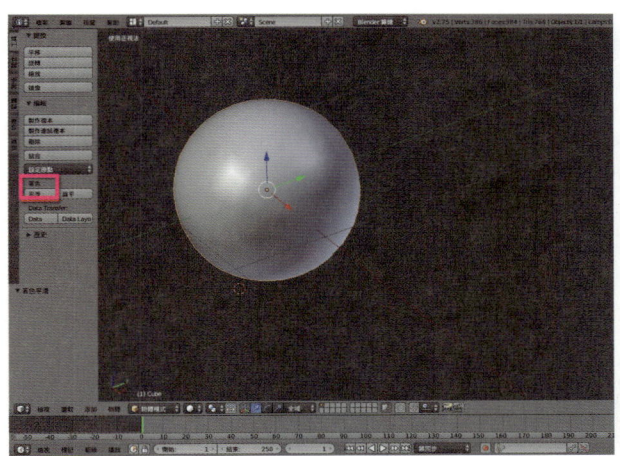

3. 到【工具架區域】中【工具】標籤的【編輯】面板進行設定，點擊【著色→平滑】的按鈕。

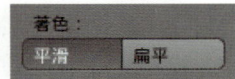

Step 3 擠出個別功能

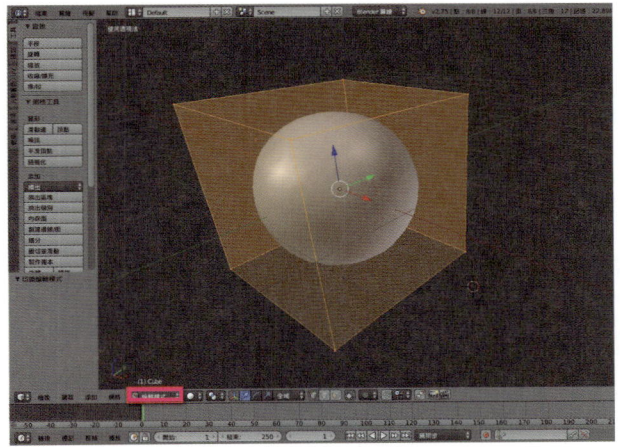

1. 按下 Tab ，切換到「編輯模式」。

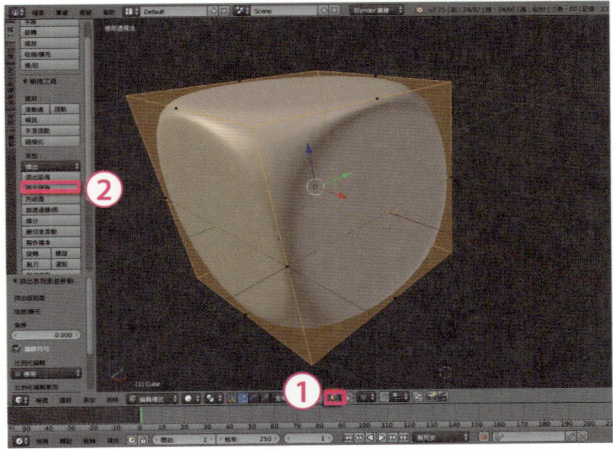

2. 在【3D 視圖編輯器】的指令列按下【面選取】，讓滑鼠右鍵的選取模式為「面選取模式」，按下【工具架區域→工具標籤→網格工具面板】的【擠出個別】按鈕後按右鍵。

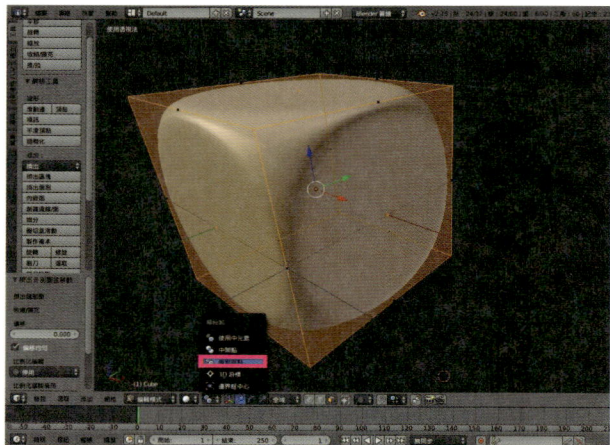

3. 到【3D 視圖編輯器】的指令列，設定「樞紐點」為 【個別原點】。

3-2 骰子的點數

Step 1 圈切並滑動功能

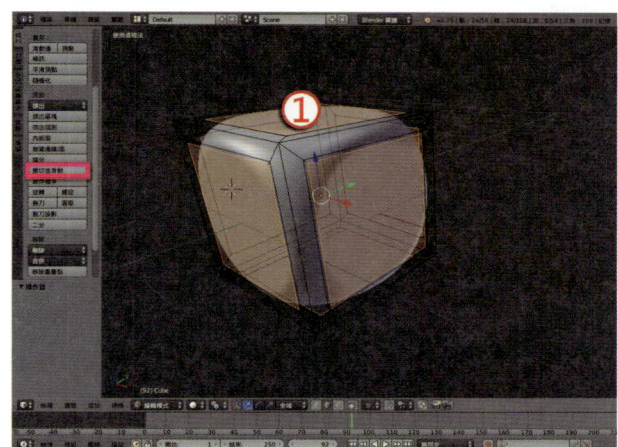

1. 在編輯模式下，到【工具架區域→工具標籤】按下【圈切並滑動】，並將滑鼠移到面①（頂面）上，向上滾動滑鼠滾輪 1 次，或是以數字鍵輸入圈切切割次數為 2。按下左鍵確認後，再按右鍵，切割點會置中於切割面。

【圈切並滑動】快速鍵： +

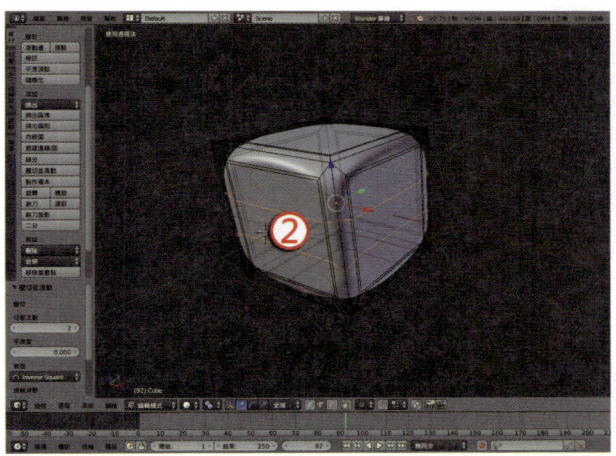

2. 對面②（正面）以相同方法再次執行一次【圈切並滑動】。

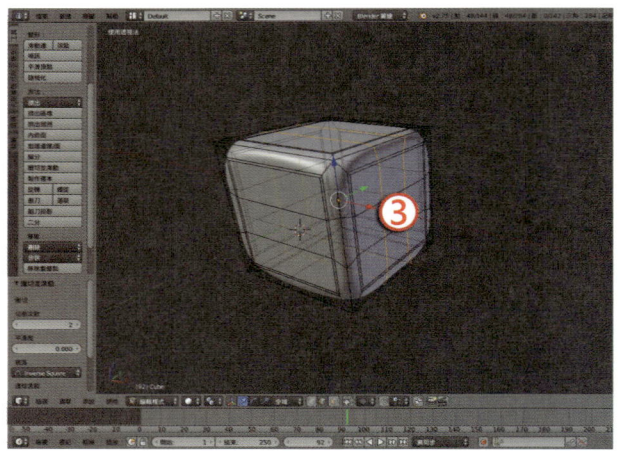

3. 對面③（側面）以相同方法再次執行一次【圈切並滑動】。將長、寬、高皆作 3 等分的切割。

Step 2 面選取模式

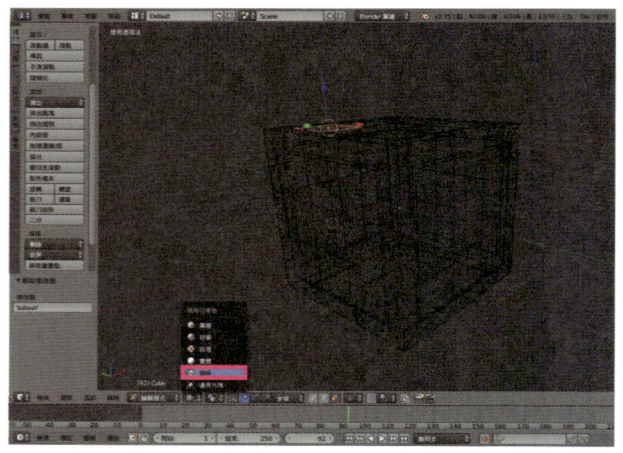

1. 按 [Z]，切換到「線框模式」。

   線框模式可以讓接下來要進行的選取更方便。

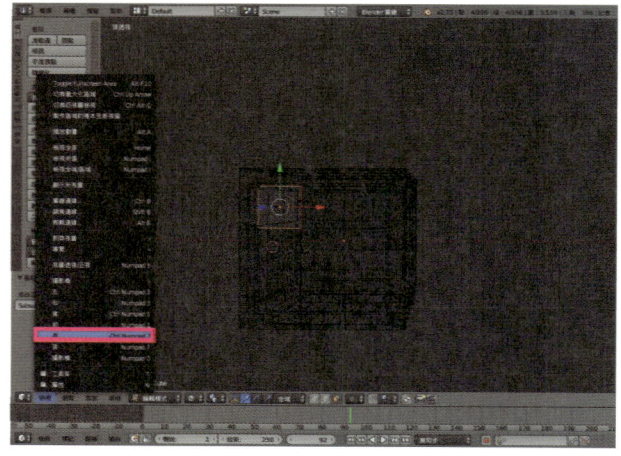

2. 點選【3D 視圖編輯器】指令列【檢視→頂視圖】，將視窗切換為頂視圖。

   【頂視圖】快速鍵：

3. 再點選【檢視→視圖透視/正視】，將畫面切換為正視圖，此時 3D 預視區域畫面為「頂正視」。

4. 按下【3D 視圖編輯器】指令列上的【面選取】，讓選取模式為「面選取模式」，再點選【選取→框選】。

   【框選】快速鍵：B

5. 將骰子的每個正面框選起來。

   請利用「頂視圖」、「前視圖」、「側視圖」的切換，讓框選更便利快速。

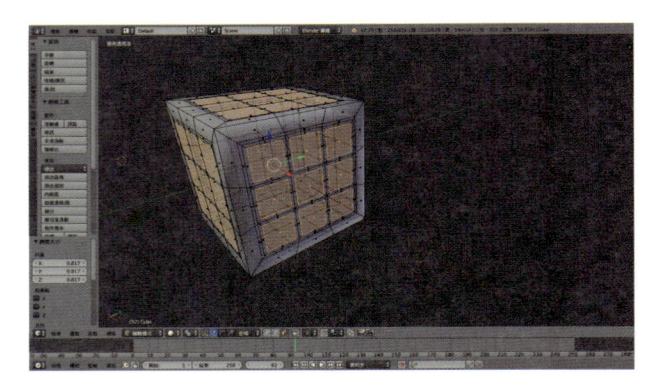

6. 到【工具架區域→工具標籤→添加面板】，按下【擠出個別】，再按右鍵。

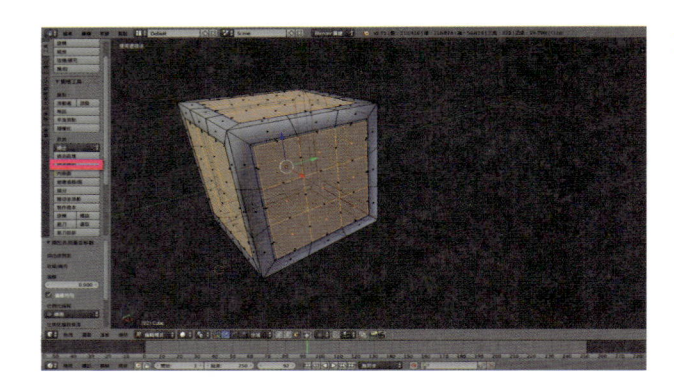

   【擠出個別】快速鍵：E

7. 再次確認「樞紐點」為「個別原點」。按 S 進行「縮放」，輸入「0.75」後按 Enter。

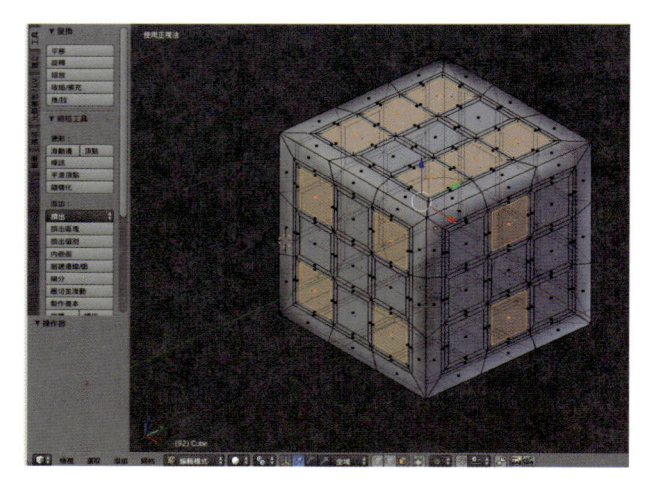

8. 按 A 取消全選，再進入「面選取模式」，將骰子的每個點用 Shift ＋右鍵點選起來。

基礎 3D 建模－骰子

3-2 骰子的點數

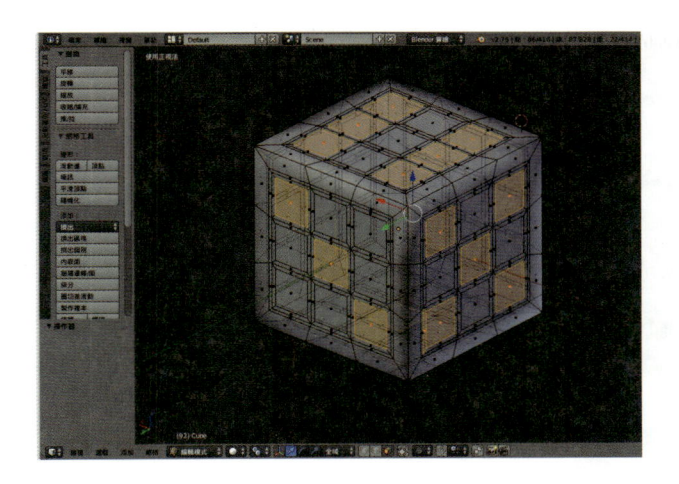

請參考骰子的展開圖進行點選。

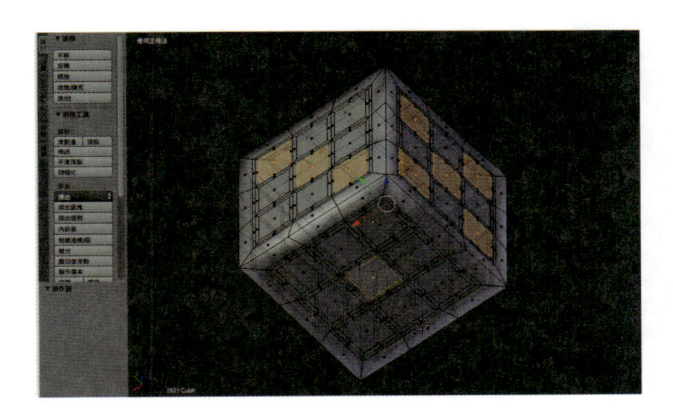

Step 3 材質、顏色功能

1. 在【屬性編輯器】選擇【材質標籤】，按下 ➕，進行添加一個材質體，再按下 ⬤ ➕ 新增 添加一個新材質。

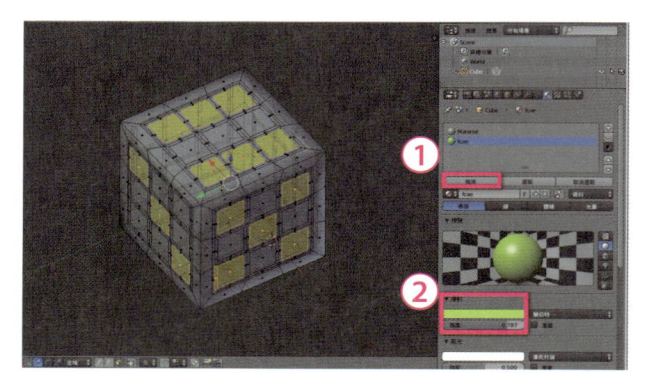

2. 按下【指派】，將新材質指定到剛剛選擇的骰子點數上，更改【漫射】區塊中的漫射色彩，讓骰子點數有自己的獨立顏色。

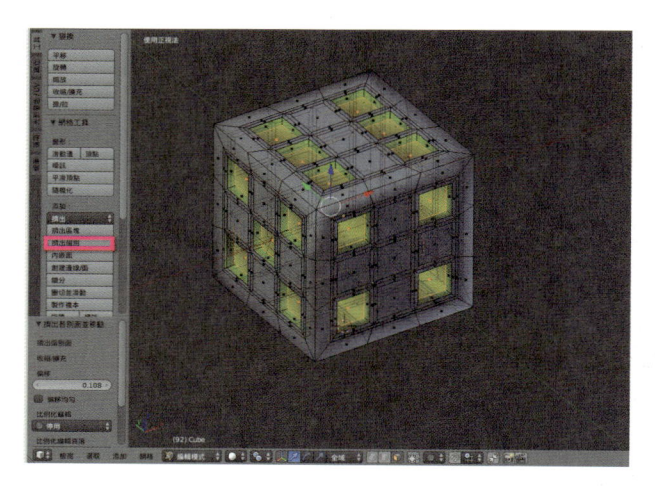

3. 到【工具架區域→工具標籤】，按下【擠出個別】，以鍵盤輸入「-0.08」後按 Enter，讓骰子點數內移 0.08 單位。再執行一次【擠出個別】，這次直接按滑鼠右鍵設定原位置。

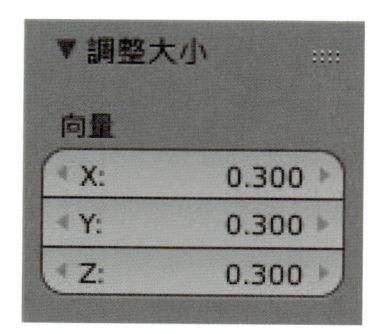

【擠出個別】快速鍵：E

4. 點選【縮放】，輸入「0.3」。

【縮放】快速鍵：S

5. 到【屬性編輯器】，點選【修改器】頁面，將【在視接口中顯示修改器】的眼睛圖示打開，按下「細分表面」修改器的【套用】按鈕。

請注意套用修改器不能在「編輯」模式下進行。

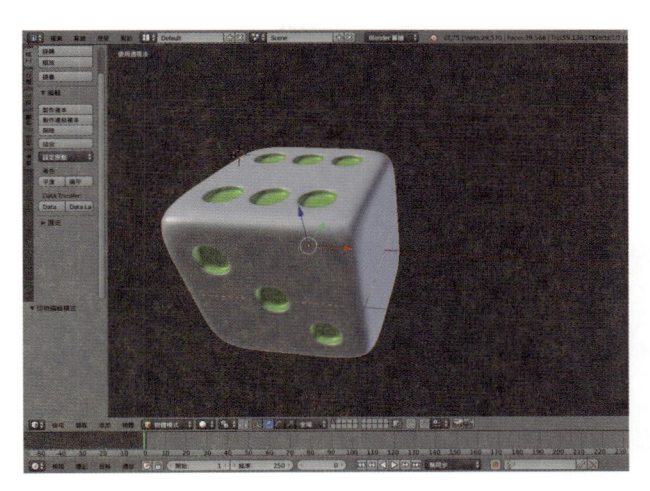

6. 按 `Tab` 切換到「物體模式」看一下目前建模的成果。

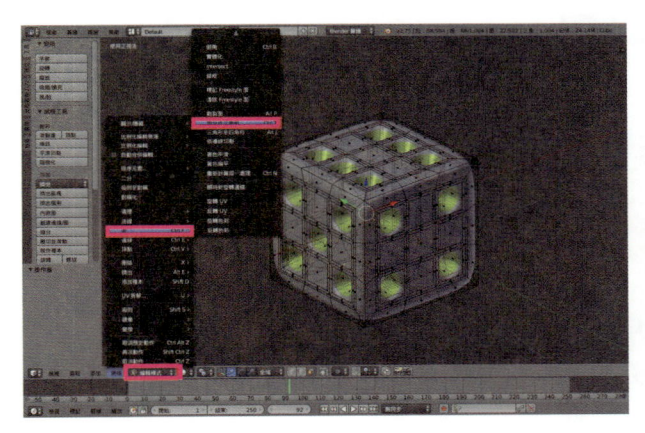

7. 按 `Tab` 切換回「編輯模式」。
點選【3D視圖編輯器】指令列的【網格→面→面分成三角形】指令。

> 【面分成三角形】快速鍵：
> `Ctrl` 鍵 ＋ `T`

8. 再按 `Tab` 切換回「物體模式」確認建模成果。

3-3 儲存檔案

存為 Blender 檔案

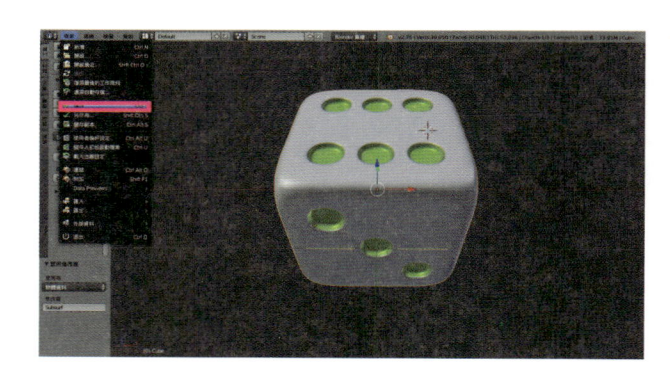

1. 從【資訊編輯器】中，點選執行【檔案→儲存】指令。

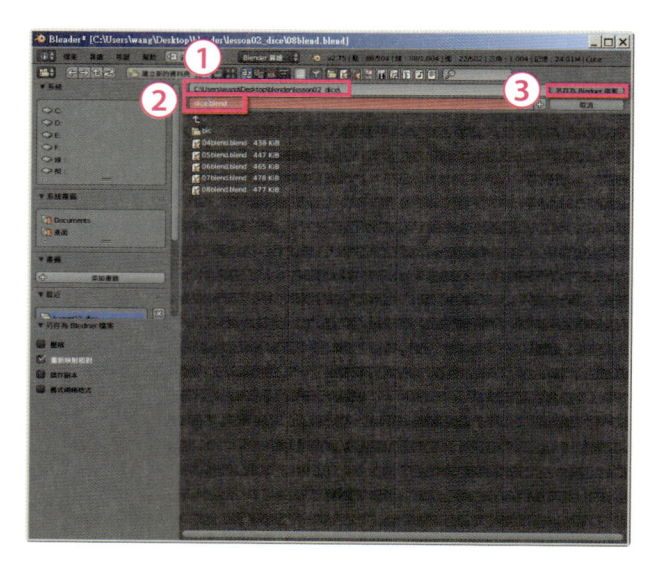

2. ①確認儲存的位置；②輸入檔案名稱；③點選【存為 Blender 檔案】進行儲存。

匯出成 STL 檔案格式

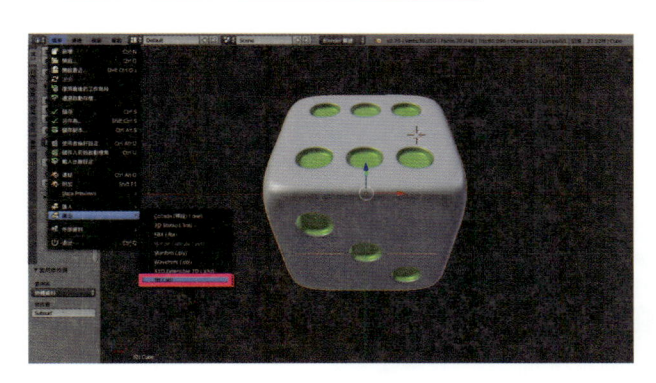

1. 從【資訊編輯器】中，點選執行【檔案→匯出→ STL】指令。

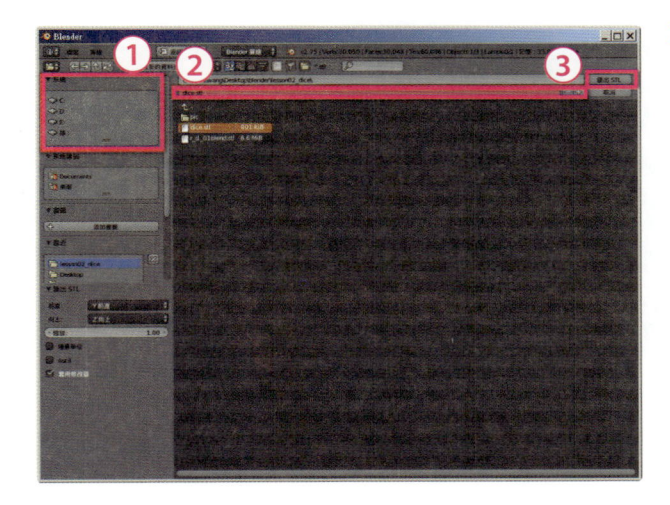

2. ①確認儲存的位置；②輸入檔案名稱；③點選【匯出 STL】進行儲存。

3D 列印成品

Chapter 4

基礎 3D 建模－
杯子

學習目標
建立一個杯子

運用新功能
- 刪除
- 轉換為網格
- 創建點線面
- 合併

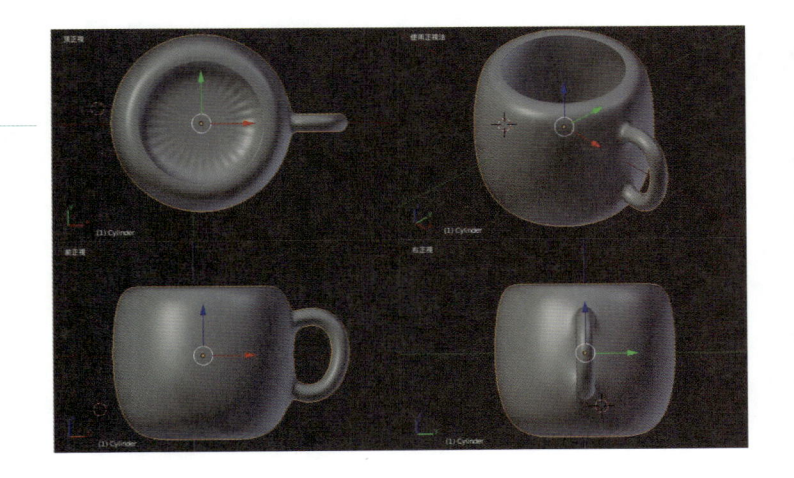

4-1 建立杯身

Step ❶ 建立圓柱體

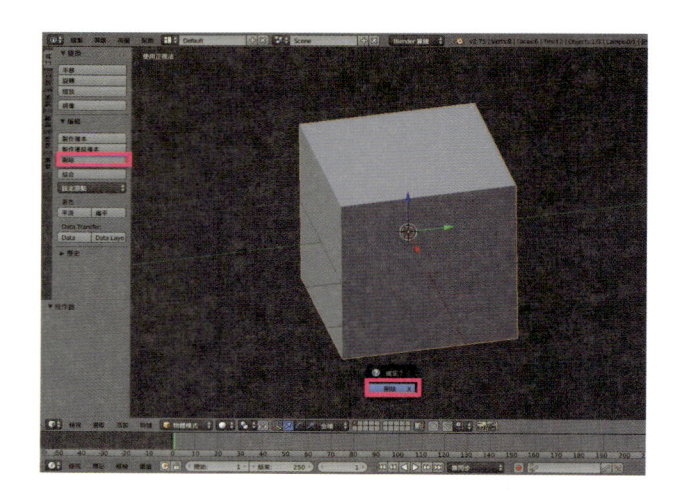

1. 右鍵點選預設的立方體物件，按下【工具架區域】的【工具標籤→編輯面板→刪除】按鈕，刪除預設的立方體。

   【刪除】快速鍵：X

2. 到【工具架區域】的【建立標籤】，按下【網格→圓柱體】按鈕，建立一個圓柱體。

3. 【操作器面板】的【添加圓柱體】設定選項中，【蓋帽充填類型】選擇「三角形扇」

   蓋帽充填類型
   三角形扇

   【添加】快速鍵：Shift + A

4. 按 Tab 進入「編輯模式」，再按 Z，切換到「線框模式」。

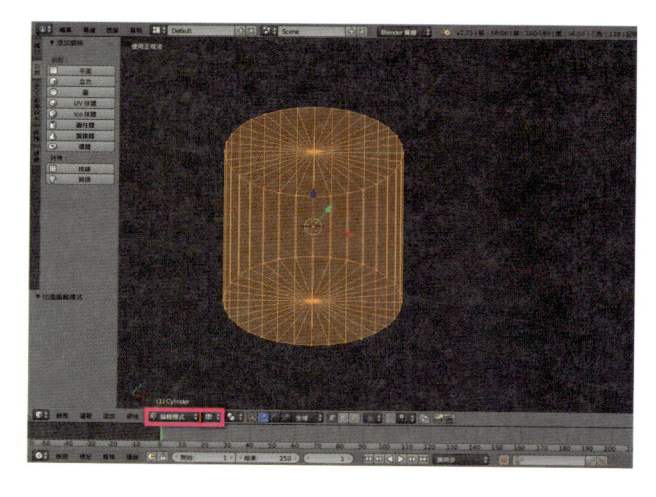

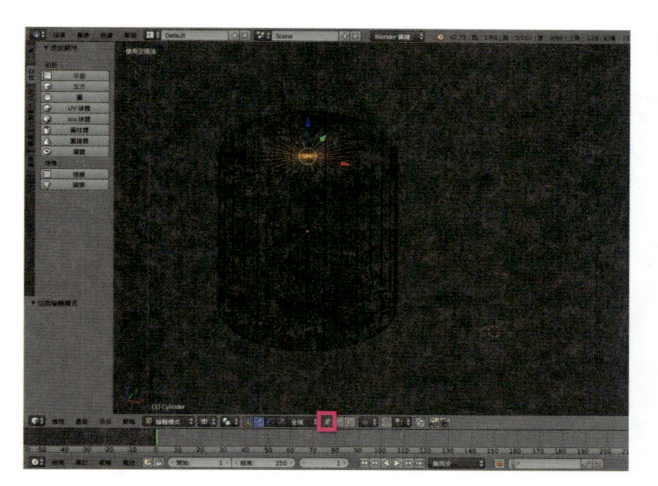

5. 在「3D視窗面板」按下 【Vertex select（點選取）】按鈕，開啟「點選取模式」，以滑鼠右鍵點選圓柱體上方的頂點。

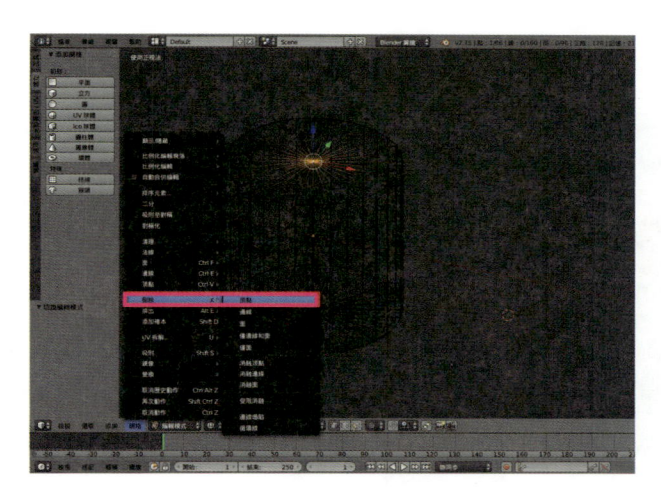

6. 以【3D視圖編輯器】指令列的【網格→刪除→頂點】功能，刪除剛剛選取的頂點。

   🔍 【刪除】快速鍵：X

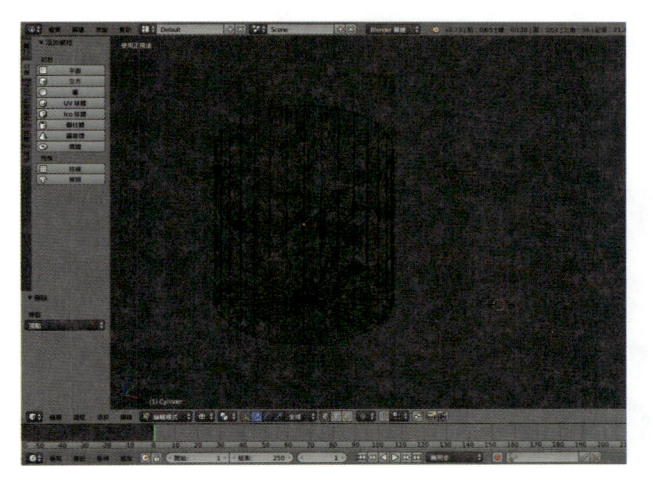

7. 刪除完成。

Step 2 圈切並滑動

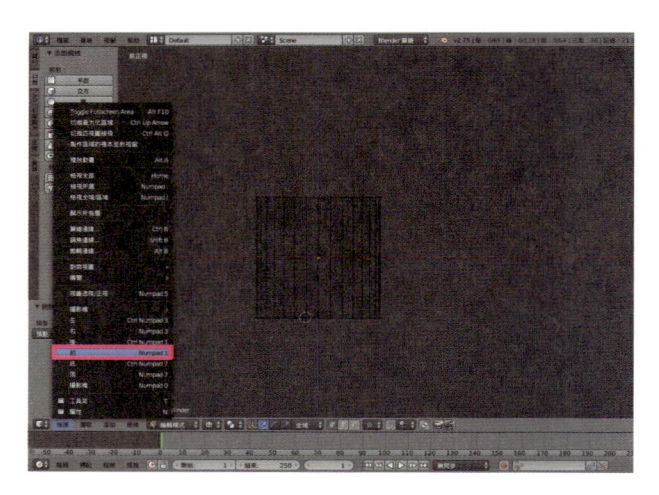

1. 按 [1]，將預視畫面切換到「前視圖」。

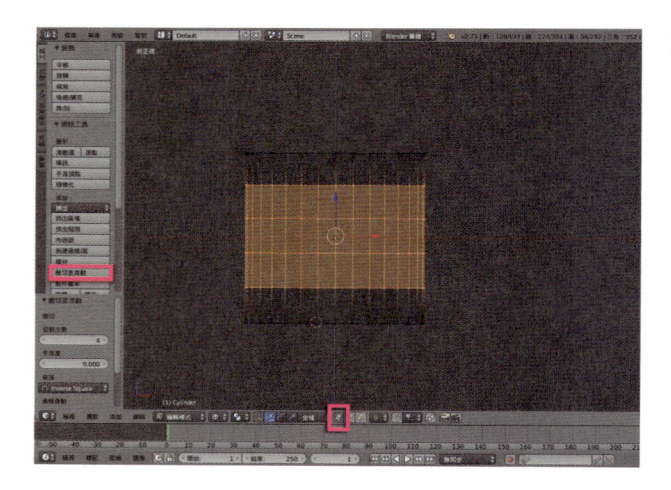

2. 點選【工具架區域】的【圈切並滑動】按鈕，將滑鼠游標移動到圓柱體上，向上滾動滑鼠滾輪 3 次，或是以數字鍵輸入圈切切割次數為 4。按下左鍵確認後，再按右鍵，切割點會置中於物件。

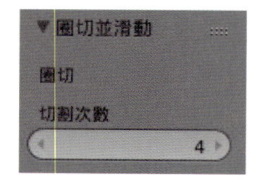

   【圈切並滑動】快速鍵：[Ctrl] + [R]

3. 到【3D 視圖編輯器】，點選【選取→(不)全選】，將選取範圍取消。

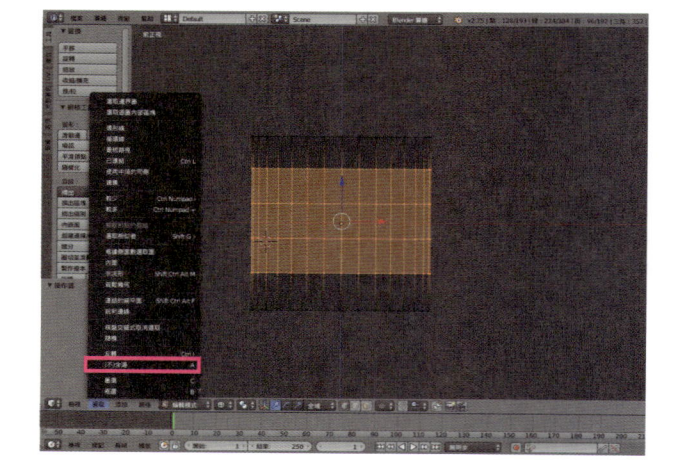

   【(不)全選】快速鍵：[A]

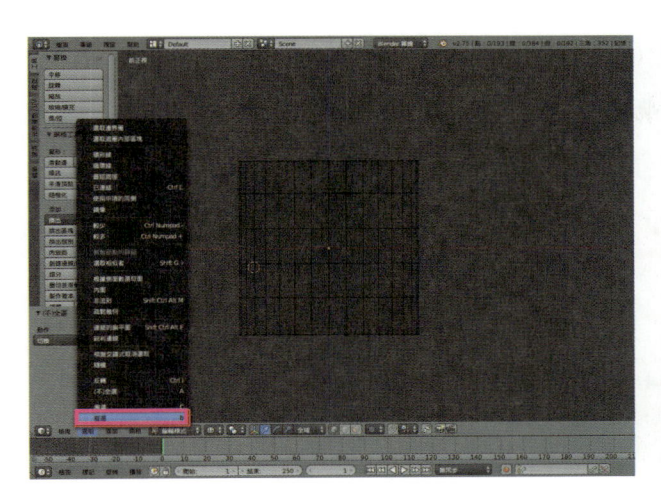

4. 到【3D 視圖編輯器】的指令列，點選【選取→框選】指令，框選圓柱體的最上層。

【框選】快速鍵：B

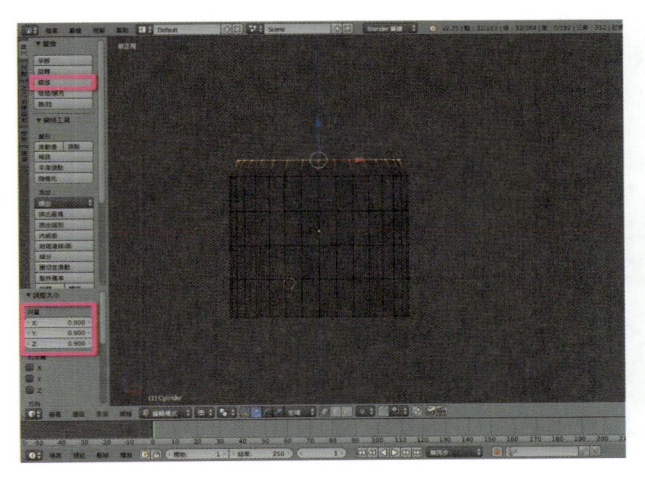

5. 到【工具架區域】，點選【縮放】，以數字鍵盤輸入「0.9」後按 Enter，或以操作器面板將【向量】的 XYZ 值皆調整為「0.9」。

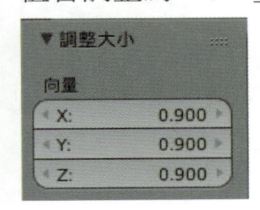

▼ 調整大小

向量
X: 0.900
Y: 0.900
Z: 0.900

【縮放】快速鍵：S

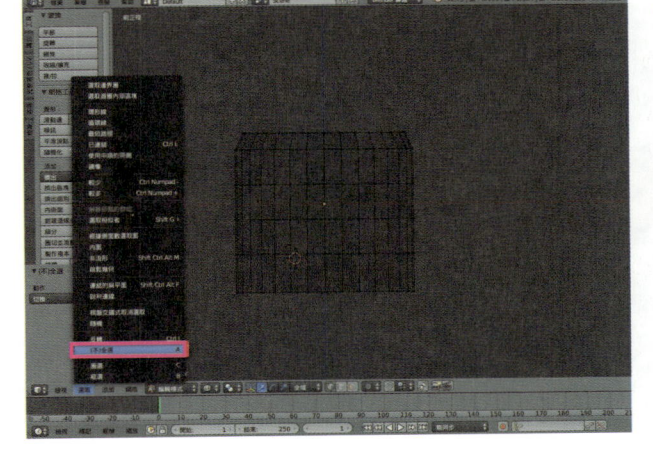

6. 到【3D 視圖編輯器】指令列，點選【選取→(不)全選】指令，將選取範圍取消。

【(不)全選】快速鍵：A

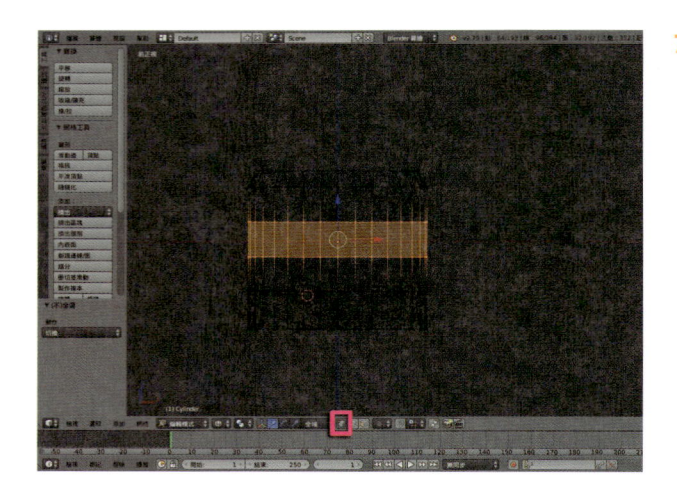

7. 使用【框選】功能,將圓柱體的第三層範圍框選起來。

   【框選】快速鍵：B

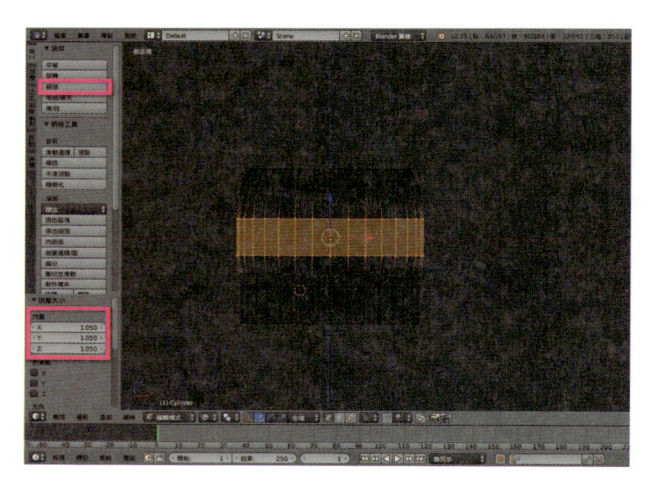

8. 使用【縮放】功能,將選取範圍的大小調整為「1.05」。

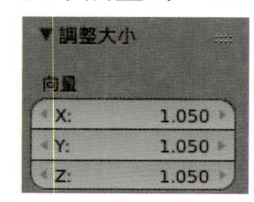

   ▼ 調整大小
   向量
   X: 1.050
   Y: 1.050
   Z: 1.050

   【縮放】快速鍵：S

9. 再一次以【(不)全選】功能將選取範圍取消,以【框選】功能將底部最下層網點框選起來。

   【(不)全選】快速鍵：A
   【框選】快速鍵：B

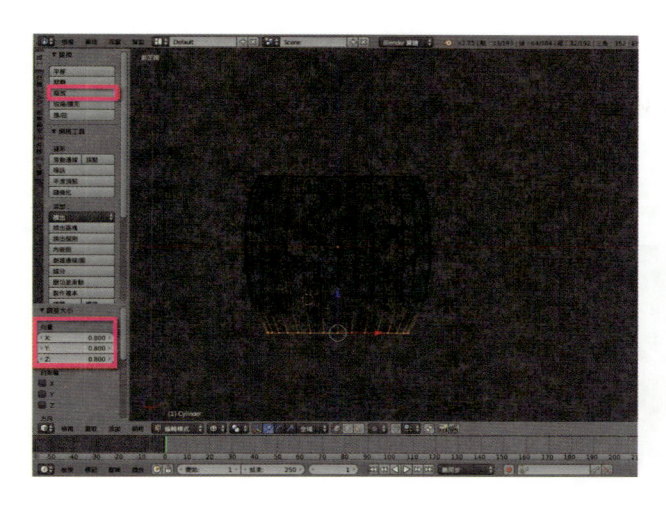

10. 使用【縮放】功能，將選取範圍的大小調整為「0.8」。

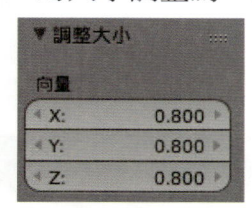

調整大小
向量
X: 0.800
Y: 0.800
Z: 0.800

【縮放】快速鍵：S

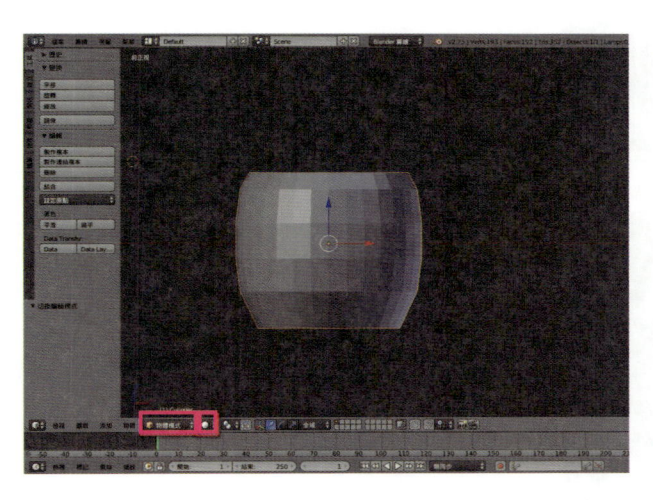

11. 按 Tab 切換回「物體模式」。
    按 Z 切換回「實體模式」。

4-2 建立把手

Step 1 建立曲線路徑

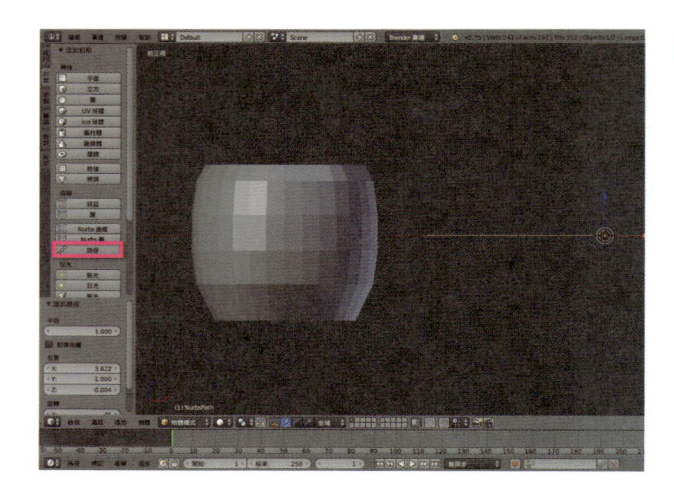

1. 使用 `Ctrl` ＋滑鼠滾輪來左右平移預視畫面，讓畫面右邊多一點繪製物件的空間。

   到【工具架區域】上的【建立標籤】，點選【曲線→路徑】，建立路徑曲線物件。

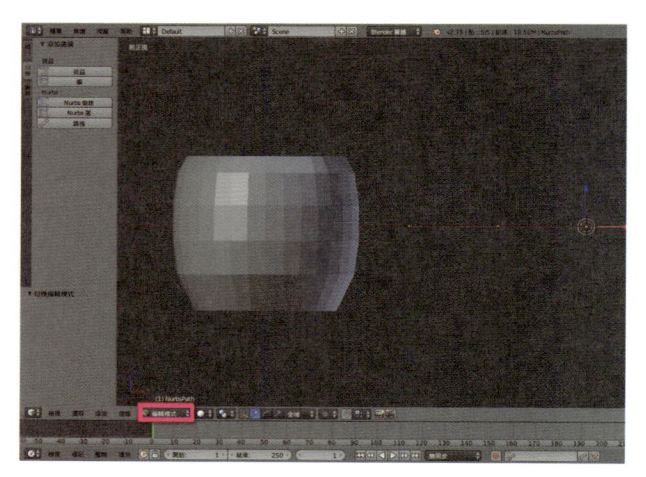

   【添加】快速鍵：`Shift` ＋ `A`

2. 按 `Tab` 進入「編輯模式」，會看到路徑曲線有 5 個節點。

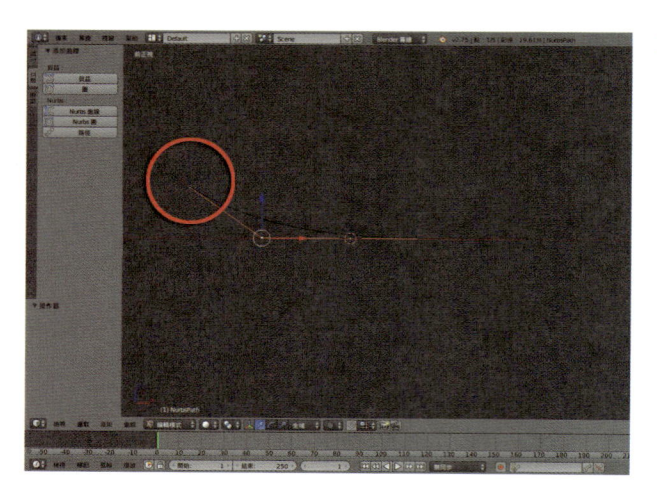

3. 以滑鼠右鍵點擊選取節點，以左鍵調整 X 軸、Z 軸的位置。
   第一個節點沿 Z 軸往上移動。

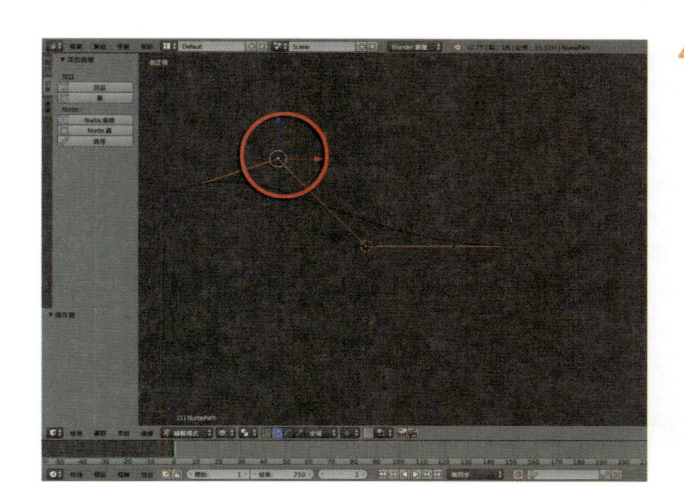

4. 第二個點也往上移動，移動到比第一個節點更高的位置。

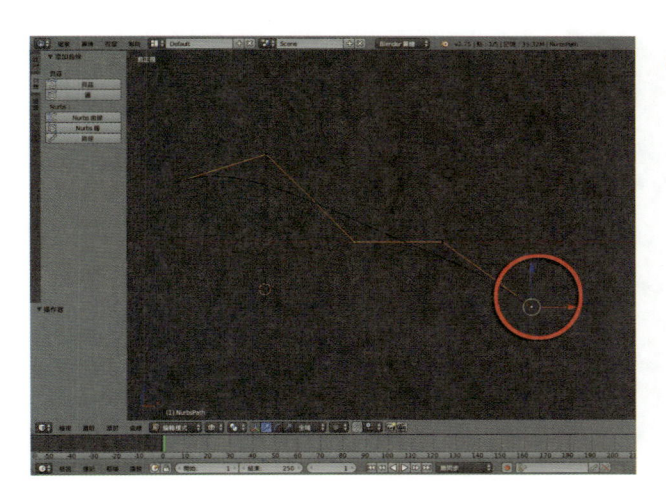

5. 最後一個節點往下移動。再沿 X 軸往左邊移動，以第 1 個節點為參考，調整至適當位置。

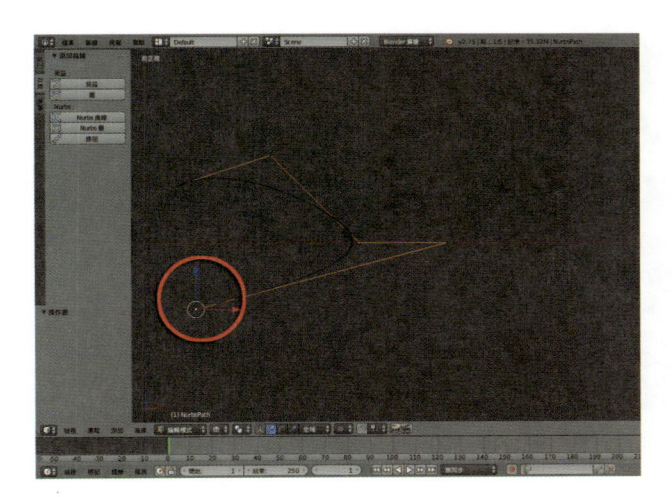

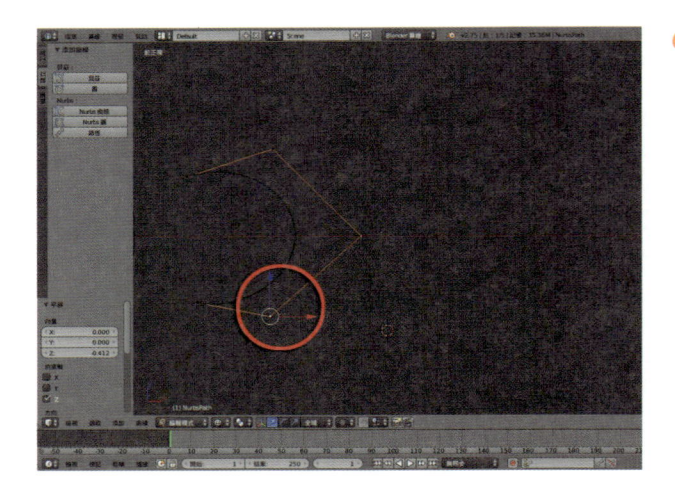

6. 將第 4 個節點也往下，往左移動，以第 2 個節點為參考，調整至適當位置。

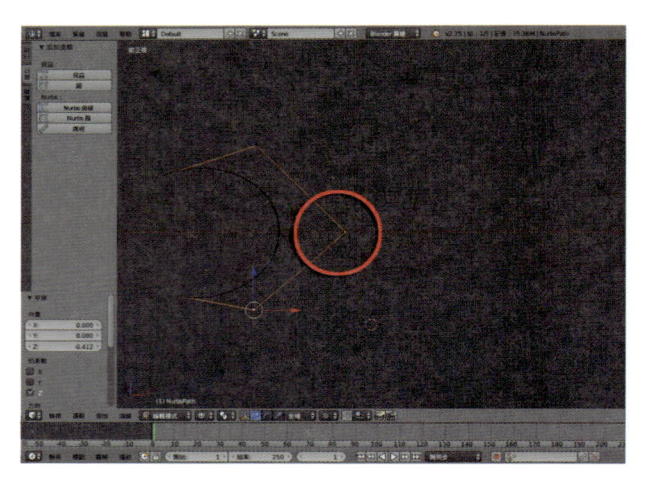

7. 調整第三個節點，往左移動。

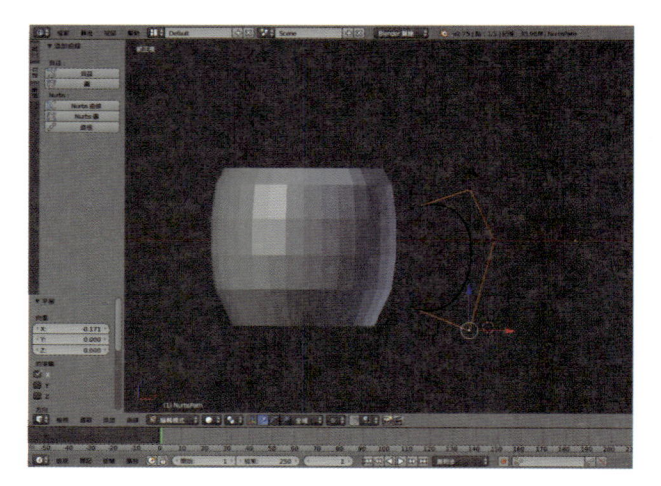

8. 適當微調曲線路徑的節點，成為符合把手曲線的樣子。

▶ Step ❷ 來自曲線 / 變幻 / 表面 / 文字的網格

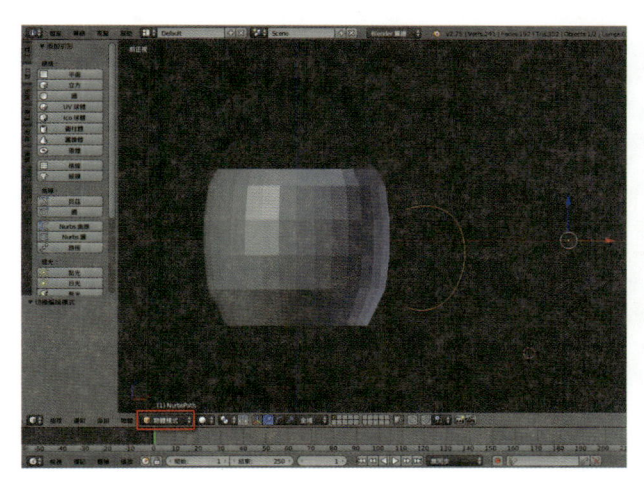

1. 按下 [Tab]，切換回「物體模式」。

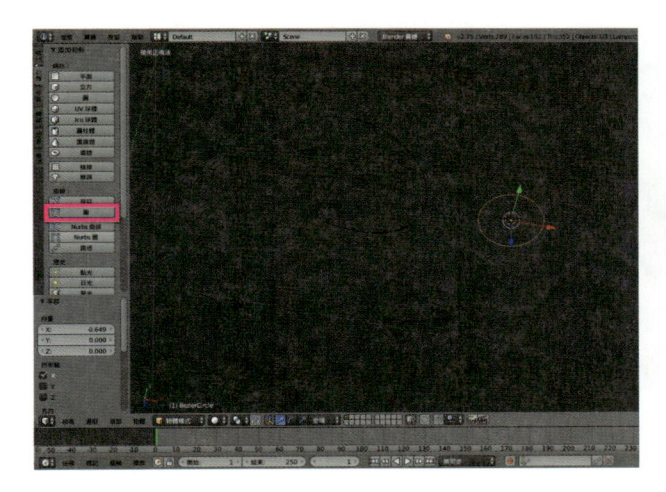

2. 到【工具架區域】，在【建立標籤】中，按下【曲線→圓】按鈕以建立一個圓形曲線物件。

   【添加】快速鍵：[Shift] + [A]

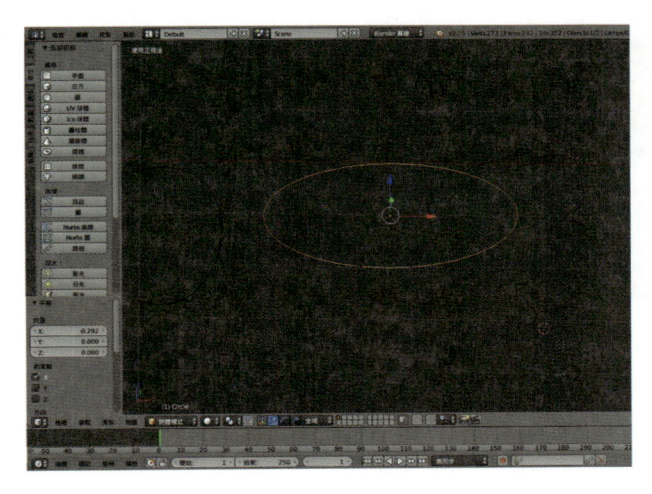

3. 將圓形曲線物件移動至畫面適當位置以便於調整。

4. 到【工具架區域】的【工具標籤→變換面板】，按下【縮放】按鈕，以數字鍵輸入 0.2 後按 [Enter]，調整 XYZ 向量大小為 0.2。

【縮放】快速鍵：[S]

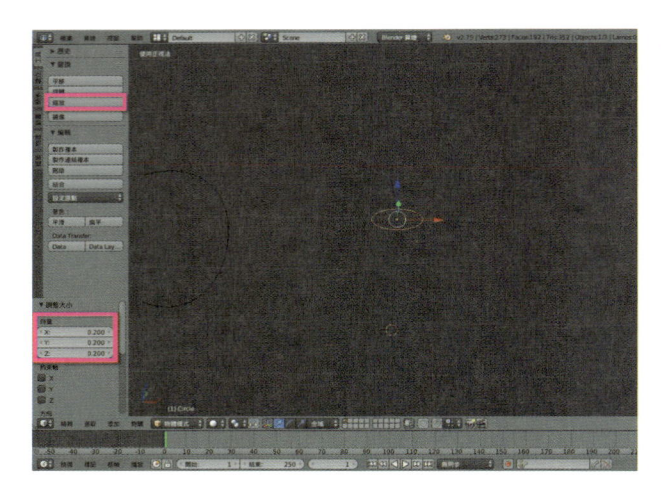

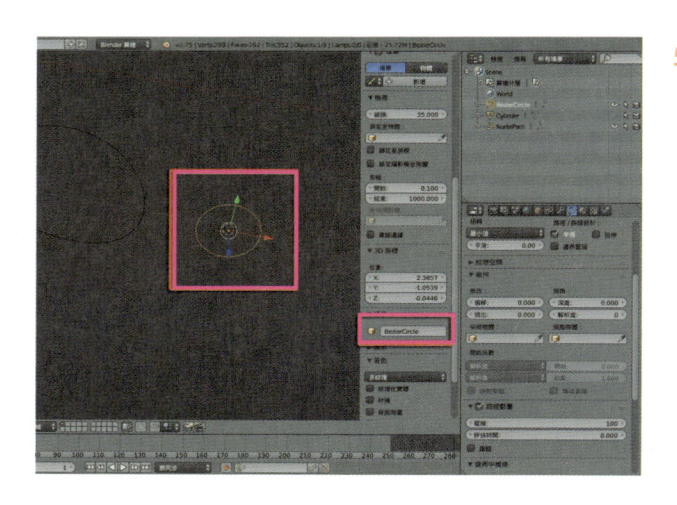

5. 確認圓形曲線物件為選取狀態。按 [N] 開啟【屬性區域】，【項目面板】中，可以看到物件的名稱（預設名稱為「貝茲圓」或「BezierCircle」），選取物件名稱，按 [Ctrl]＋[C] 複製物件名稱。

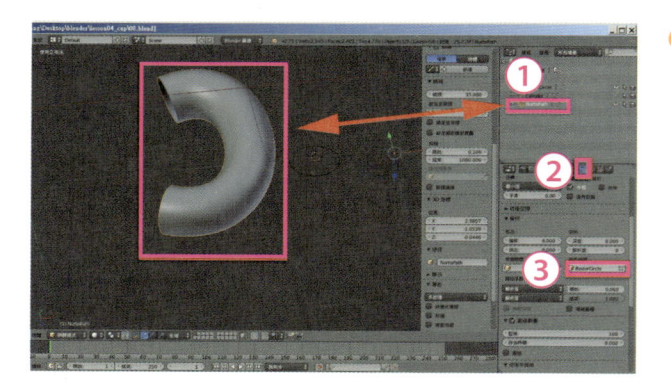

6. 再點選剛剛調整好形狀的路徑物件（預設物件名稱應為「Nurbs 路徑」，可以利用【大綱管理器】直接點選名稱進行選取），到【屬性編輯器→資料標籤】中的【幾何面板】，【倒角物體】選項中，以 [Ctrl]＋[V] 貼上圓形曲線物件的名稱。

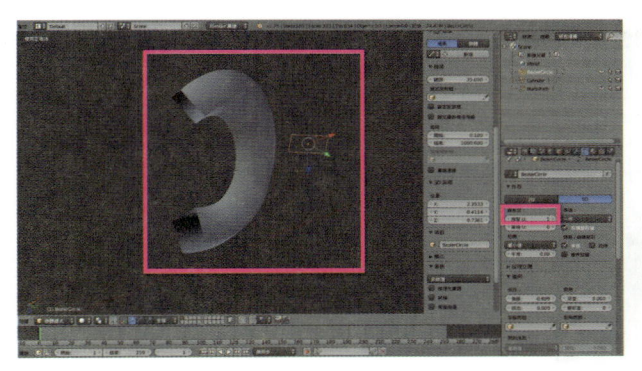

7. 選取「貝茲圓」物件，到【屬性編輯器→資料標籤→外形面板】設定【解析度】為
預覽 U = 1。

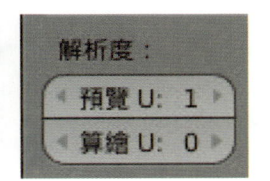

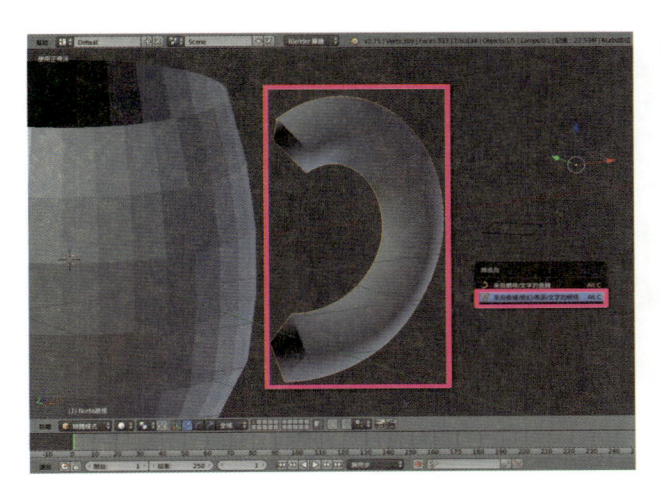

8. 選取物件「Nurbs 路徑」，執行【3D 視圖編輯器】指令列的【物體→轉換為→來自曲線 / 變幻 / 表面 / 文字的網格】。

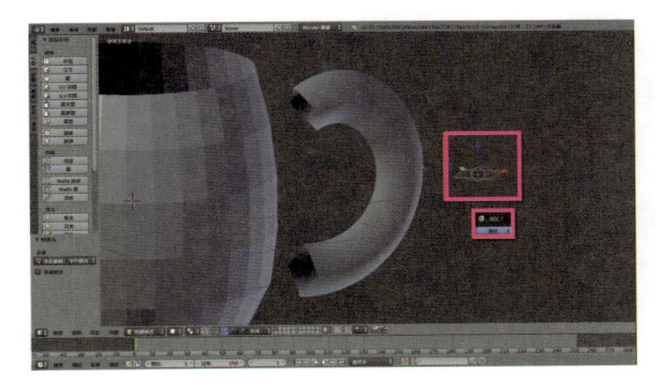

【轉換為】快速鍵：Alt + C

9. 選取物件「貝茲圓」，按下【工具架區域→編輯面板】的【刪除】按鈕進行刪除。

【刪除】快速鍵：X

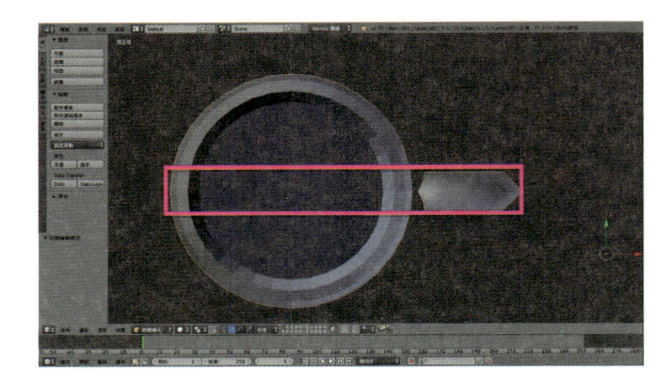

10. 搭配切換「頂視圖」和「右視圖」，調整杯子與把手的位子。

    【頂視圖】快速鍵：7
    【右視圖】快速鍵：3

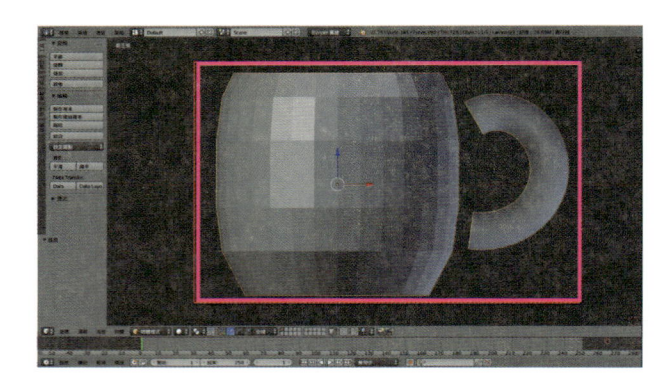

11. 切換到「前視圖」，以 Shift + 滑鼠右鍵同時點選杯子和把手，以【3D視圖編輯器】指令列的【物體→結合】，將兩個物體結合。

    【前視圖】快速鍵：1
    【結合】快速鍵：Ctrl + J

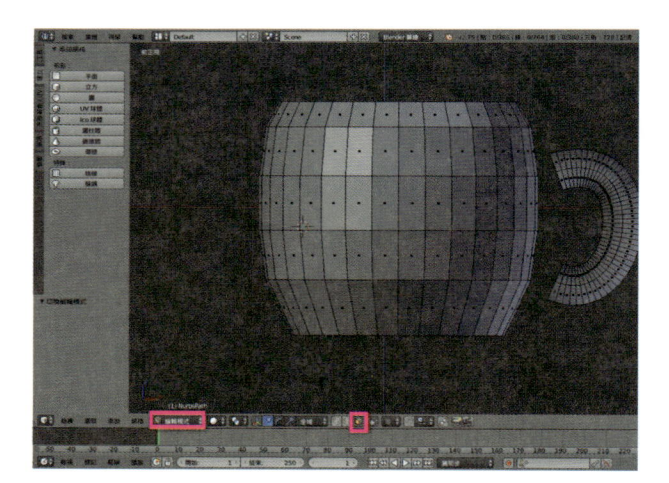

12. 按 Tab 進入「編輯模式」，點選【面選取】進入「面選取模式」。

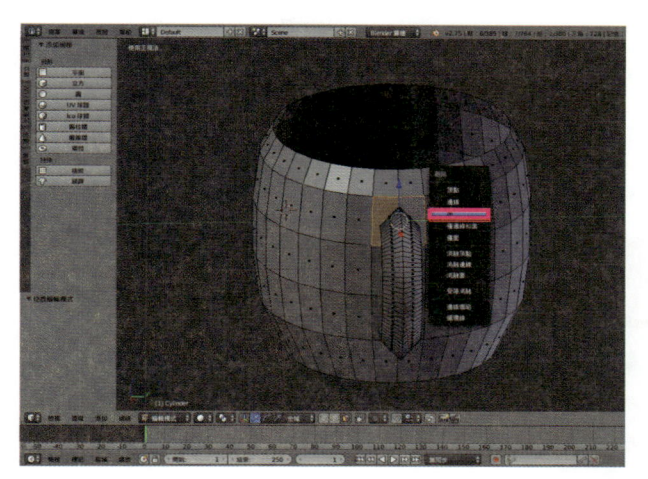

13. 切換到「右視圖」，再按著滑鼠滾輪調整畫面視角，以 Shift +滑鼠右鍵點選杯子上會與把手下方交界的面，按 X 進行面的刪除。

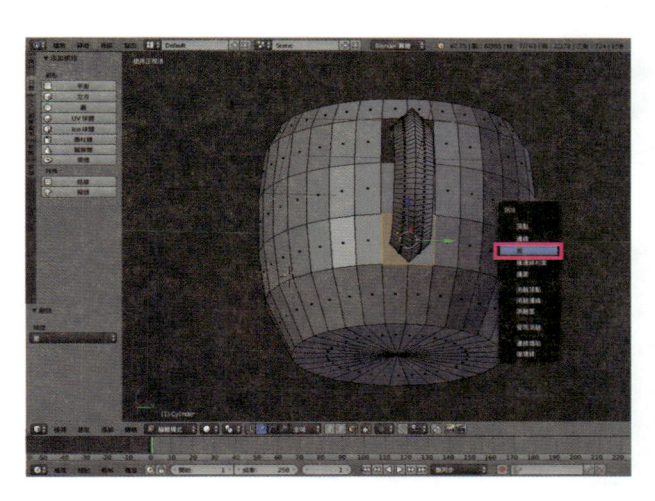

🔍【右視圖】快速鍵： 3

14. 杯子上會與把手下方交界的面，也以同樣步驟執行刪除。

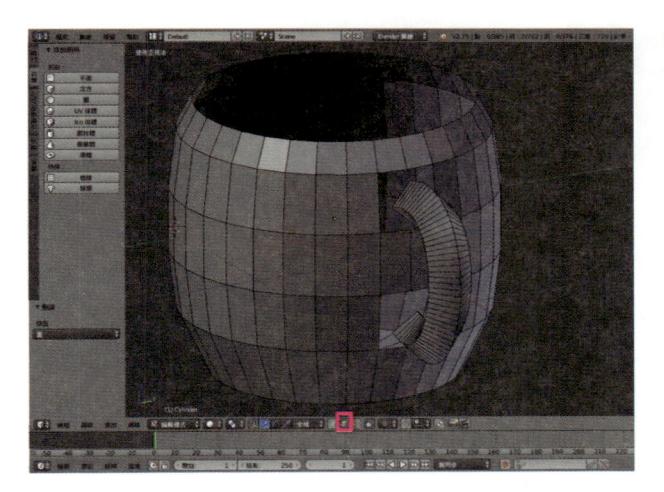

15. 刪除面完成。

4-3 連接杯身與把手

Step ❶ 創建邊線面

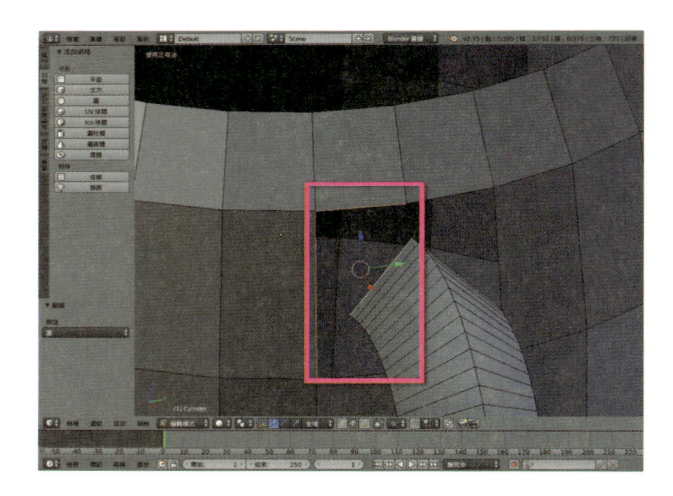

1. 點選【3D視圖編輯器】指令列上的 【線選取】，切換到「線選取模式」，使用 Shift +滑鼠右鍵點選要產生面的3邊線段。

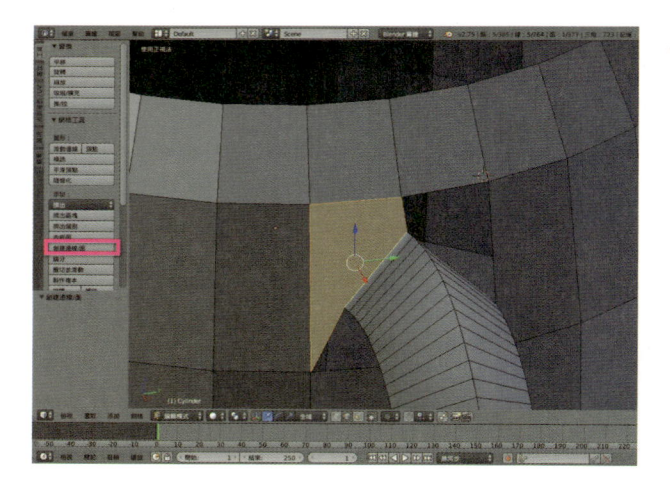

2. 到【工具架區域→工具標籤→網格面板】，按下【添加→創建邊線面】按鈕，就將杯子與把手連接起來了。

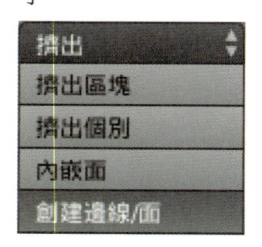

> 【創建邊線面】快速鍵：F

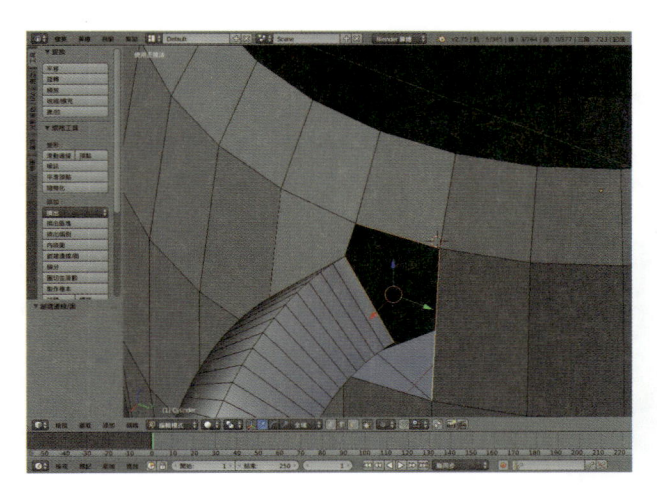

3. 按住滑鼠滾輪以移動調整畫面，執行相同的步驟添加其他的面。

4. 將面都創建完成後，以【3D 視圖編輯器】指令列的【選取→(不)全選】指令，取消全部的選取。

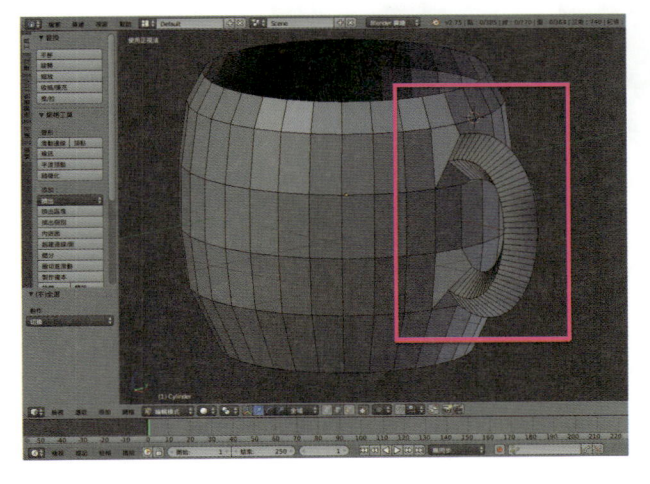

【(不)全選】快速鍵：A

5. 完成把手與杯子交接面的創建。

4-4 建立杯子厚度

Step 1 擠出、縮放與合併功能

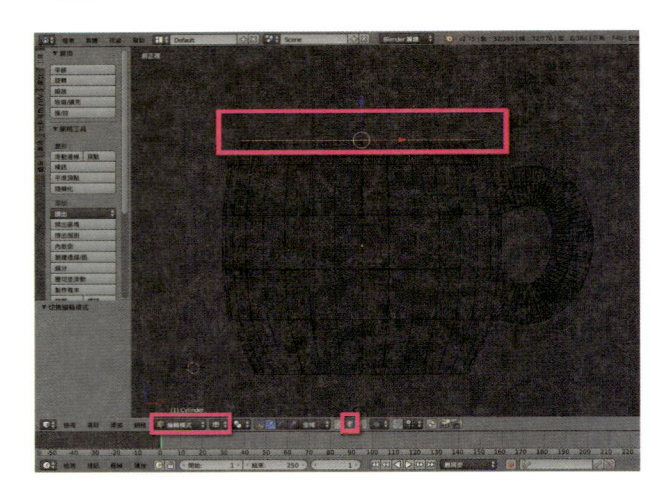

1. 按 [Z] 切換到「線框模式」,在「點選取模式」,使用【3D 視圖編輯器】指令列的【選取→框選】,將頂部網點框選起來。

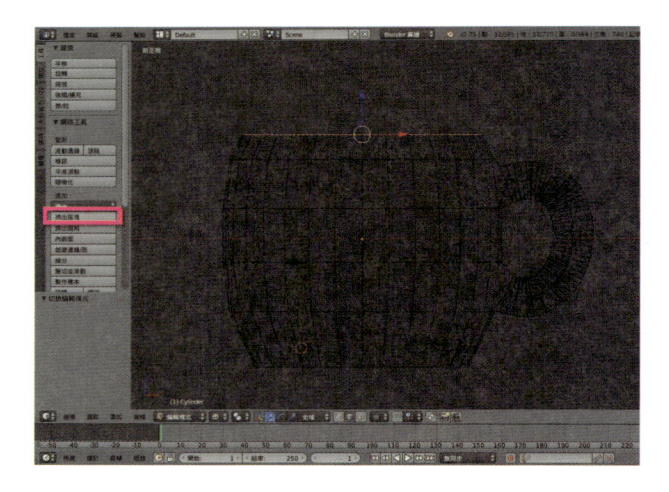

   可以試試看按住 [Shift] + [Alt] 再以滑鼠右鍵點選。
   【框選】快速鍵:[B]

2. 按下【工具架區域→工具標籤→網格工具面板】的【擠出區塊】按鈕,再按一下滑鼠右鍵讓移動回至原位。

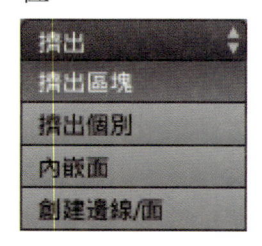

   擠出
   擠出區塊
   擠出個別
   內嵌面
   創建邊線/面

   【擠出區塊】快速鍵:[E]

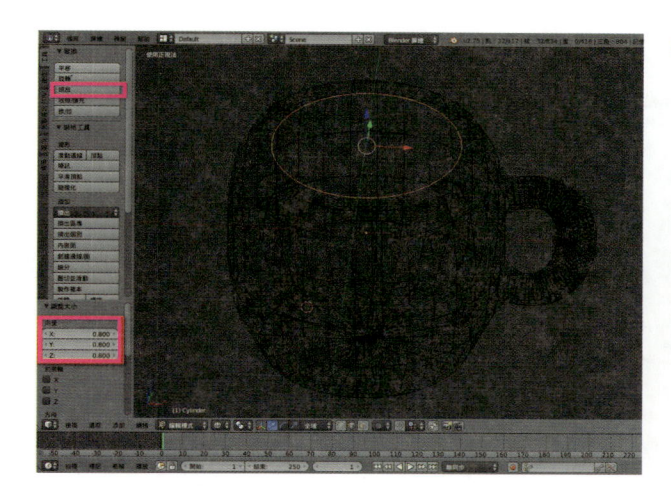

3. 按下【工具架區域→工具標籤→變換面板】的【縮放】按鍵，調整 XYZ 向量大小為 0.8 後按下 Enter 。

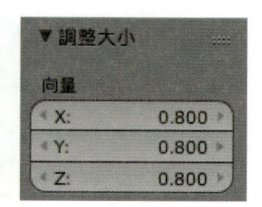

【縮放】快速鍵：S

4. 按 1 切換到「前視圖」，再進行一次【擠出區塊】，搭配 Z 可以進行垂直的移動，到適當位置按左鍵完成擠出區塊，再使用【縮放】做寬度的調整。

【擠出區塊】快速鍵：E
【縮放】快速鍵：S

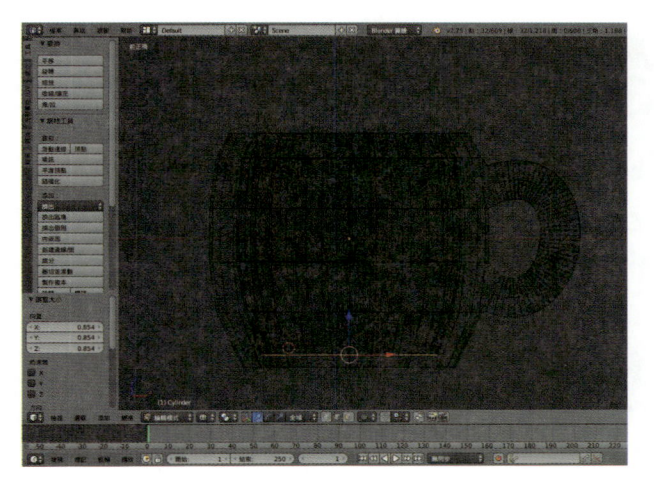

5. 每一層以相同方式執行，將杯子的厚度做出來。

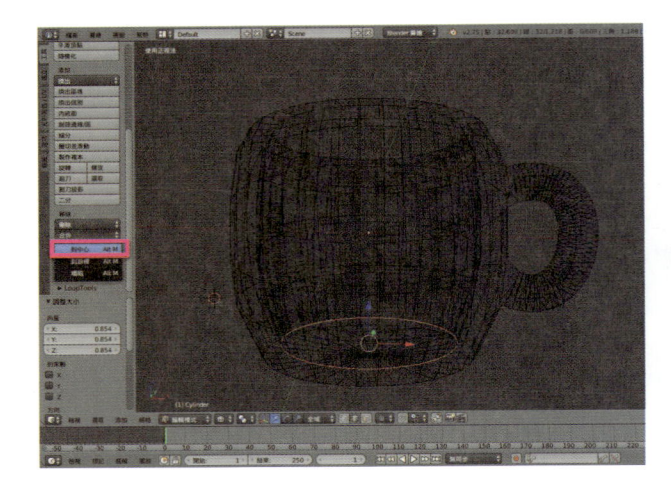

6. 最後一層點選【工具架區域→工具標籤→網格工具面板】的【移除→合併】按鈕，跳出選單中點選【到中心】，封閉杯子的內部曲線。

【合併】快速鍵：Alt + M

7. 按 Tab 回到「物體模式」，按 Z 切換回「實體模式」。

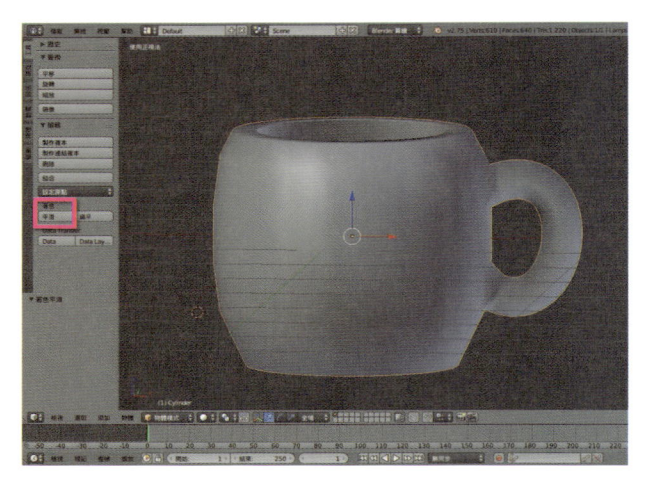

8. 按下【工具架區域→工具標籤→編輯面板】的【著色→平滑】按鈕。

9. 到【屬性編輯器→修改器標籤】，按下【添加修改器】，選擇增加【細分表面】修改器。

10. 設定細分選項為

    檢視：3

    算繪：3。

    按下【套用】按鈕

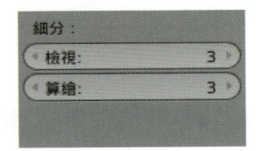

4-5 儲存檔案

儲存 Blender 檔案格式

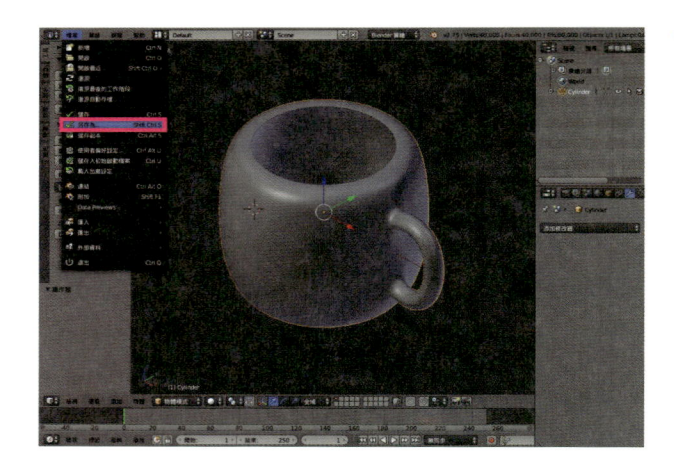

1. 執行【資訊編輯器】指令列的【檔案→儲存】指令。

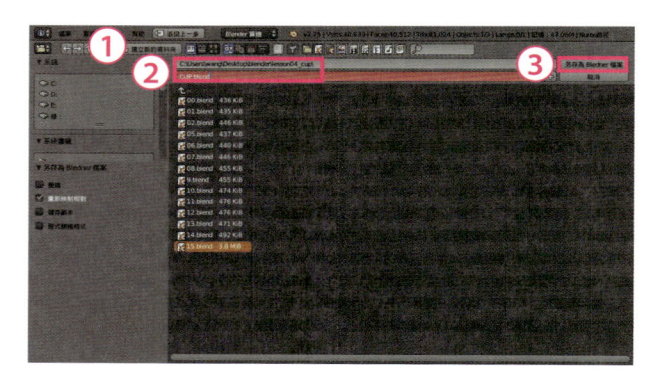

2. 依序進行：①確認儲存的位置→②輸入檔案名稱→③點選【存為 Blender 檔案】進行儲存。

匯出成 STL 檔案格式

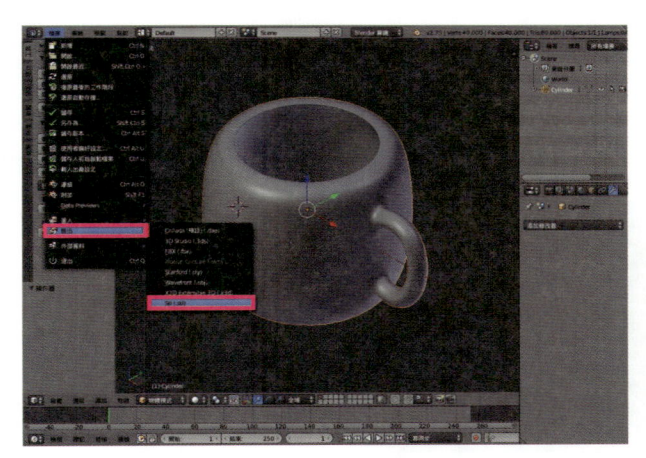

1. 執行【資訊編輯器】指令列的【檔案→匯出→ STL】指令。

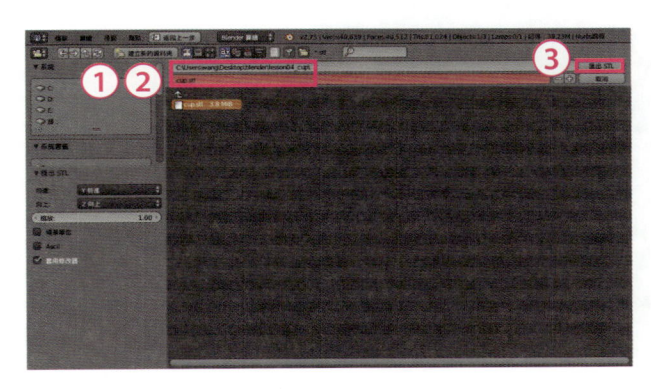

2. 依序進行：①確認儲存的位置→②輸入檔案名稱→③點選【匯出STL】進行儲存。

3D 列印成品

Chapter 5

基礎 3D 建模－
車子

- **學習目標**
  建立一個杯子

- **運用新功能**
  - 製作副本
  - 結合
  - 布林

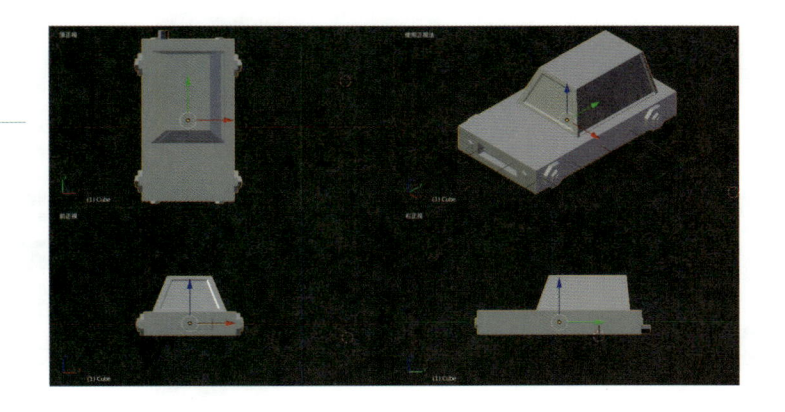

5-1 製作車體

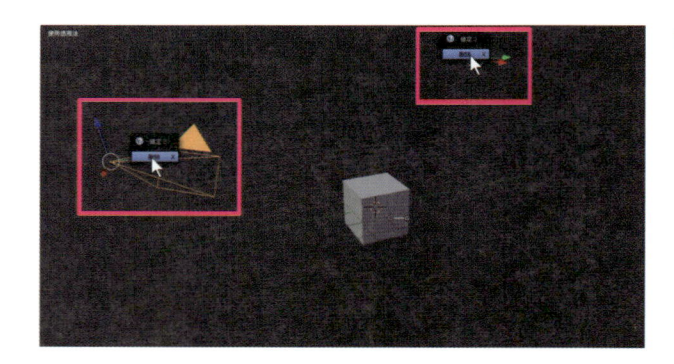

Step 1 編輯物件－立方體(1)

1. 開啟 Blender 軟體後，刪除預設的「攝影機」、「燈光」物件。

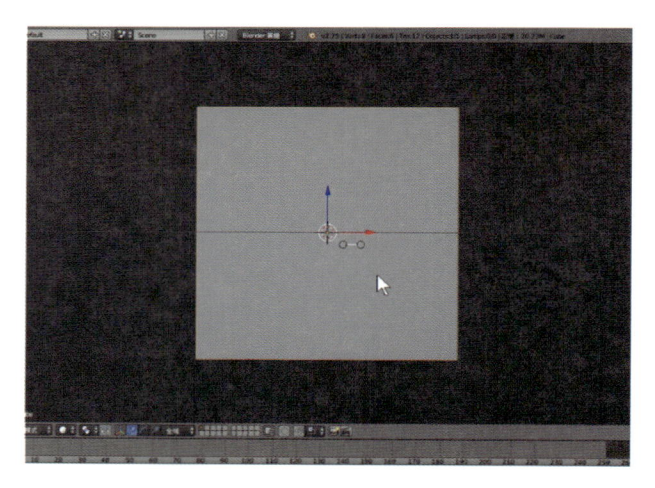

   🔍【刪除】快速鍵：X

2. 切換 3D 預視區域為「前視圖」。

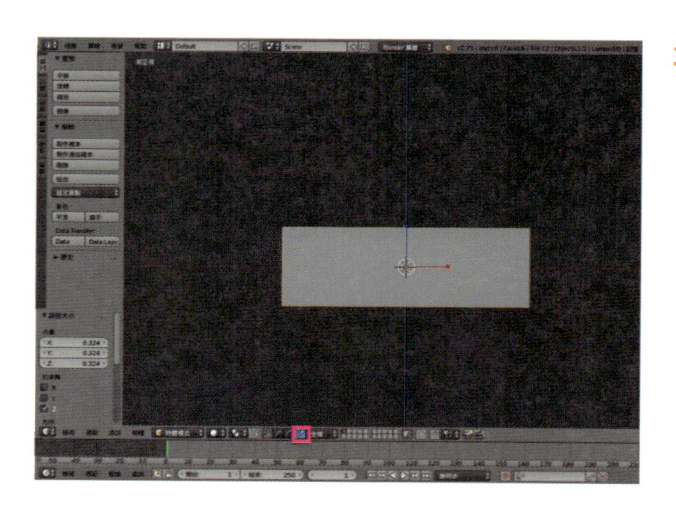

   🔍【前視圖】快速鍵：1

3. 點選【3D 視圖編輯器】上的 【縮放】按鈕，進入縮放功能模式，沿 Z 軸調整立方體大小。

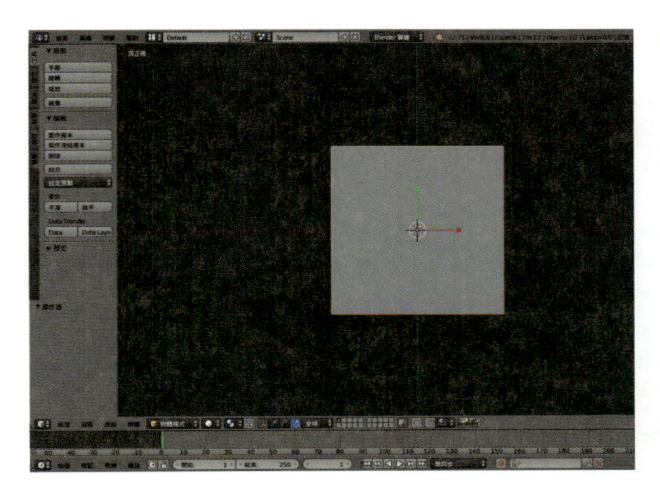

4. 切換 3D 預視區域為「頂視圖」。

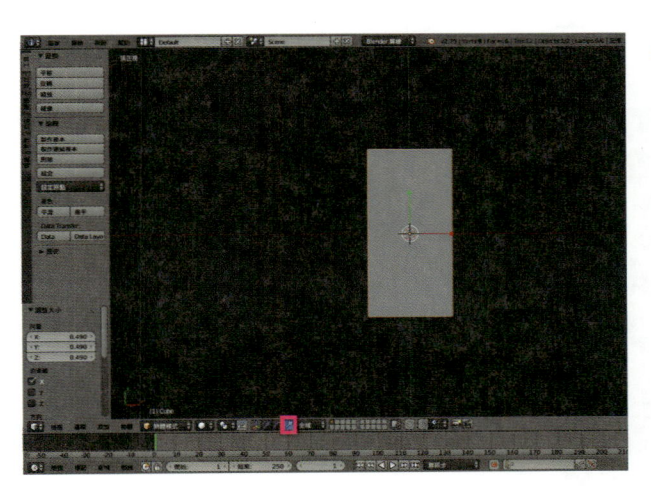

　　【頂視圖】快速鍵：7

5. 點選【3D 視圖編輯器】上的 【縮放】按鈕，進入縮放功能模式，沿著 X 軸調整立方體大小。

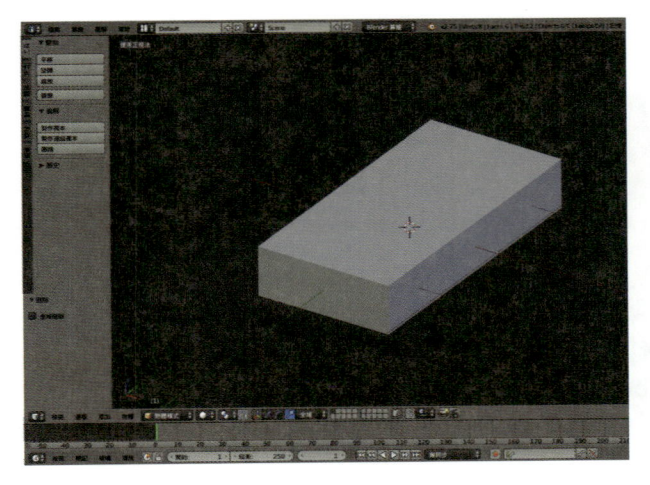

6. 立方體大小調整完成

Step 2 編輯物件－立方體(2)

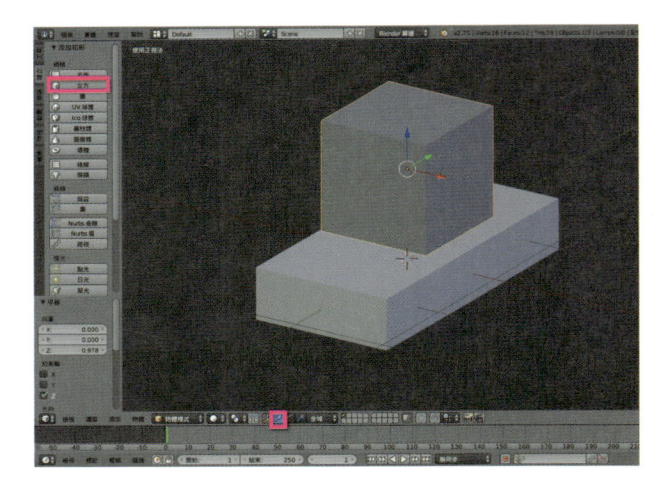

1. 到【工具架區域→建立標籤】按下【網格→立方體】按鈕,建立「立方體(2)」。

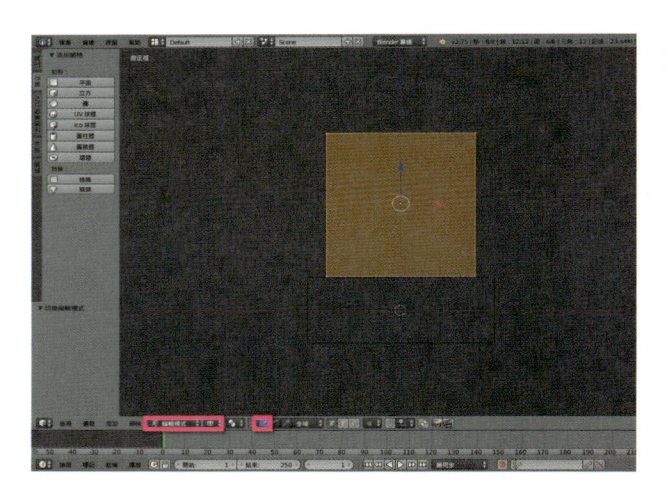

   🔍【添加】快速鍵:Shift + A

2. 按 1 切換 3D 預視區域為「前視圖」,按 Z 切換到「線框模式」,再按 Tab 切換到「編輯模式」,調整立方體(2)的位置

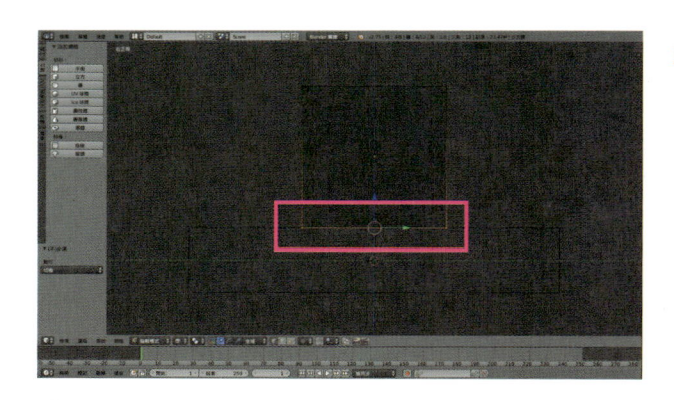

3. 按 3 切換 3D 預視區域為「右視圖」,按 A 來取消所有的選取。點選【3D 視圖編輯器】上的【Vertex select(點選取)】按鈕,進入「點選取」模式,按 B 進行框選,選取「立方體(2)」下方的點。

4. 點選【工具架區域→工具標籤→變換面板】上的【縮放】按鈕，調整成適合大小後按左鍵確認。

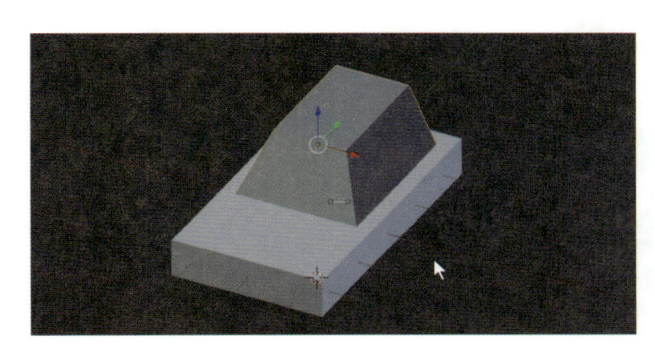

   【縮放】快速鍵：S

5. 按 Tab 切換到「編輯模式」，再按 Z 切換到「線框模式」，完成「立方體(2)」的調整。

Step 3 細分功能

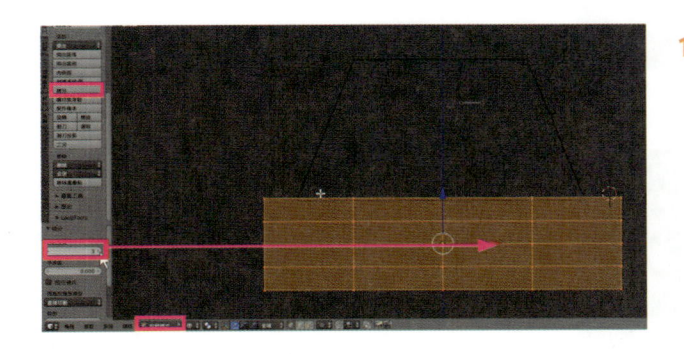

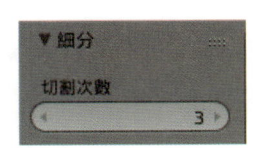

1. 按 1 切換為「前視圖」，按 Tab 切換到「編輯模式」及按 Z 切換到「線框模式」。點選【工具架區域→工具標籤→網格工具面板】上的【添加→細分】按鈕，設定切割次數為 3。

   ▼ 細分
   切割次數 3

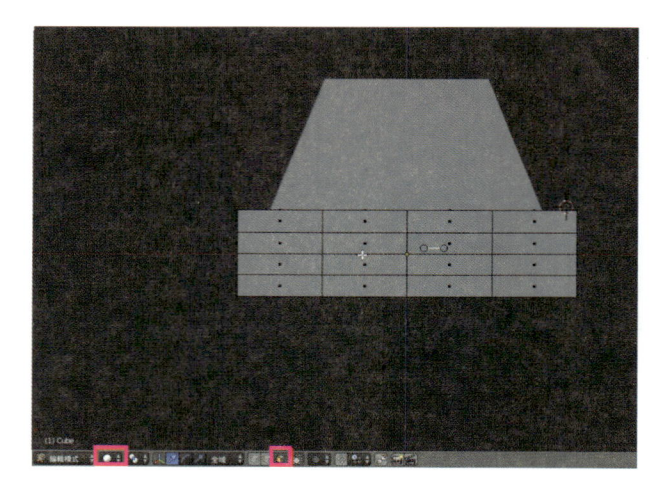

2. 按 [A] 來取消所有的選取，按 [Z] 切換到「實體模式」，使用【3D 視圖編輯器】指令列上的 [面選取] 按鈕，進入「面選取」模式。

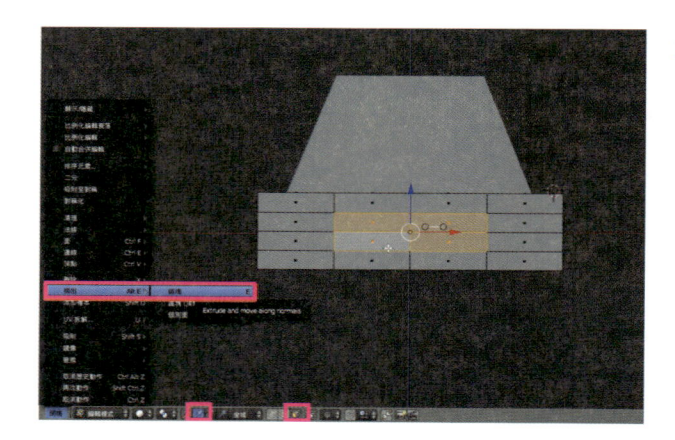

3. 以 [Shift] 搭配滑鼠右鍵進行加選，點選中央 4 個面後，按 [E] 執行「擠出個別」功能，再按滑鼠右鍵使變形回到原位。

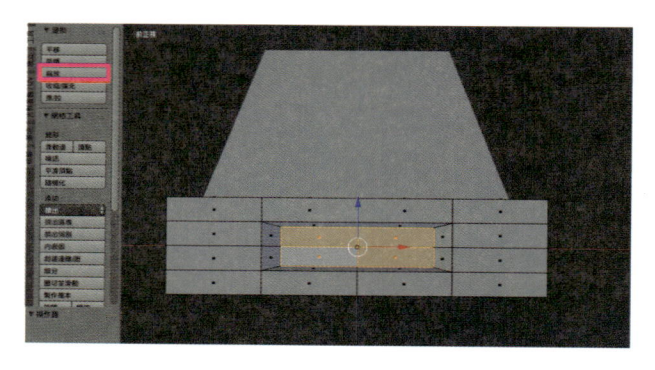

4. 到【工具架區域→工具標籤】點選【縮放】按鈕，往內調整縮放適當大小後按左鍵確認。

【縮放】快速鍵：[S]

基礎 3D 建模－車子
5-1 製作車體

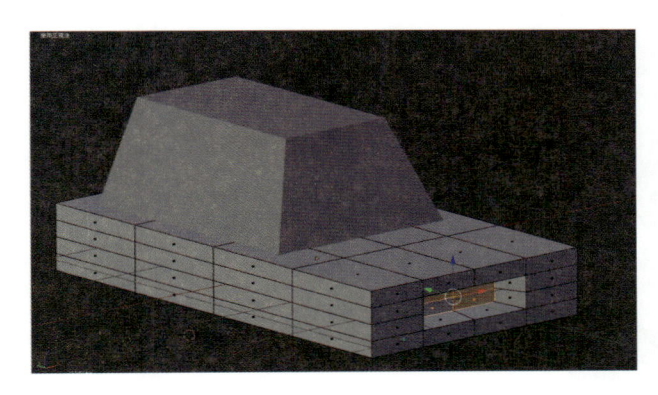

5. 按 `E` 執行「擠出個別」功能，再按滑鼠右鍵使變形回到原位，按 `G` 執行「平移」功能，再按 `Y` 進行 Y 軸方向的移動

Step ④ 陣列功能

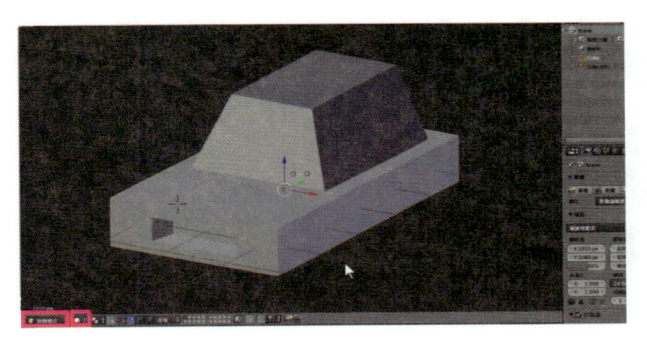

1. 按 `Tab` 切換到「編輯模式」。

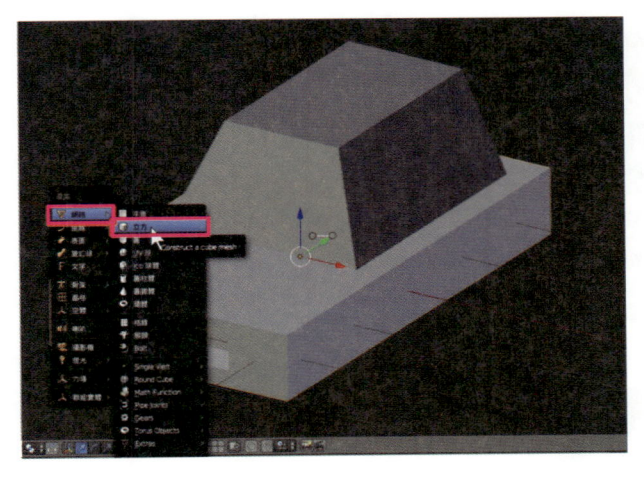

2. 按 `Shift` + `A` 執行「添加」功能，選擇【網格→立方】增加一個立方體物件：「立方體(3)」。

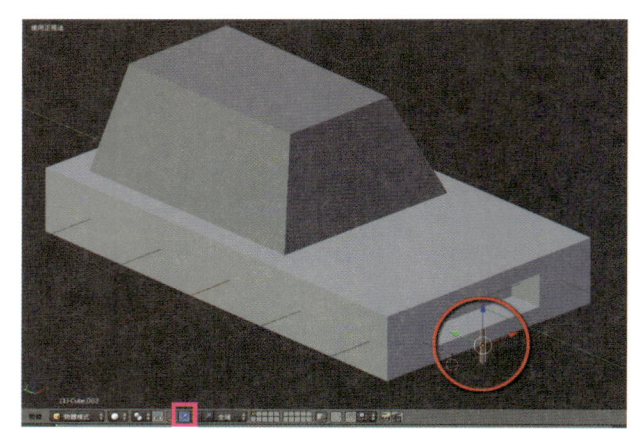

3. 點選【3D視圖編輯器】上的  【縮放】按鈕進入縮放功能模式，調整「立方體(3)」至適當大小。

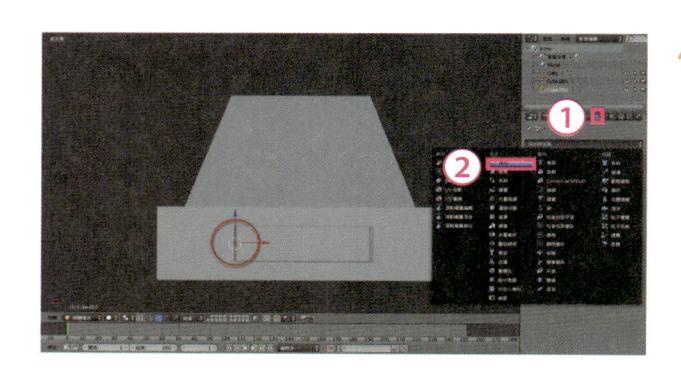

4. 到【屬性編輯器→修改器標籤】按下【添加修改器】按鈕，選擇【陣列】。

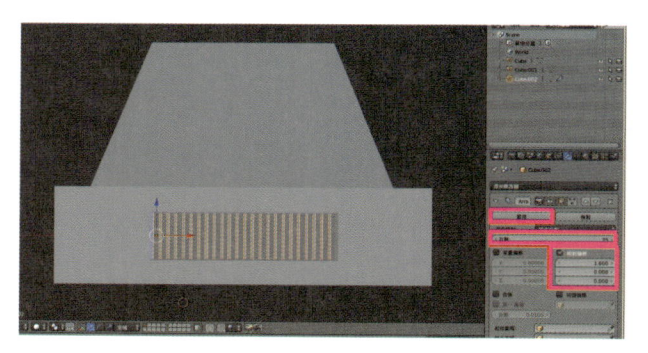

5. 陣列修改器設定：
   計數 = 25
   相對偏移 X = 1.6。

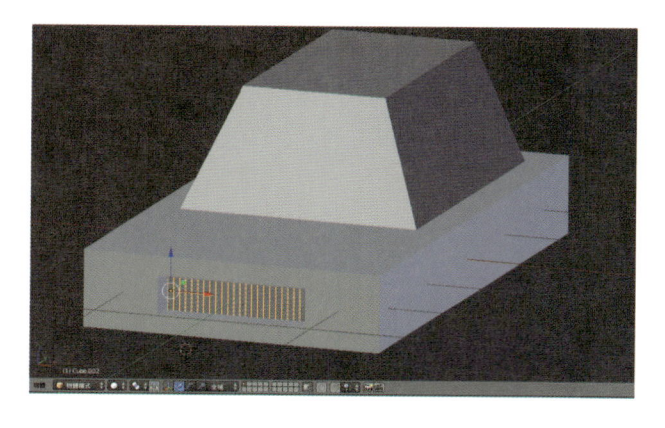

6. 確認效果後，按下【套用】完成設定。

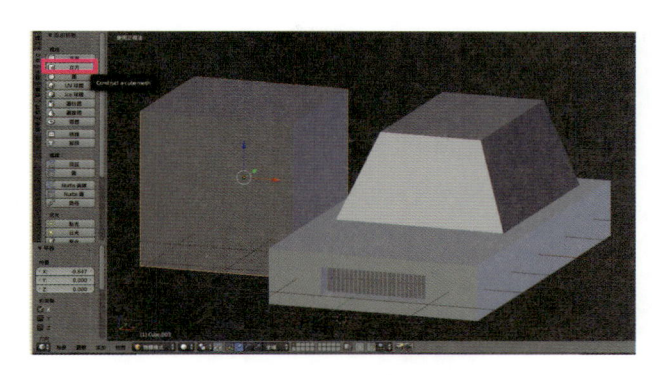

7. 再按 [Shift] + [A] 執行「添加」功能，選擇【網格→立方】增加一個立方體物件：「立方體(4)」。

8. 使用 [圖示] 全域 「縮放模式」調整「立方體(4)」的大小。

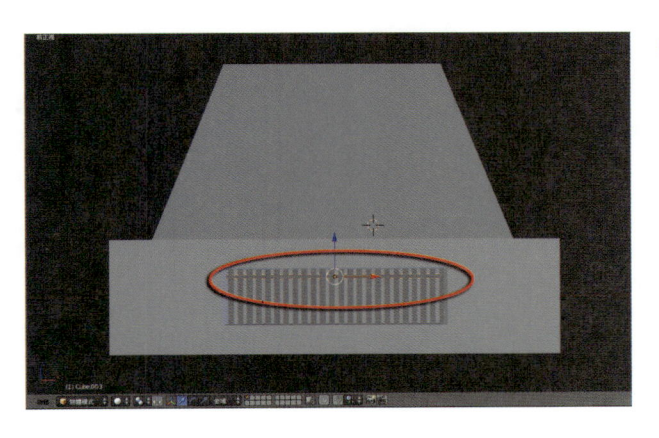

9. 放至適當位置。

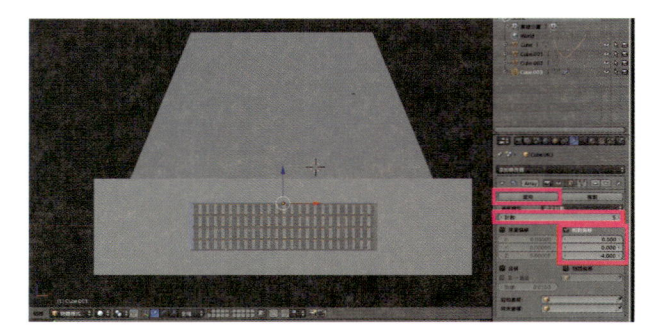

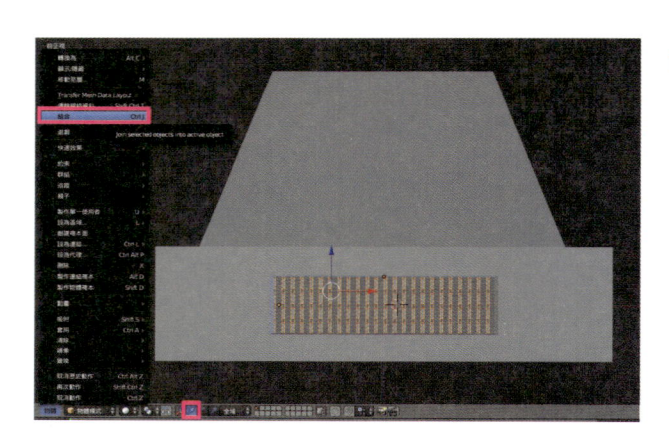

10. 到【屬性編輯器→修改器標籤】按下【添加修改器】按鈕,選擇【陣列】。

    陣列修改器設定:

    計數:5

    相對偏移 Z:-4.0

11. 同時選取立方體(3)、立方體(4)後,點選【3D視圖編輯器】指令列上的【物體→結合】,結合兩個物體。

    【結合】快速鍵:Ctrl + J

5-2 製作輪胎、車燈、排氣管

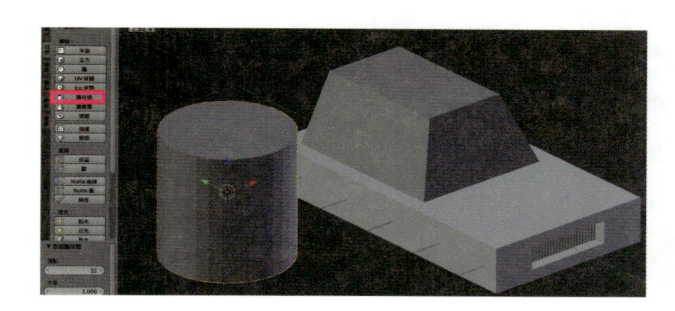

Step ❶ 圓柱體 (1)

1. 到【工具架區域→建立標籤】選擇【網格→圓柱體】，建立一個圓柱體物件。

   【添加】快速鍵：Shift + A

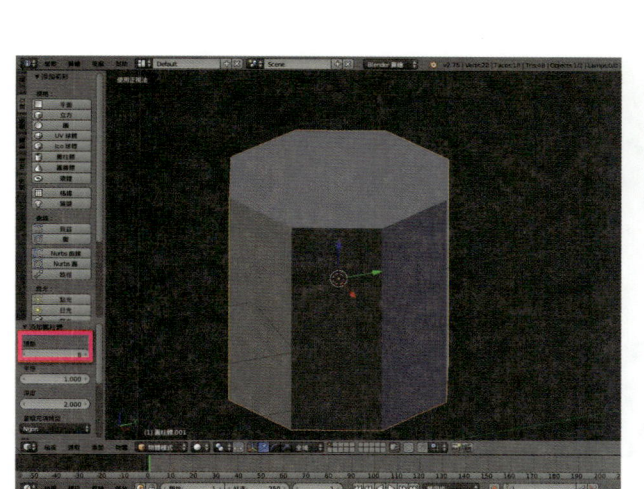

2. 設定圓柱體頂點為 8。

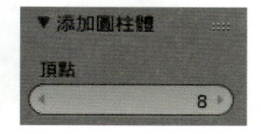

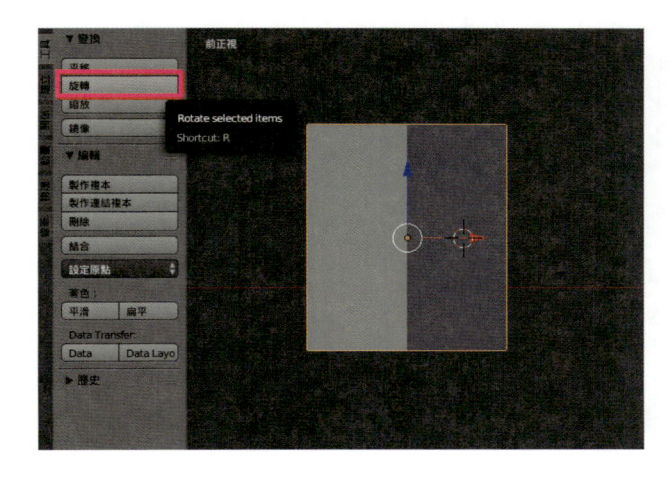

3. 按 [1] 切換 3D 預視區域為「前視圖」。點選【工具架區域→工具標籤】選擇【變換面板→旋轉】執行旋轉功能。

   【旋轉】快速鍵：R

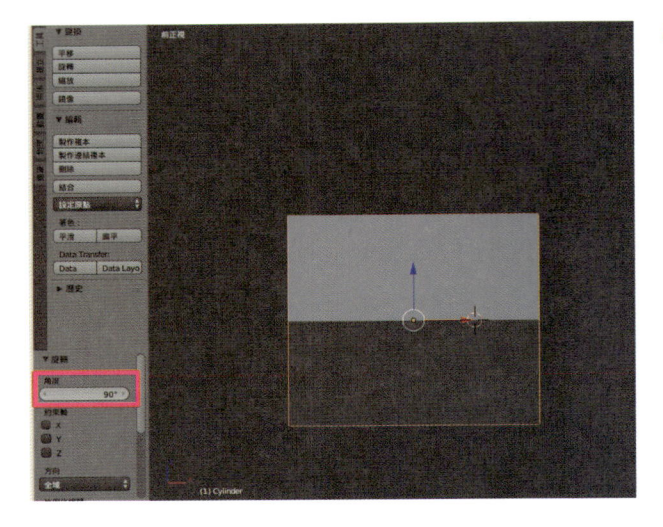

4. 直接拖曳滑鼠進行旋轉，或設定旋轉角度為「90 度」。

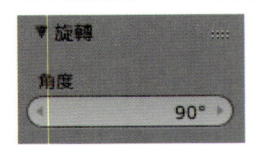

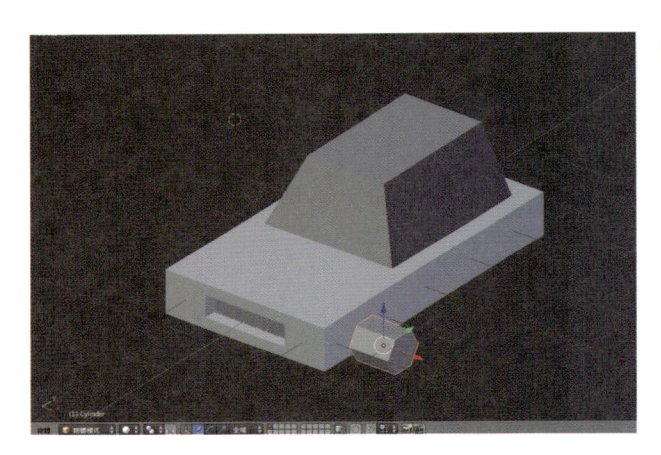

5. 將圓柱體物件移動到車子側邊。

6. 按 [1] 切換 3D 預視區域為「前視圖」，調整圓柱體位置。

基礎 3D 建模－車子

5-2 製作輪胎、車燈、排氣管 ■ 75

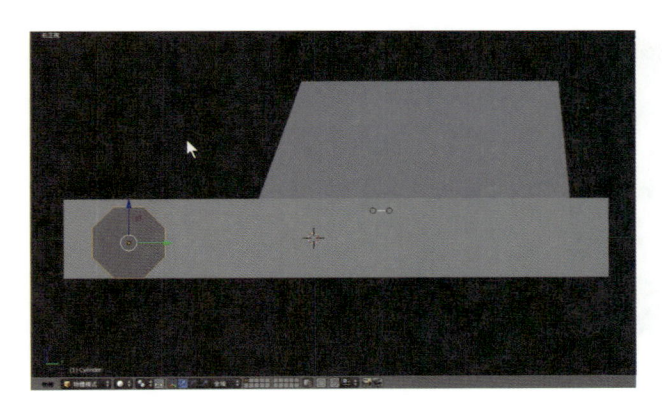

7. 再按 [3] 切換 3D 預視區域為「右視圖」，移動圓柱至適當位置。

Step ❷ 圓柱體 (2)

1. 到【工具架區域→建立標籤】選擇【網格→圓柱體】，建立一個圓柱體物件：「圓柱體 (2)」，設定圓柱體頂點為「6」。

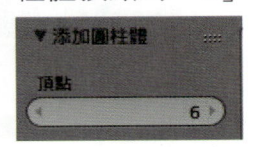

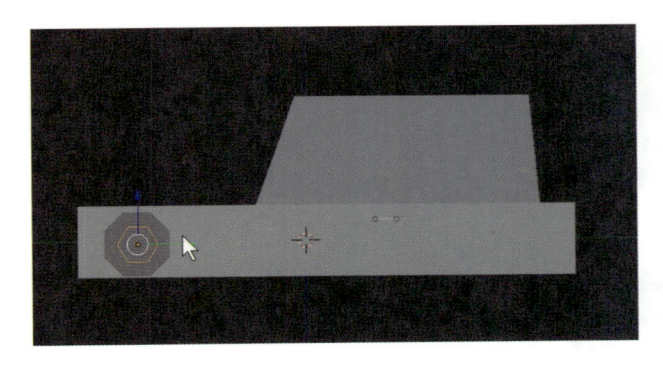

   【添加】快速鍵：Shift + A

2. 按 [3] 切換 3D 預視區域為「右視圖」，將「圓柱體 (2)」與「圓柱體 (1)」置中對齊。

3. 選取「圓柱體 (2)」，執行【工具架區域→工具標籤】的【編輯面板→製作複本】功能。將製作複本產生的「圓柱體 (3)」沿 X 軸外移。

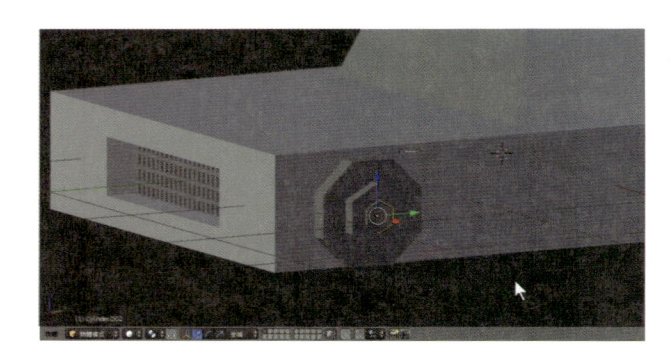

   🔍 【製作複本】快速鍵： Shift + D

4. 點擊【工具架區域→工具標籤→變換面板】上的【縮放】按鈕，調整成適合大小後按左鍵確認。

   🔍 【縮放】快速鍵： S

5. 以 Shift 搭配滑鼠右鍵進行加選，將 3 個圓柱體同時選取後，執行【3D 視圖編輯器】指令列上的【物體→結合】指令，完成輪胎物件的製作。

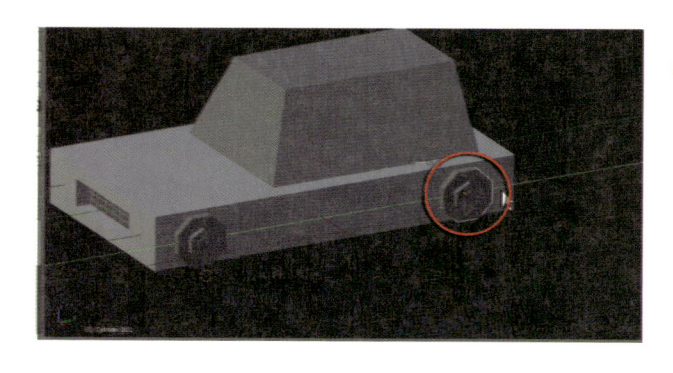

   🔍 【結合】快速鍵： Ctrl + J

6. 將結合好的輪胎以 Shift + D 執行「製作複本」功能後，沿 Y 軸右移。

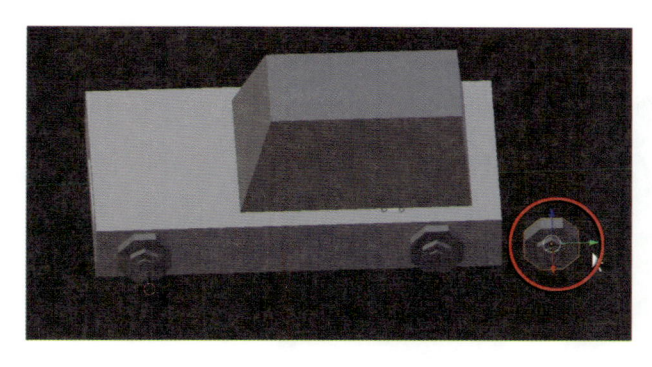

5-2 製作輪胎、車燈、排氣管 ■ 77

7. 再以 **Shift** + **D** 執行「製作複本」。

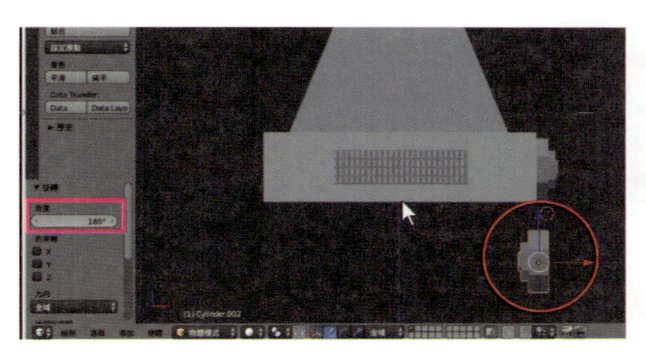

8. 按 **R** 執行「旋轉」，旋轉角度設定為「180度」。

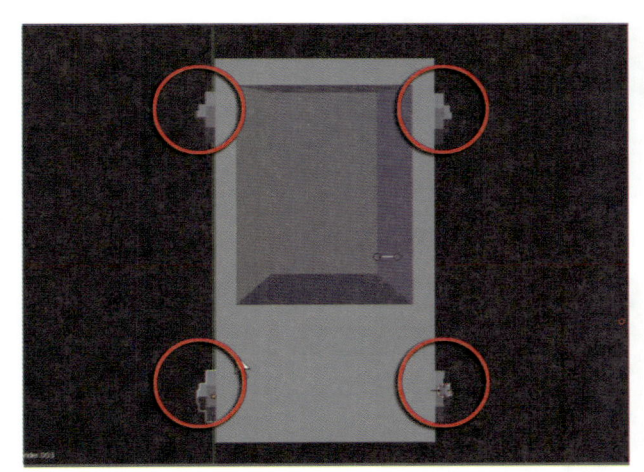

9. 將 4 個輪胎物件依序移至 4 邊方向即完成。

Step ❸ 複製 / 移動

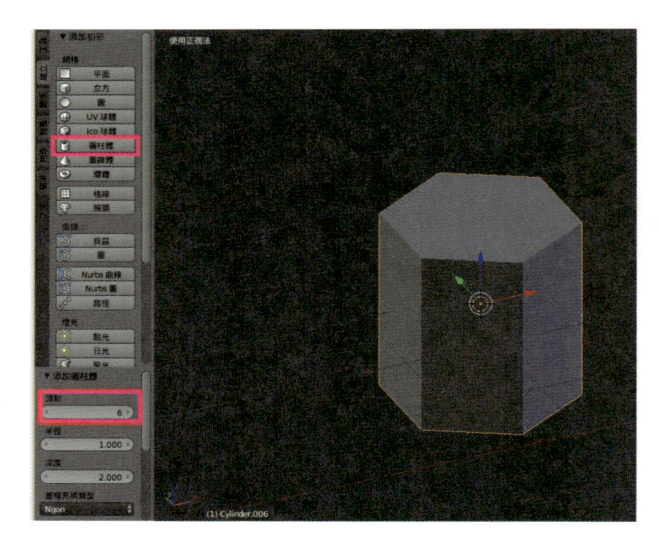

1. 到【工具架區域→建立標籤】選擇【網格→圓柱體】,建立一個圓柱體物件。設定圓柱體頂點為「6」。

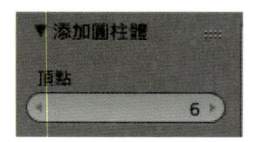

   📖【添加】快速鍵：Shift + A

2. 放至車燈的位置。

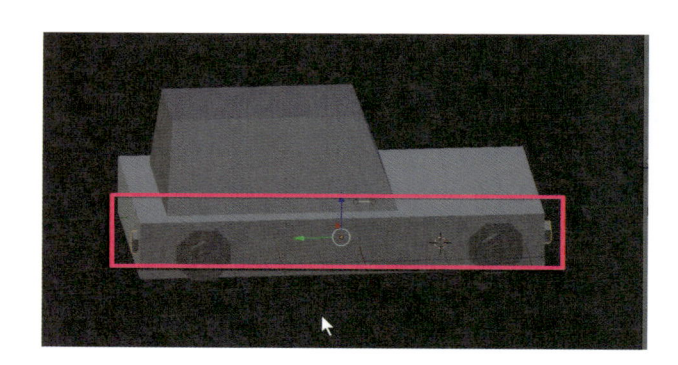

3. 點選【3D視圖編輯器】上的 ![全域] 【縮放】按鈕,進入縮放功能模式,沿Y軸拉長後按滑鼠左鍵確認。

4. 執行【工具架區域→工具標籤】的【編輯面板→製作複本】功能。將複製出來的物件沿 X 軸平移。

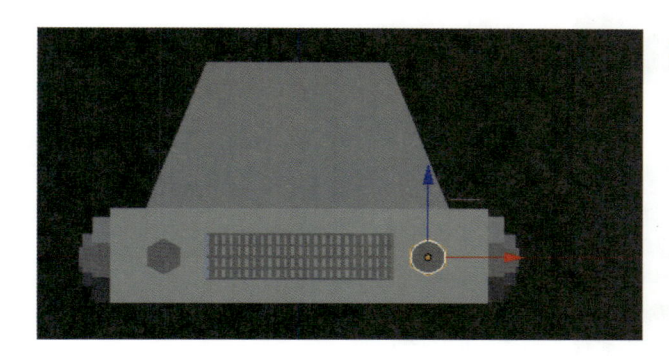

> 【製作複本】快速鍵：Shift + D

5. 移至另一個車燈的位置即完成。

Step 4 擠出區塊

1. 到【工具架區域→建立標籤】選擇【網格→圓柱體】，建立一個圓柱體物件。設定圓柱體頂點為「6」。

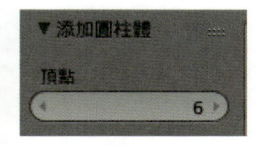

> 【添加】快速鍵：Shift + A

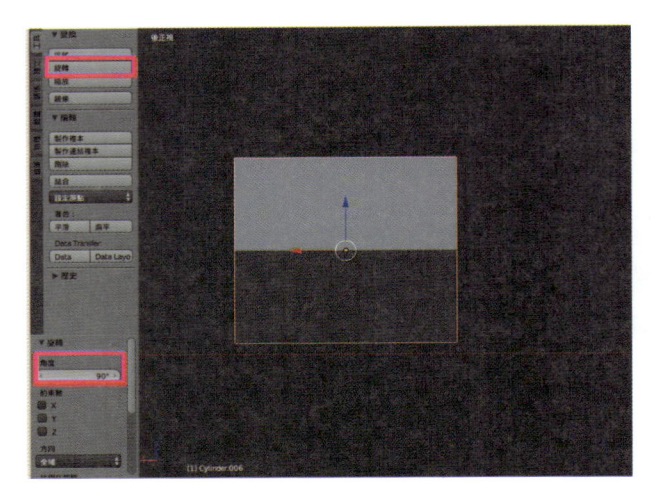

2. 按 [1] 切換 3D 預視區域為「前視圖」。到【工具架區域→工具標籤】選擇【變換面板→旋轉】，以滑鼠拖曳或輸入旋轉角度為「90 度」。

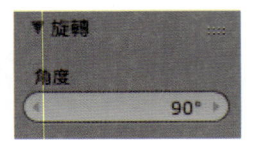

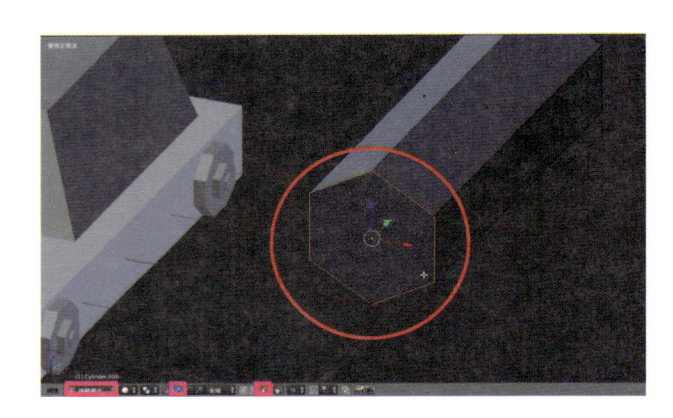

   【旋轉】快速鍵：[R]

3. 按 [Tab] 切換到「編輯模式」，使用【3D 視圖編輯器】指令列上的 [面選取] 按鈕進入「面選取」模式。

4. 執行【工具架區域→工具標籤→網格工具面板】上的【添加→擠出區塊】功能，再按一下右鍵讓變形回至原位。

   【擠出區塊】快速鍵：[E]

5. 執行【工具架區域→工具標籤→變換面板】的【縮放】功能,調整向量大小後按左鍵確認。

🔍【縮放】快速鍵:S

6. 再按 E 執行一次擠出區塊功能,將擠出區塊往內推。

7. 按 Tab 切換至「物體模式」

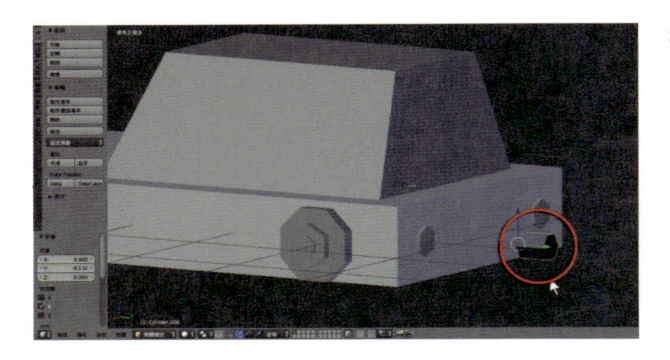

8. 移至車子後方排氣管位置，完成排氣管的製作。

5-3 製作擋風玻璃

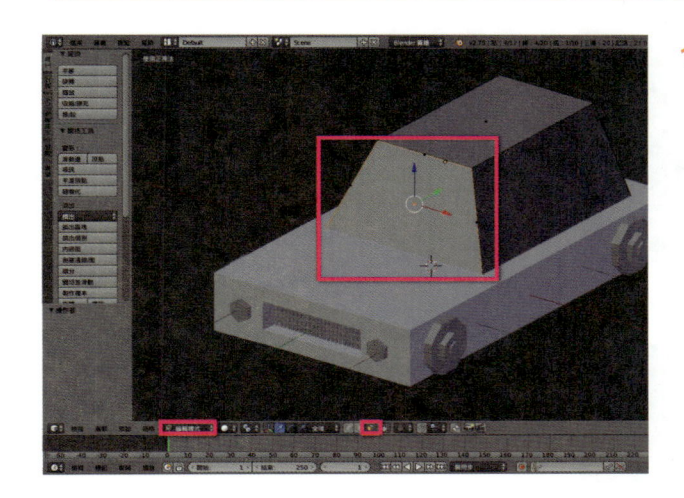

Step 1 擠出 / 縮放 / 平移

1. 按 [Tab]，切換到「編輯模式」，使用【3D視圖編輯器】指令列上的 【面選取】按鈕進入「面選取」模式，點選擋風玻璃處的面。按 [E] 執行「擠出個別」功能，按右鍵讓變形回至原位。

2. 到【工具架區域→工具標籤→變換面板】上的【縮放】按鈕，縮放成適合大小後按左鍵確認。

   【縮放】快速鍵：[S]

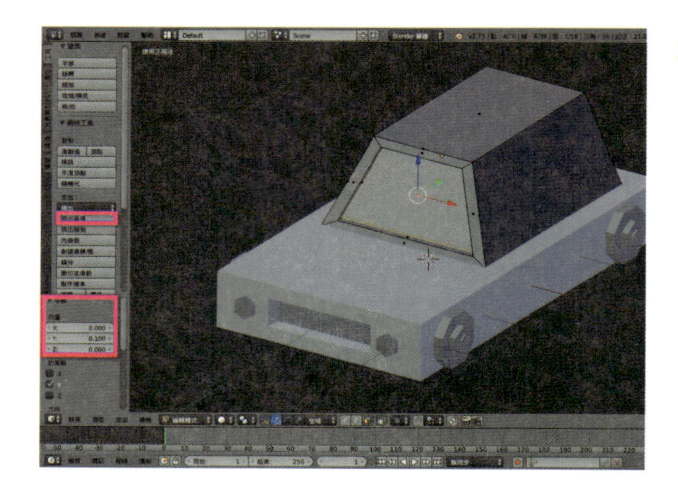

3. 按 [E] 執行「擠出個別」功能，按右鍵讓變形回至原位。按 [G] 執行「平移」功能，再按 [Y] 進行 Y 軸方向的移動，讓擋風玻璃的面稍微內縮。

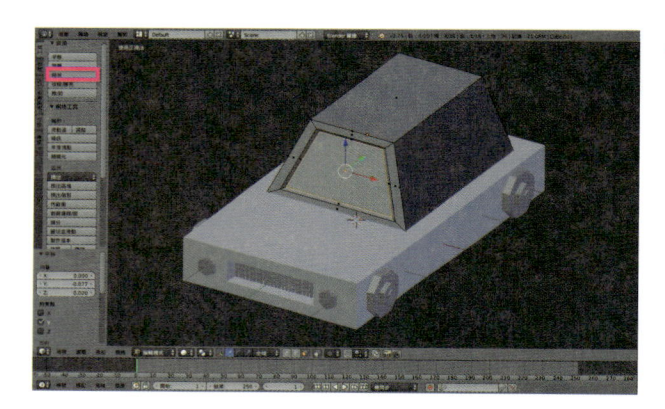

4. 點選【工具架區域→工具標籤→變換面板】上的【縮放】按鈕，縮放成適合大小後按左鍵確認。

   【縮放】快速鍵：[S]

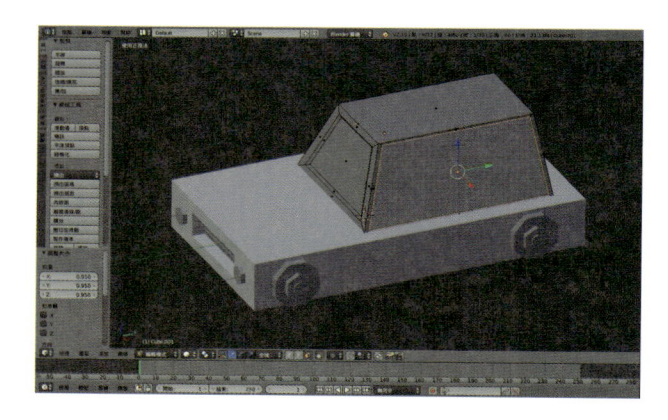

5. 右邊和左邊窗戶可依同樣方式執行即可完成。

5-4 結合物件

Step 1 結合物件

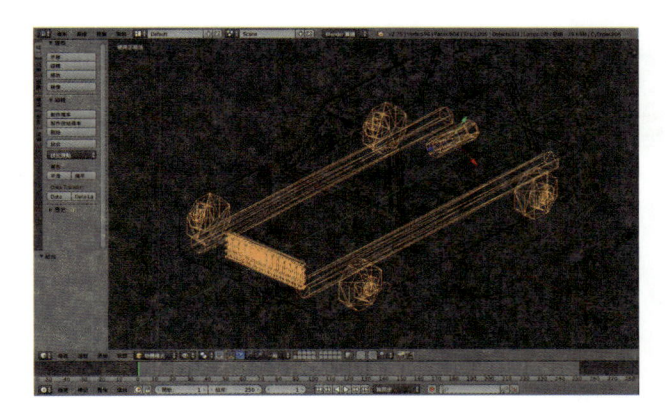

1. 按 **Tab** 切換至「物體模式」及按 **Z** 切換到「線框模式」，使用 **Shift** 搭配滑鼠右鍵加選畫面上的 6 個物件，執行【3D 視圖編輯器】指令列上的【物體→結合】指令，讓選取範圍變成 1 個物件。

   【結合】快速鍵：**Ctrl** + **J**

2. 用 **Shift** 搭配滑鼠右鍵加選畫面上的 2 個立方體物件，執行【3D 視圖編輯器】指令列上的【物體→結合】指令，讓選取範圍變成一個物件。

   【結合】快速鍵：**Ctrl** + **J**

Step 2 布林功能

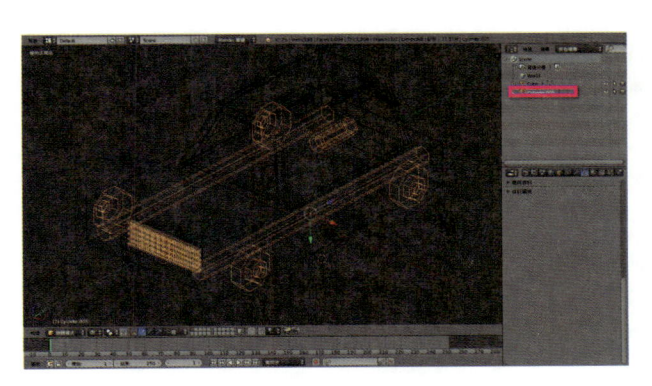

1. 選取物件。

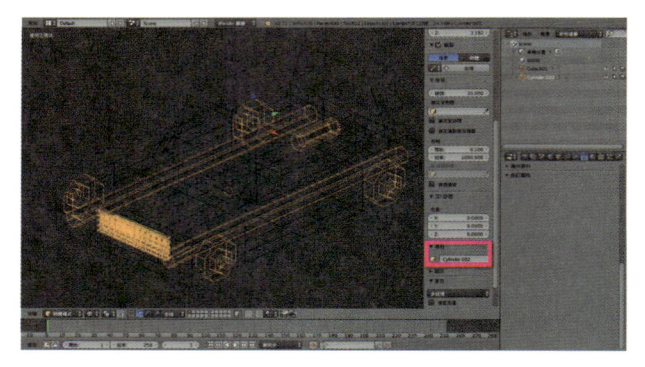

2. 按 [N] 開啟【屬性區域】，在【項目面板】中查看物件名稱，按 [Ctrl] + [C] 複製物件名稱。

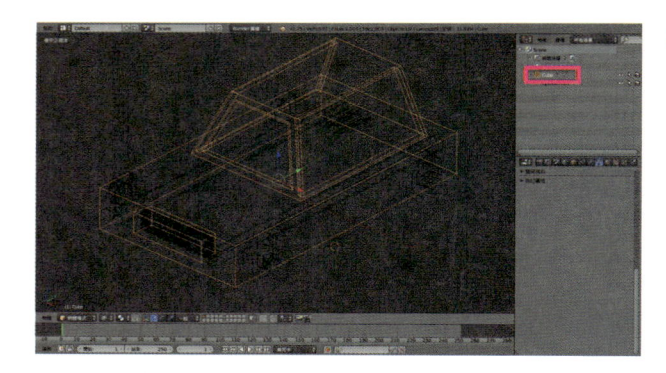

3. 再選取另一個物件。

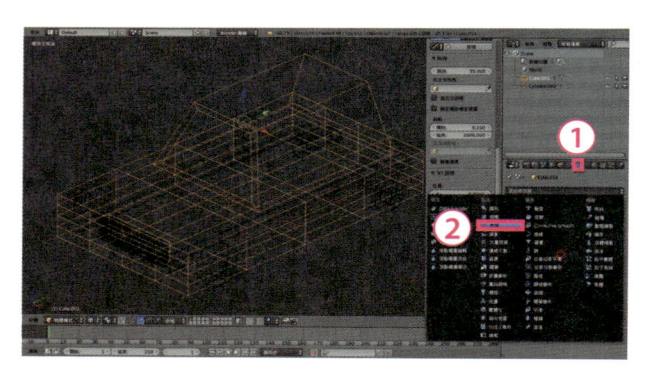

4. 到【屬性編輯器→修改器標籤】按下【添加修改器】按鈕，選擇增加【布林】修改器。

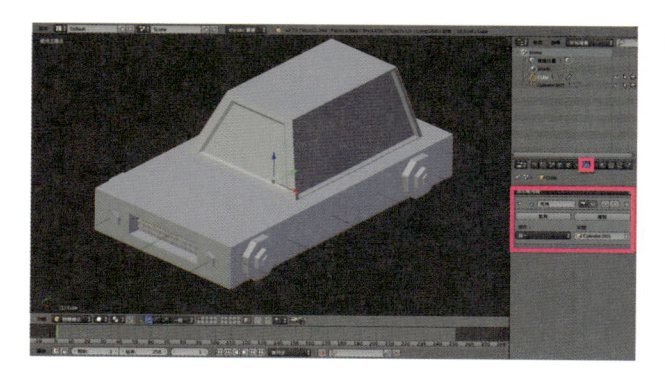

5. 【物體】選項中，選擇另一物體名稱或以 [Ctrl] 鍵 + [V] 貼上剛剛複製的物件名稱，【操作】選項選擇「統一」，按下【套用】按鈕。

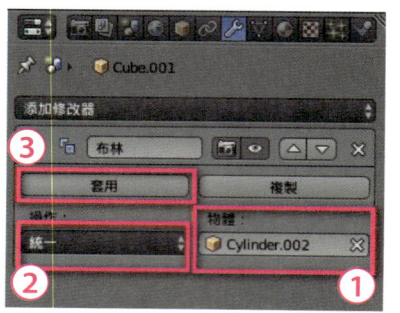

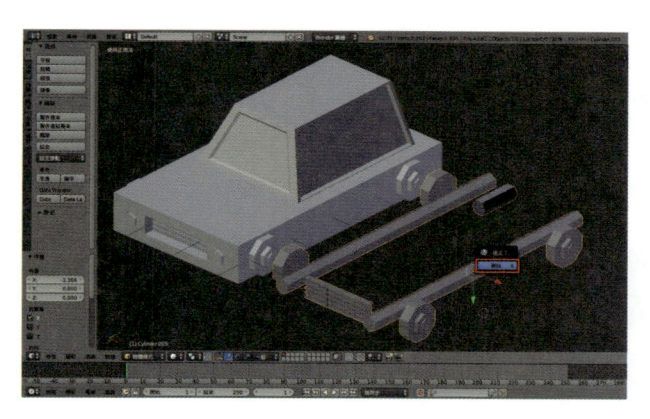

6. 點選多餘的物件,稍微移動以檢視,確認無誤後按 X 進行刪除。

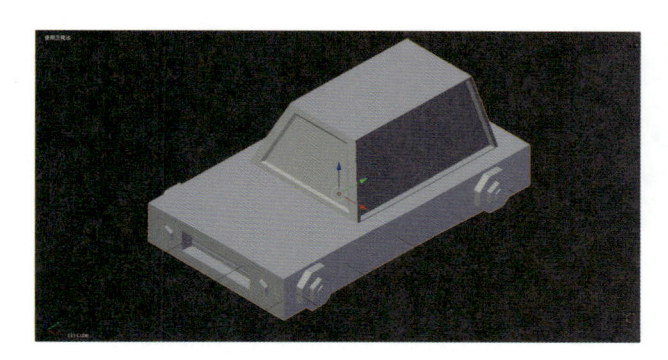

7. 「布林」完成。

Step 3 移除重疊點功能

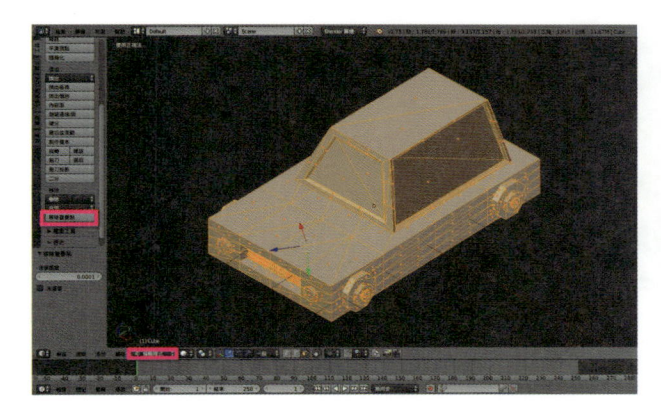

按 Tab 切換到「編輯模式」,執行【3D 視圖編輯器】指令列的【選取→(不)全選】指令,再到【工具架區域→工具標籤→網格工具面板】的【移除→移除重疊點】,將多餘的點移除。再按 Tab 回到「物體模式」作最後的檢視。

5-5 儲存檔案

存為 Blender 檔案

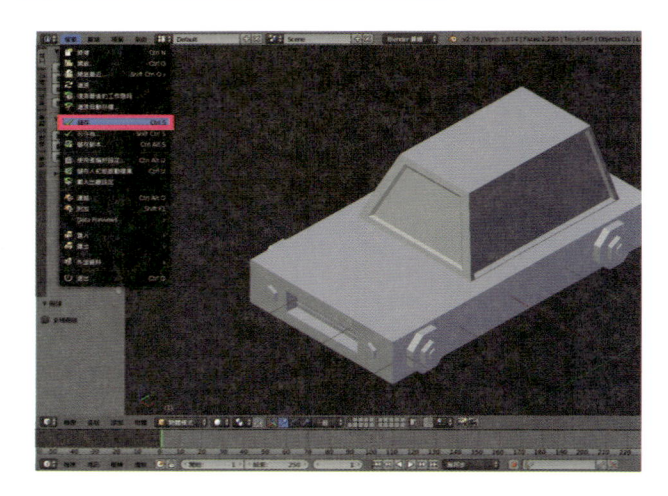

1. 執行【資訊編輯器】指令列的【檔案→儲存】指令。

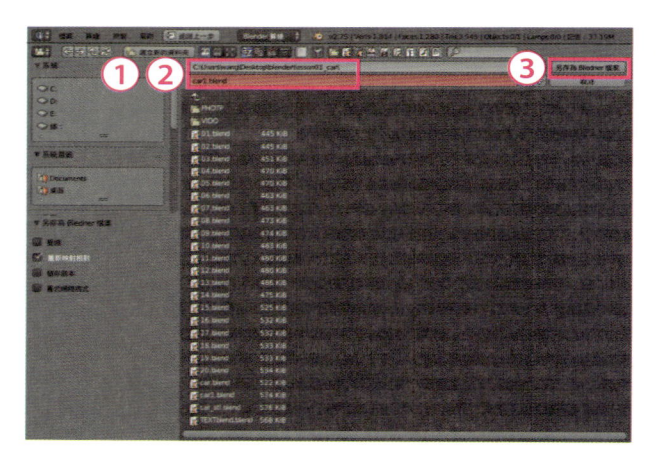

2. 依序進行：①確認儲存的位置→②輸入檔案名稱→③點選【存為 Blender 檔案】進行儲存。

匯出成 STL 檔案格式

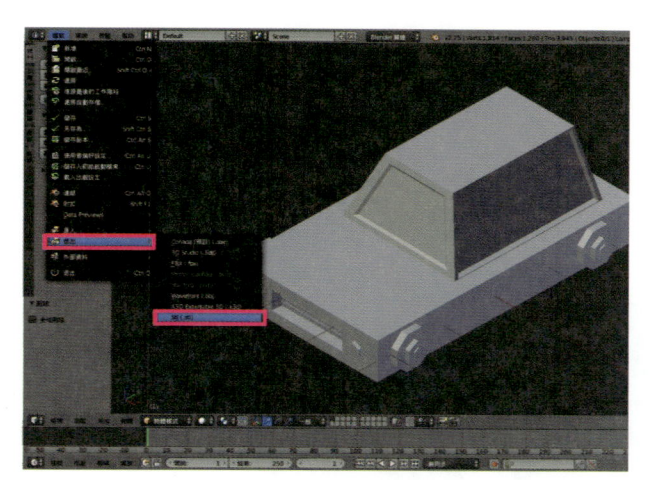

1. 執行【資訊編輯器】指令列的【檔案→匯出→ STL】指令。

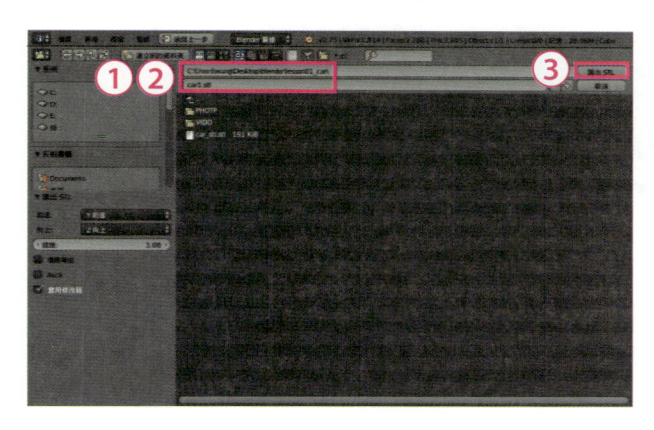

2. 依序進行：①確認儲存的位置→②輸入檔案名稱→③點選【匯出 STL】進行儲存。

3D 列印成品

Chapter **6**

中階 3D 建模－
兔子

● 學 習 目 標 ●
建立一隻兔子

● 運 用 新 功 能 ●

- 游標的應用
- 使用者偏好設定
- 曲線的設定
- 鏡像功能
- 收縮功能
- 移除重疊點
- 面分成三角形

6-1 製作身體與頭部

Step 1 細分功能

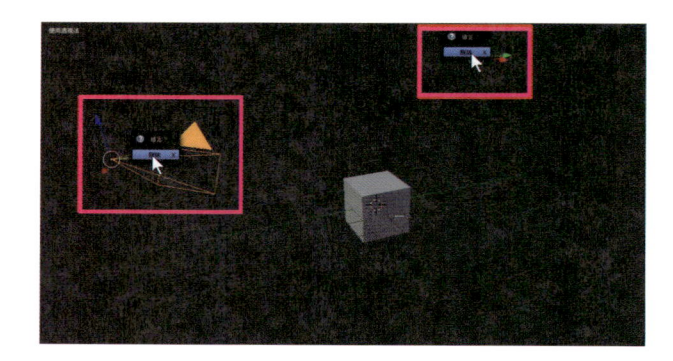

1. 開啟 Blender 軟體後,刪除「攝影機」、「燈光」物件。

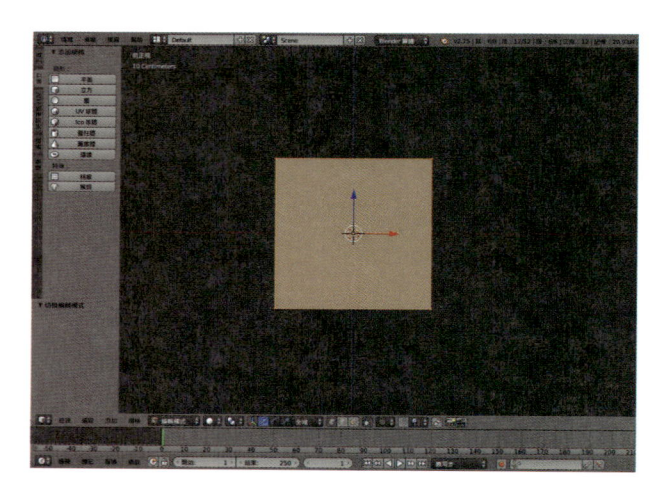

    【刪除】快速鍵:[X]

2. 按 [1] 切換 3D 預視區域為「前視圖」。按 [Tab] 切換到「編輯模式」。

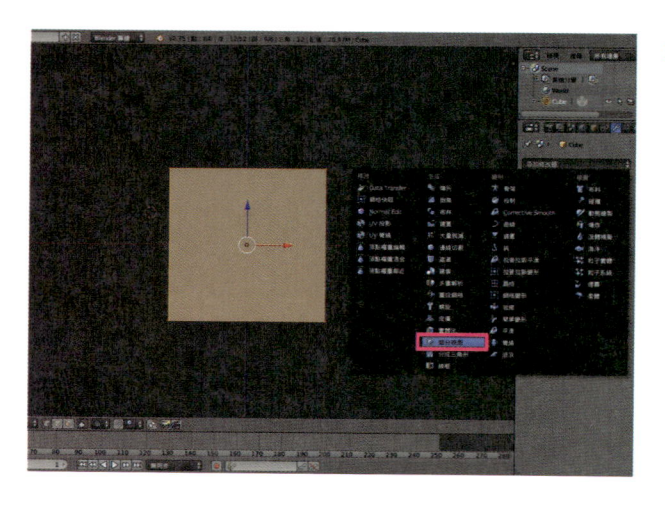

3. 到【屬性編輯器→修改器標籤】按下【添加修改器】按鈕,選擇【細分表面】。

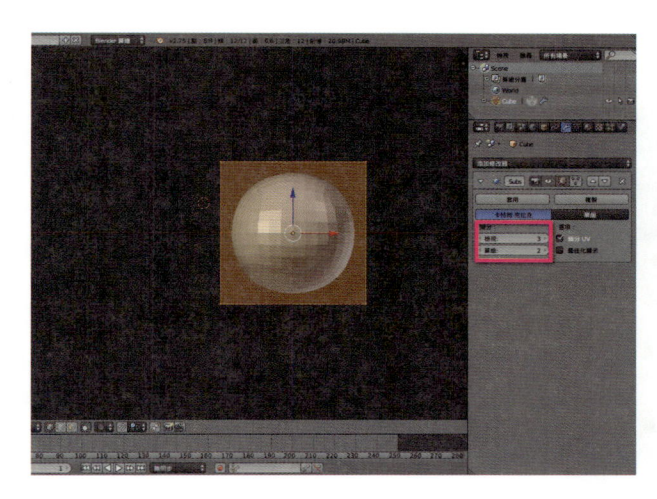

4. 設定細分選項：

   檢視＝ 3

   算繪＝ 3。

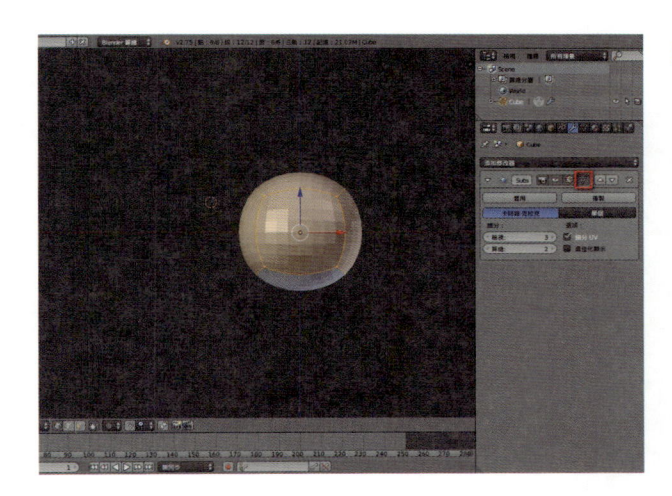

5. 點選 【調整編輯罩體至修改器結果】，將點繪製到高面數的模型上，方便操作。

Step 2 圈切並滑動

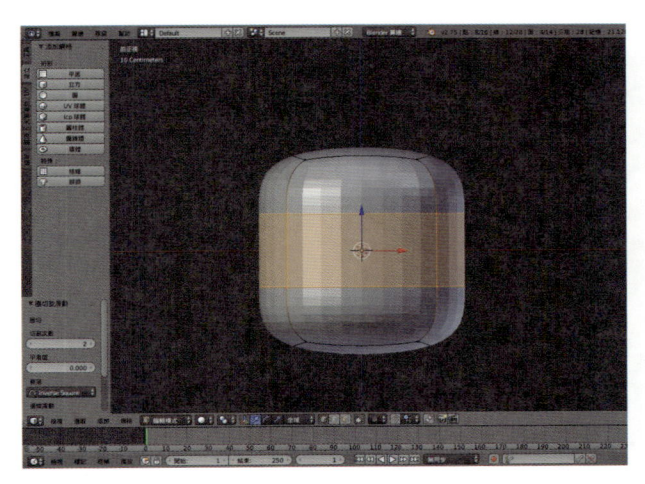

到【工具架區域→工具標籤→添加面板】點選【圈切並滑動】。

切割次數設定為「2」。

【圈切並滑動】快速鍵：
Ctrl + R

Step ③ 移動與縮放

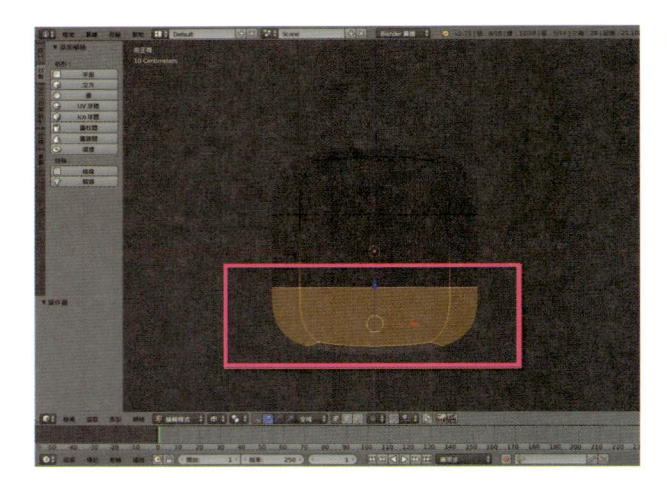

1. 按 [Z] 切換到「線框模式」，按 [A] 執行「(不)全選」取消所有選取範圍，再使用【3D視圖編輯器】指令列上的【選取→框選】指令，將物件的下半部選取起來。

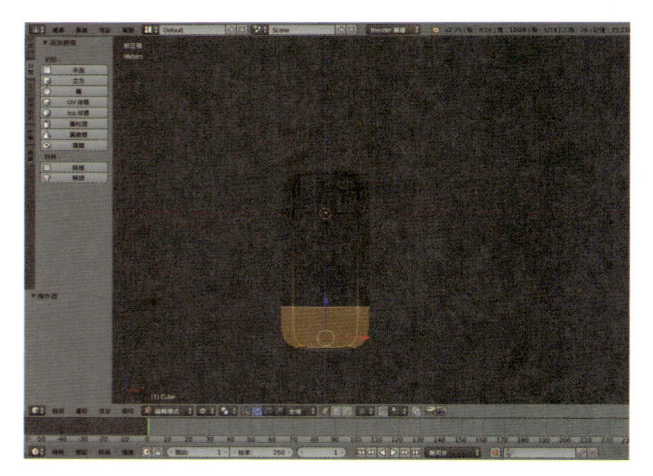

   【框選】快速鍵：[B]

2. 沿 Z 軸向下拖曳。

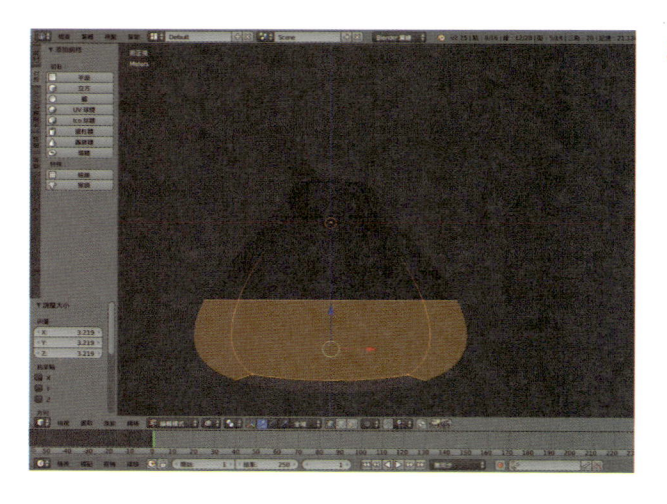

3. 按下【工具架區域→工具標籤→變換面板】上的【縮放】按鈕，縮放至適當大小後按左鍵確認。

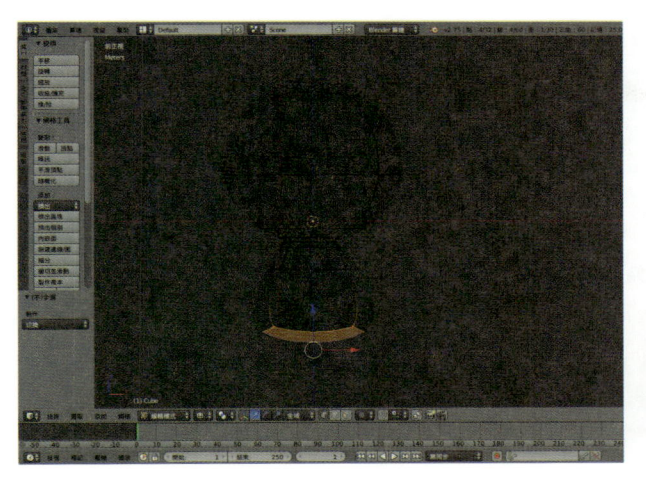

4. 繼續以「圈切並滑動」增加物件的層數，搭配縮放及平移功能仔細調整外形。

   可以按 [N] 開啟【屬性區域】，在【背景影像面板】按下【添加影像】以置入圖檔作為調整外形的參考。

5. 不需要參考圖片時可點選【眼睛】按鈕來將背景圖片隱藏。將兔子的外型輪廓做大約的調整。

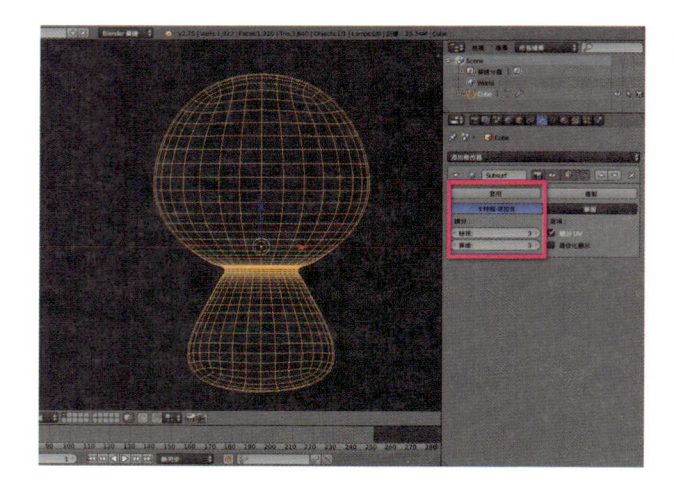

6. 按 [Tab] 切換到「物體模式」,【屬性編輯器→修改器標籤】中選擇【細分表面】,設定細分選項為:

   檢視 = 3

   算繪 = 3,按下【套用】。

7. 按 [Z] 切換到「實體模式」,身體部分完成。

6-2 兔子的耳朵

Step 1 外型製作

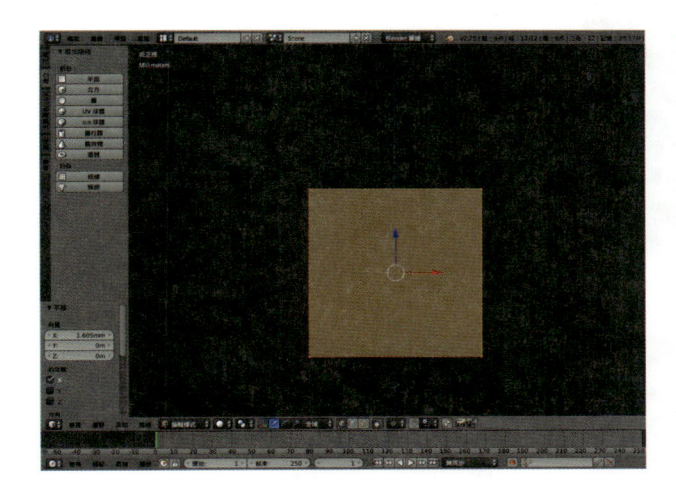

1. 到【工具架區域→建立標籤】，按下【網格→立方】按鈕建立一個立方體。
   按 `Tab` 切換到「編輯模式」，及按 `Z` 切換到「線框模式」。

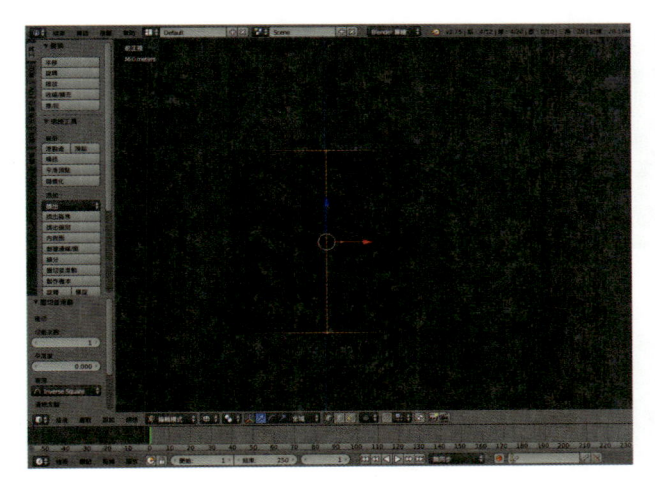

   【添加】快速鍵：`Shift` + `A`

2. 到【工具架區域→工具標籤→添加面板】點選【圈切並滑動】，點左鍵確認為垂直切割後按右鍵將切割置中。

   【圈切並滑動】快速鍵：`Ctrl` + `R`

3. 到【屬性編輯器→修改器標籤】按下【添加修改器】按鈕，選擇【細分表面】。

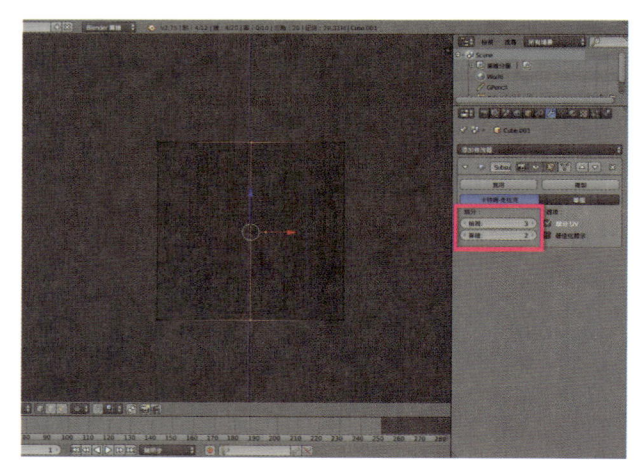

4. 設定細分選項為：

   檢視 = 3

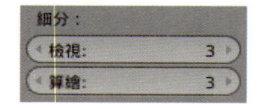

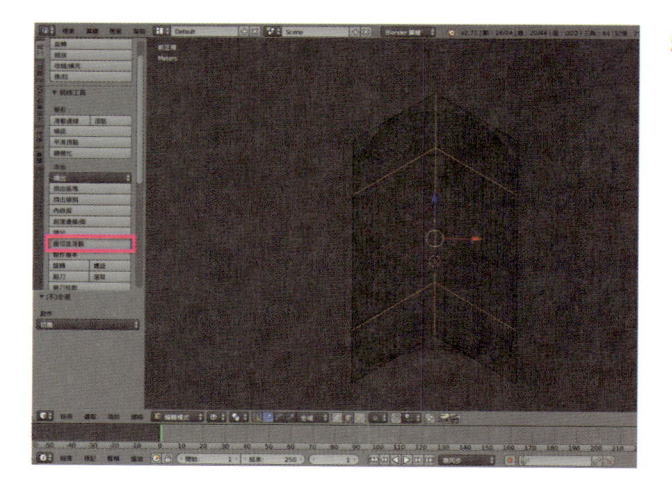

5. 到【工具架區域→工具標籤→添加面板】點選【圈切並滑動】進行水平切割，設定切割次數為 2。選取垂直切割線按 G 「平移」並按 Z 沿 Z 軸做位置調整。

   【圈切並滑動】快速鍵：
   Ctrl + R

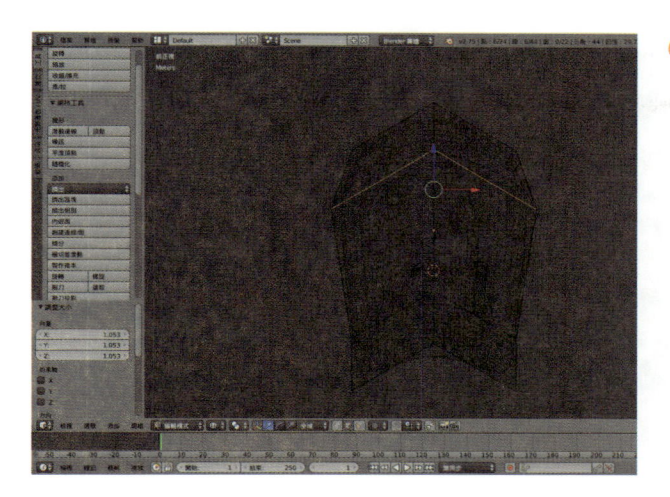

6. 再針對水平切割線執行【工具架區域→工具標籤→變換面板】的【縮放】功能，調整至適當大小按左鍵確認。

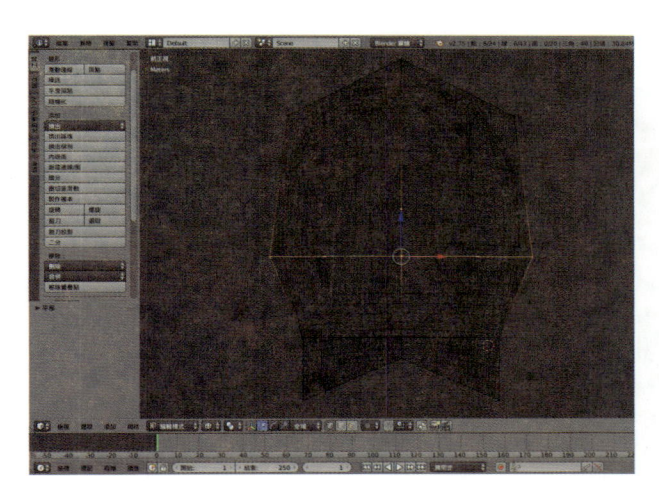

7. 繼續以「平移」調整耳朵的外型。

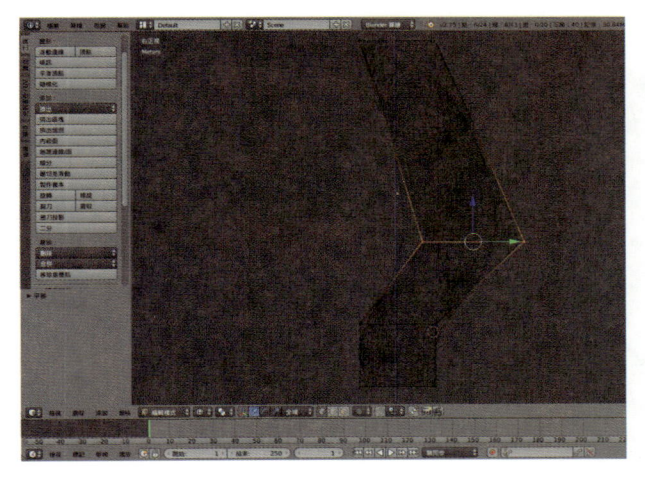

> 按 G 進行平移時，可接著按 X 、 Y 來進行限定 X 軸、Y 軸的移動。

8. 按 3 切換為「右視圖」，平移調整耳朵的彎度。

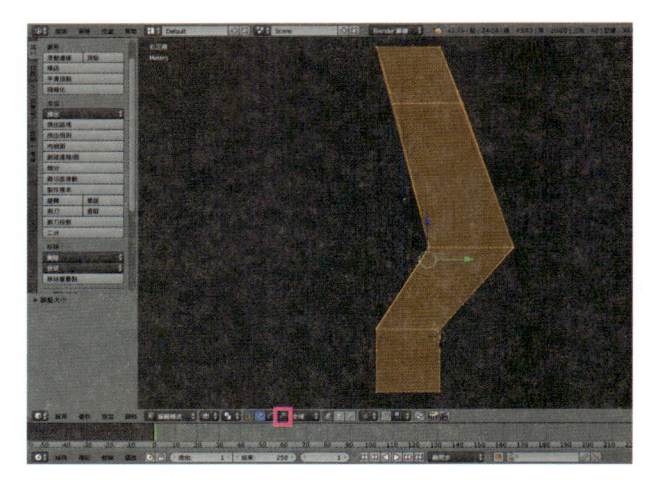

9. 以【3D 視圖編輯器】指令列的【選取→(不)全選】指令取消選取，再執行一次以進行全選。

   點選【3D 視圖編輯器】指令列上的 [圖示]【縮放】按鈕，沿 Y 軸進行縮放，將厚度調整完成。

Step ② 細節調整

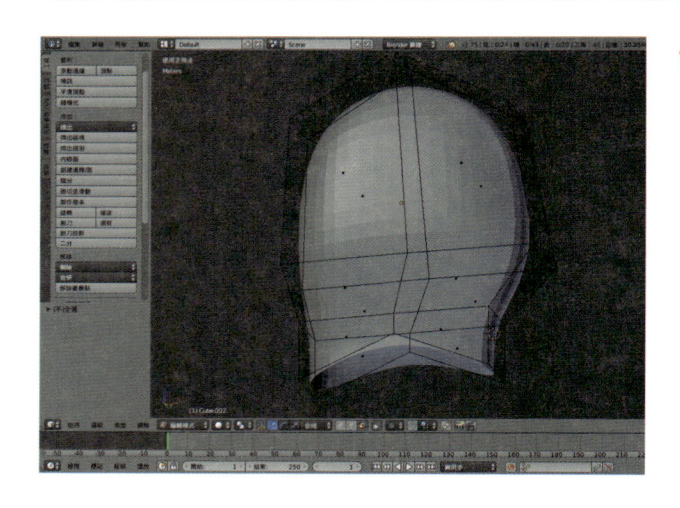

1. 按 [Z] 切換到「實體模式」並按 [A] 取消全選。使用【3D 視圖編輯器】指令列上的 [圖示]【面選取】按鈕進入「面選取」模式，再以 [Shift] 搭配滑鼠右鍵進行面的加選，選取耳朵下方的面後按 [X] 將選取面刪除。

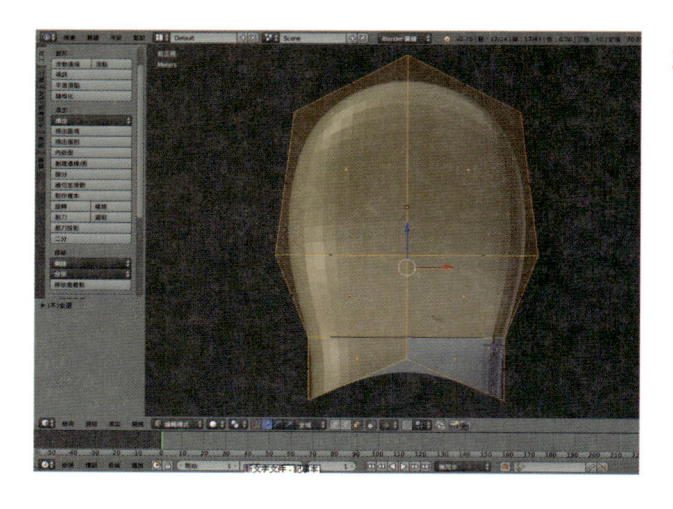

2. 按 [1] 切換 3D 預視區域為「前視圖」。使用【3D 視圖編輯器】指令列上的 [圖示]【面選取】按鈕進入「面選取」模式，再以 [Shift] 搭配滑鼠右鍵進行面的加選，選取耳朵的正面。

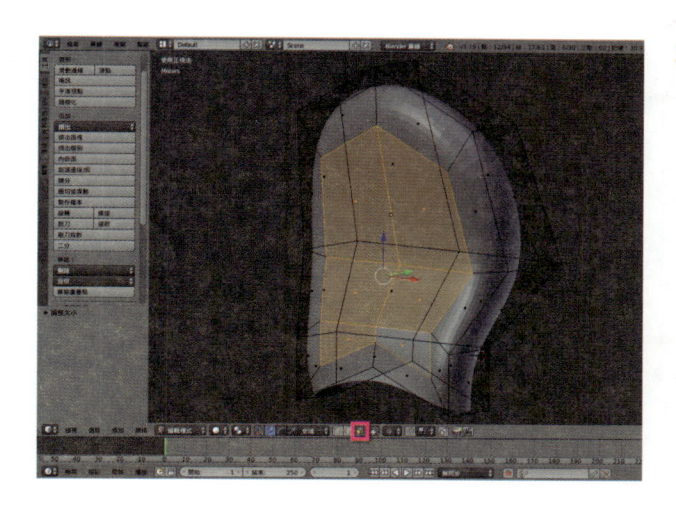

3. 執行【工具架區域→工具標籤→網格工具面板】上的【添加→擠出區塊】功能,按右鍵讓變形回至原位。按進行「縮放」,適當的縮小後,按左鍵確認。

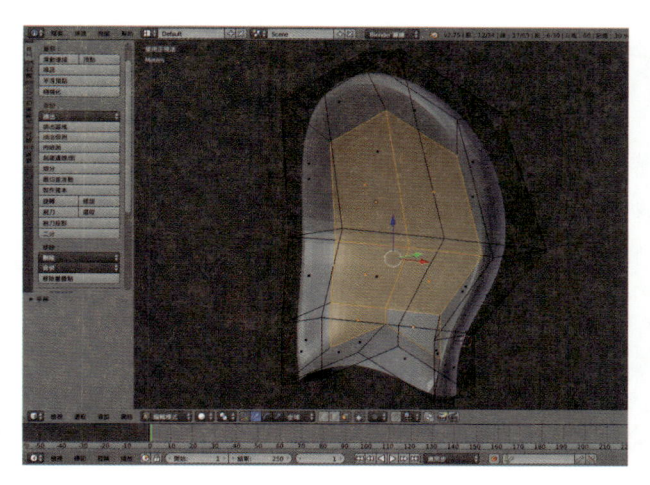

【擠出區塊】快速鍵:E

4. 按 G 執行「平移」指令,按 Y 讓選取面沿 Y 軸向後移動。

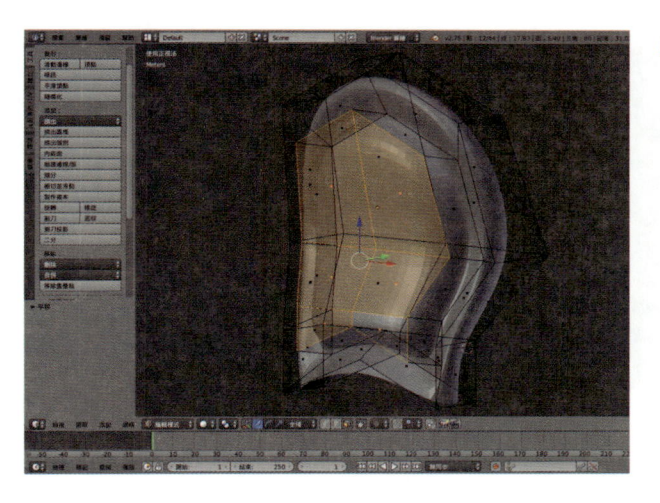

5. 再進行一次「擠出區塊」,按右鍵讓變形回至原位。按進行「縮放」,稍微放大一點後按左鍵確認。再以「平移」指令讓選取面沿 Z 軸調整位置。

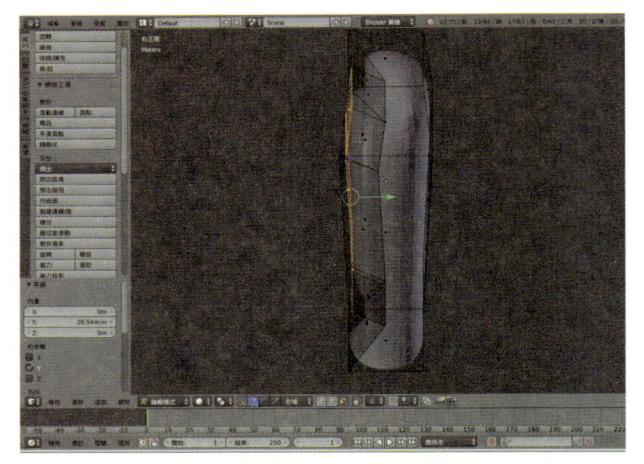

6. 按 [3] 切換為「右視圖」,按 [G] 使用「平移」功能,再按 [Y] 將選取面沿 Y 軸移動。

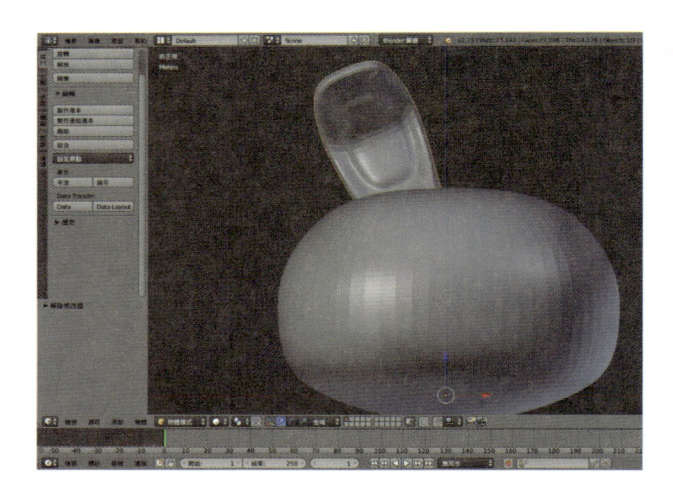

7. 按 [1] 切換為「前視圖」,按 [Tab] 切換至「物體模式」,利用「縮放」、[R]「旋轉」、[G]「平移」等功能調整位置耳朵與頭的相對位置。

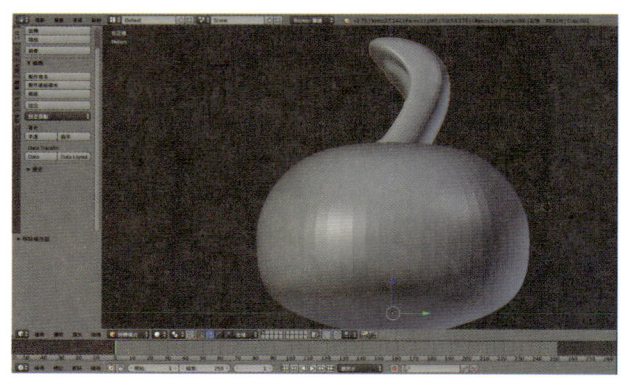

8. 前視圖的位置調整完成後,按 [3] 切換為「右視圖」,繼續調整位置。

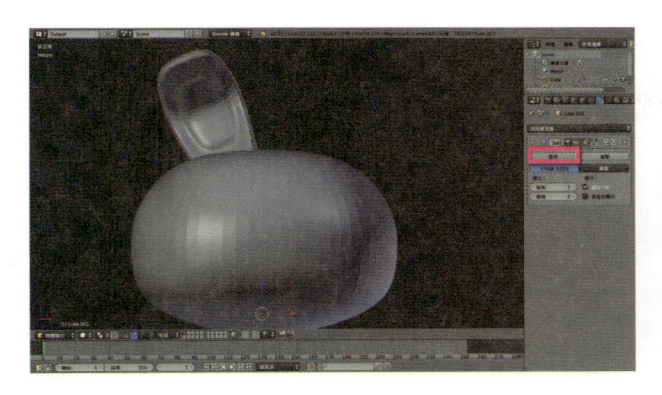

9. 到【屬性編輯器→修改器標籤】，
   按下【細分表面】修改器的【套用】
   按鈕。

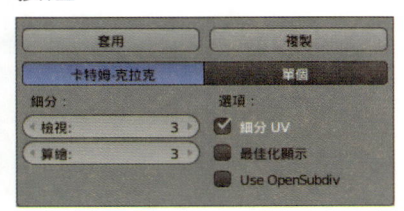

Step 3 鏡像功能

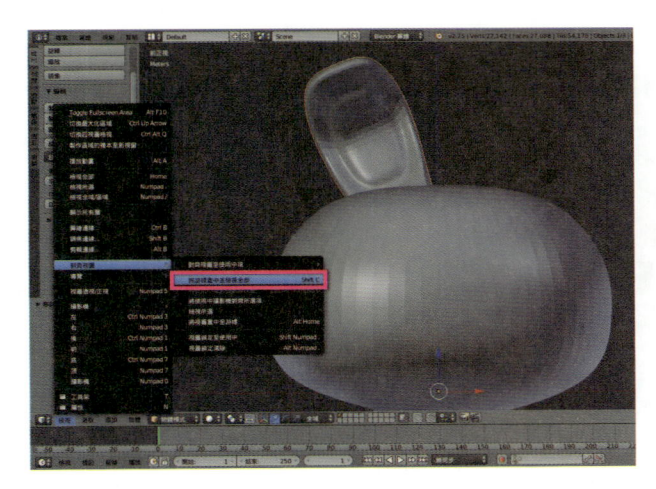

1. 選取耳朵，使用【3D 視圖編輯器】
   指令列的【檢視→對齊視圖→將游
   標置中並檢視全部】指令。

   【將游標置中並檢視全部】快速
   鍵：Shift + C

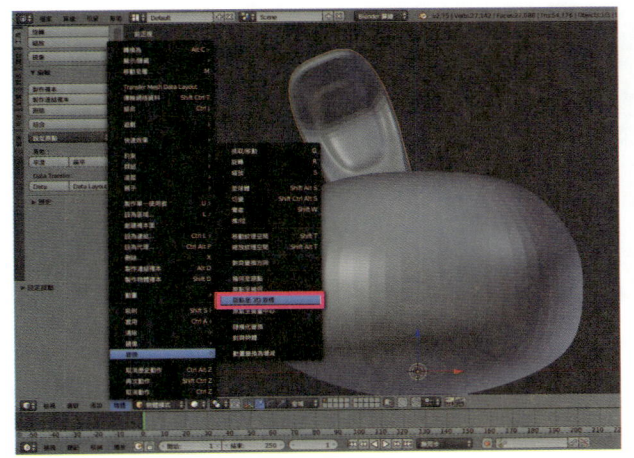

2. 再點選【物體→變換→原點至 3D
   游標】指令。

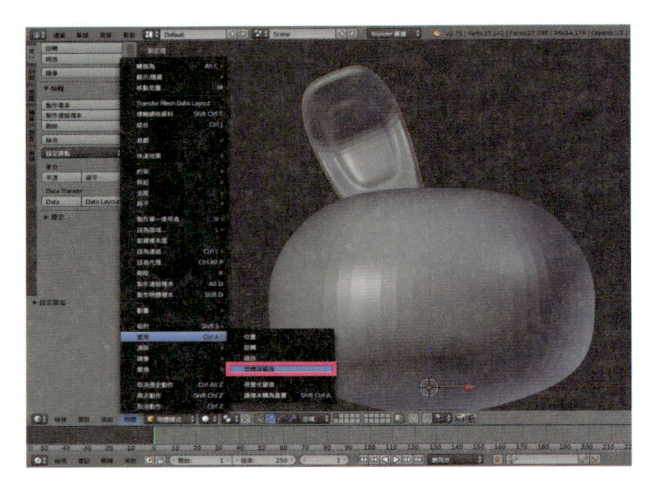

3. 點選【物體→套用→旋轉與縮放】指令。

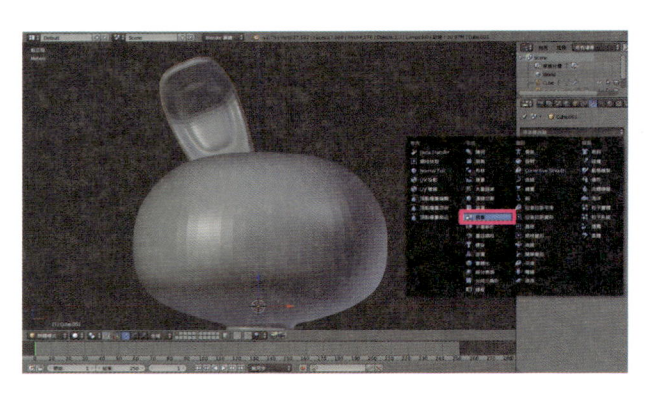

4. 到【屬性編輯器→修改器標籤】按下【添加修改器】按鈕,選擇【鏡像】修改器。

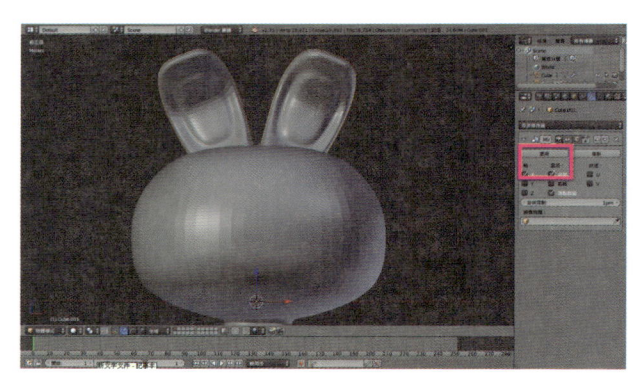

5. 設定值為:

   軸＝X軸

   選項＝合併,按下【套用】按鈕。

6-3 製作手部

Step 1 使用附加元件：LoopTools

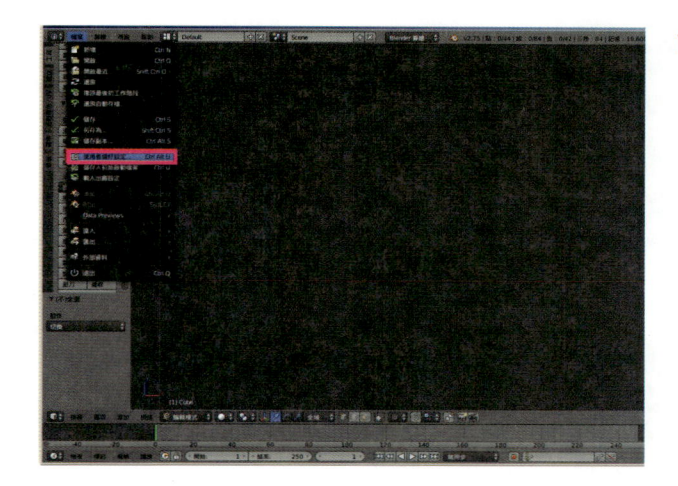

1. 點選【資訊編輯器】指令列的【檔案→使用者偏好設定】。

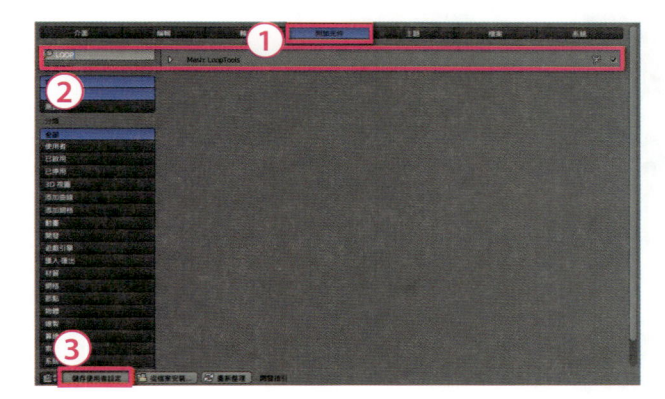

2. 進入【附加元件】頁面，在搜尋欄位輸入「LOOP」進行搜尋，將搜尋結果的「Mesh: LoopTools」點選☑開啟，再點選【儲存使用者設定】按鈕後關閉使用者偏好設定視窗。

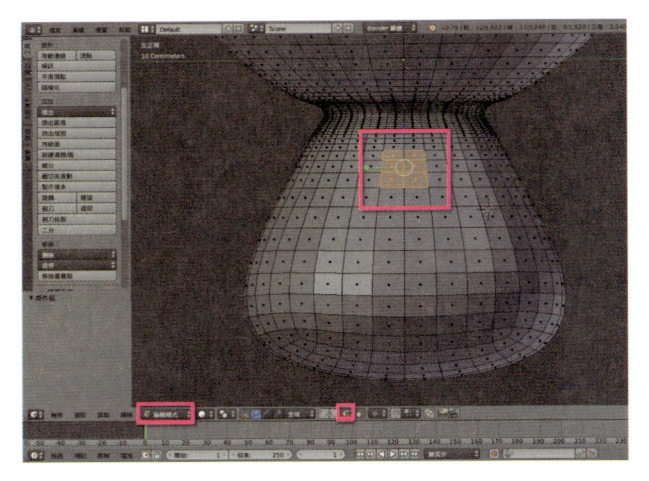

3. 按 [Ctrl] + [3] 切換為「左視圖」，按 [Tab] 切換到「編輯模式」，使用【3D 視圖編輯器】指令列上的 【面選取】按鈕，進入「面選取」模式，以 [Shift] 搭配滑鼠右鍵進行面的加選，選取兔子手與身體連接的範圍。

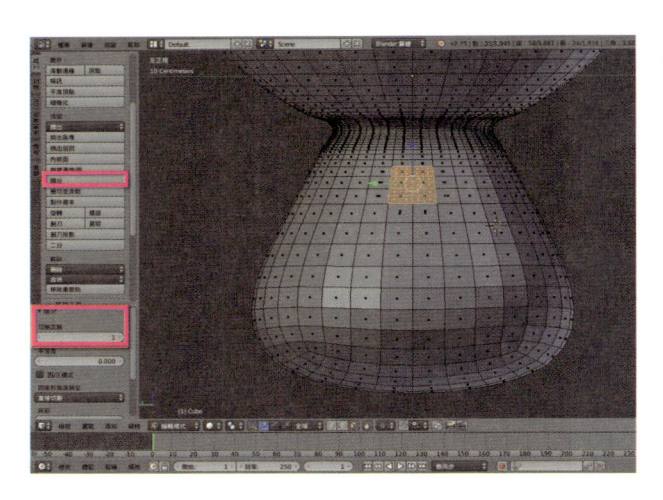

4. 到【工具架區域→工具標籤→網格工具面板】，點選【添加→細分】按鈕，設定切割次數為「1」。

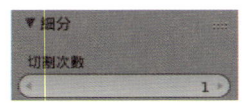

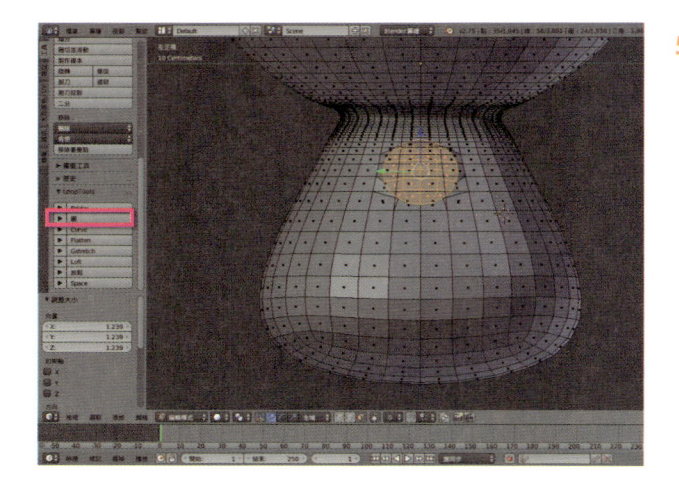

5. 到【工具架區域→工具標籤→LoopTools 面板】點選【圓】，按 [S] 進行「縮放」，縮放適當大小後按左鍵確認。

Step ❷ 擠出區塊

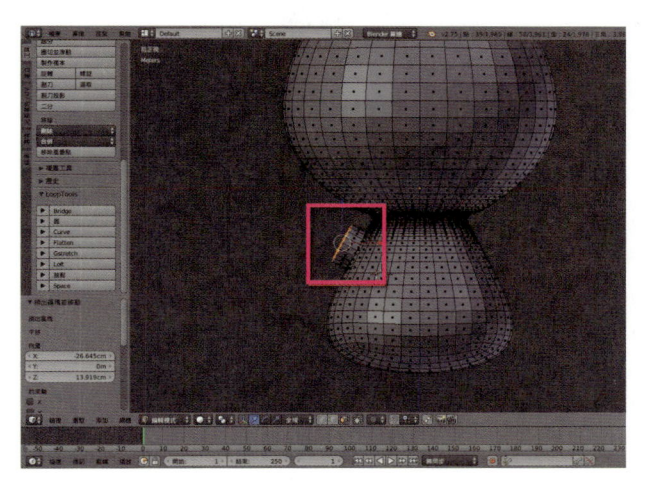

1. 按 [1] 切換到「前視圖」,再按 [E] 進行「擠出區塊」,到適當位置按左鍵確認。

   > 在製作手時,可使用 [S]「縮放」、[G]「移動」、[R]「旋轉」做調整。

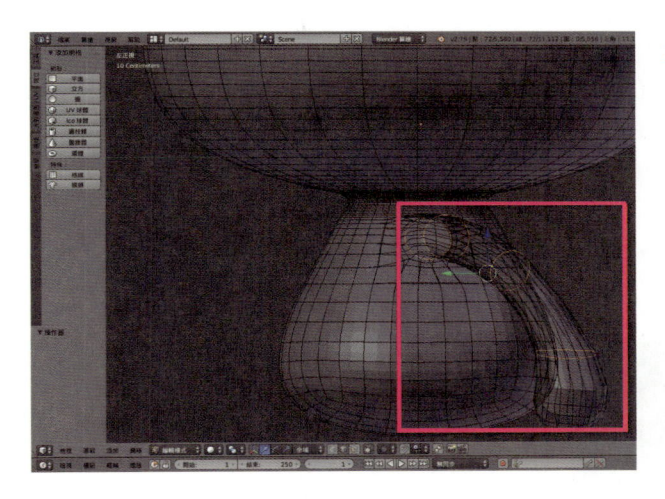

2. 使用同樣的方式延伸出 4 個區塊後,可使用【3D 視圖編輯器】指令列上的 ▣▣▣【Edge select(線選取)】按鈕進入「線選取」模式,以 [Shift] 搭配滑鼠右鍵加選線段,進行修改。

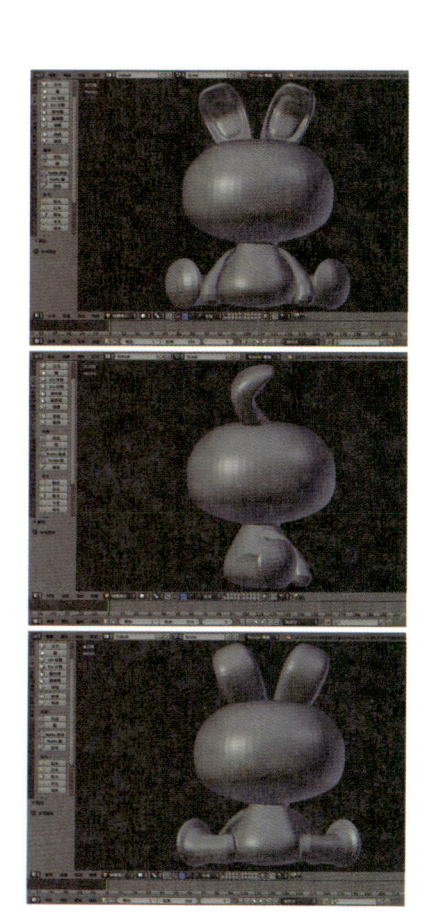

3. 兔子腳的部分也參照手的步驟加以製作，製作出半邊的手與腳。

4. 使用【3D 視圖編輯器】指令列的【檢視→對齊視窗→將游標置中並檢視全部】指令。

> 【將游標置中並檢視全部】快速鍵 Shift + C

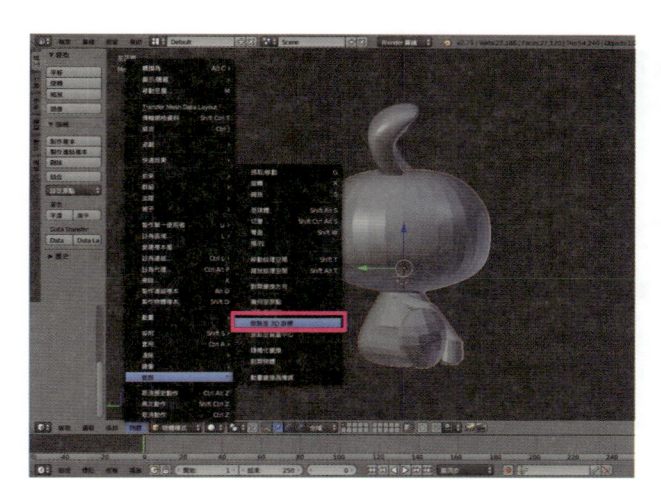

5. 再點選【物體→變換→原點至 3D 游標】指令。

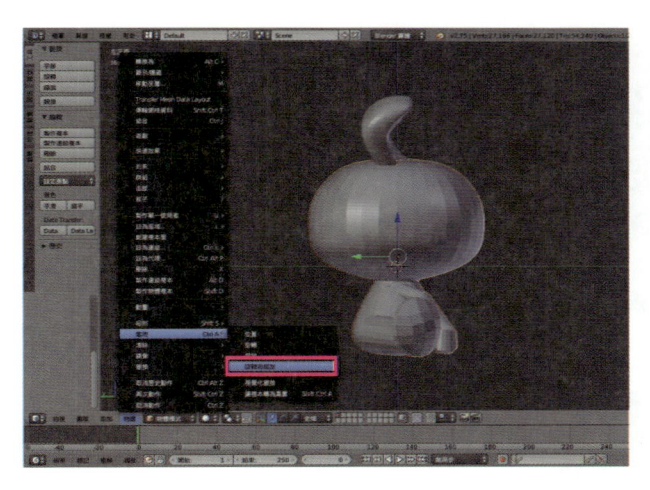

6. 點選【物體→套用→旋轉與縮放】指令。

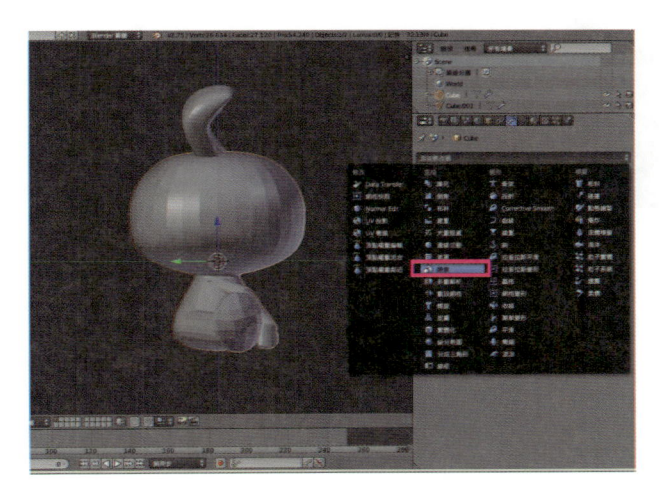

7. 到【屬性編輯器→修改器標籤】按下【添加修改器】按鈕,選擇【鏡像】修改器。

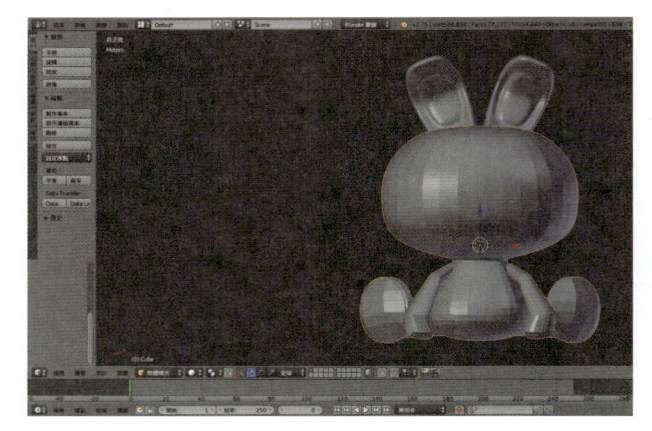

8. 設定值為：

 軸＝X軸

 選項＝合併，按下【套用】按鈕。

9. 如果想要物件看起來更細緻，就到【屬性編輯器→修改器標籤】按下【添加修改器】按鈕，再次進行【細分表面】。

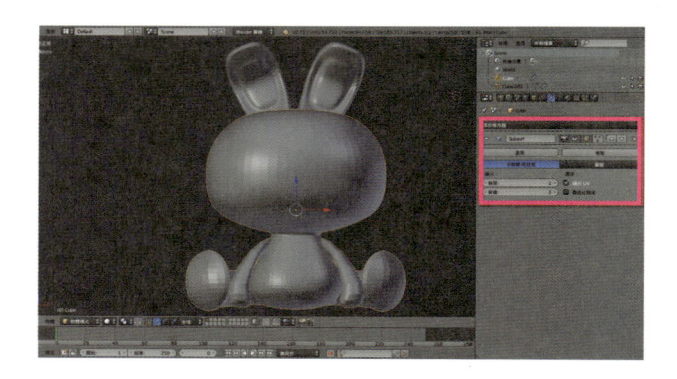

6-4 製作臉部物件

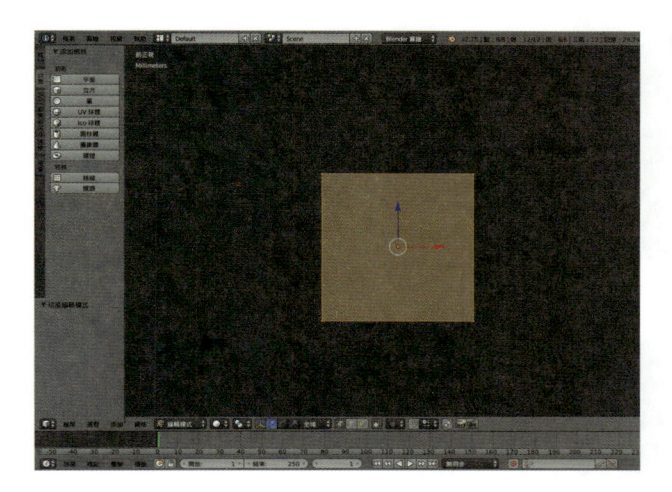

Step ❶ 製作鼻子

1. 到【工具架區域→建立標籤】點選【網格→立方】建立一個立方體，按 `Tab` 切換到「物體模式」

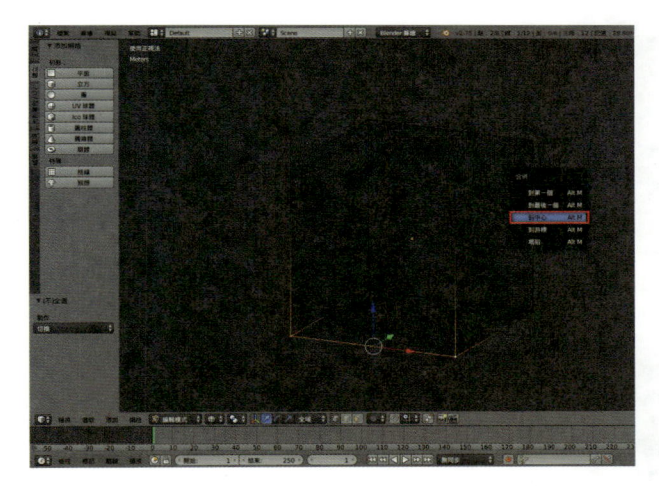

   🔍 【添加】快速鍵：`Shift` + `A`

2. 按 `A` 取消全選，點選【3D視圖編輯器】上的 ▢▢▢【Vertex select（點選取）】按鈕，進入「點選取」模式，以 `Shift` 搭配滑鼠右鍵選取前方下面兩個點。

   使用【工具架區域→工具標籤】的【網格工具面板→移除→合併】，選擇【到中心】。

   🔍 【合併】快速鍵：`Alt` + `M`

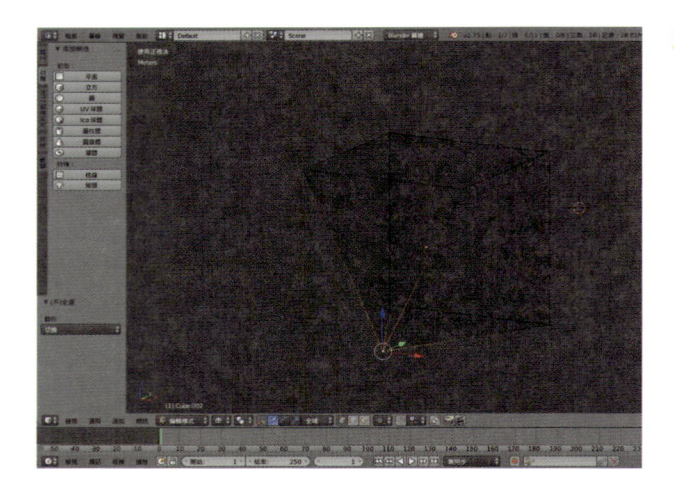

3. 合併完成

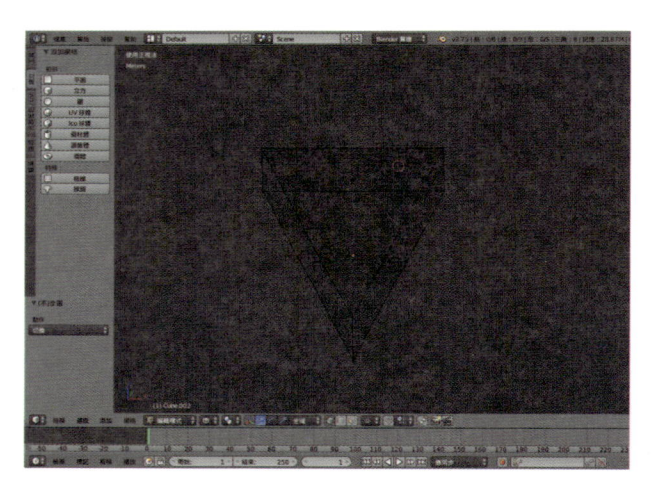

4. 後面的下方兩個點也同樣處裡

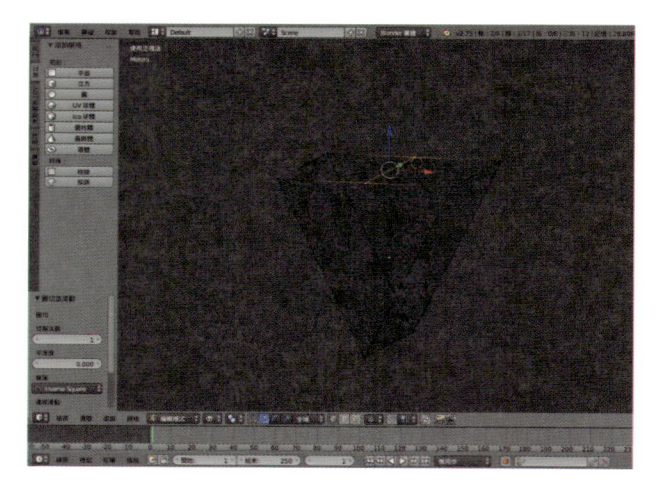

5. 點選【工具架區域→工具標籤→添加面板】的【圈切並滑動】功能切割上方的面。

【圈切並滑動】快速鍵：
Ctrl + R

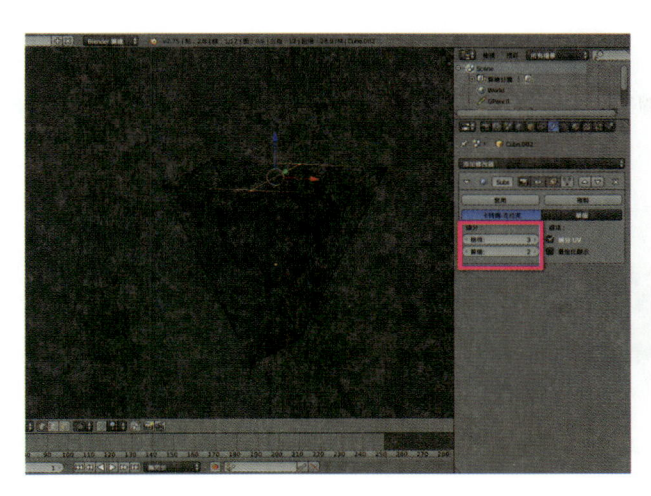

6. 到【屬性編輯器→修改器標籤】按下【添加修改器】按鈕，選擇【細分表面】，設定細分選項為：
檢視＝3
算繪＝2，按下【套用】按鈕。

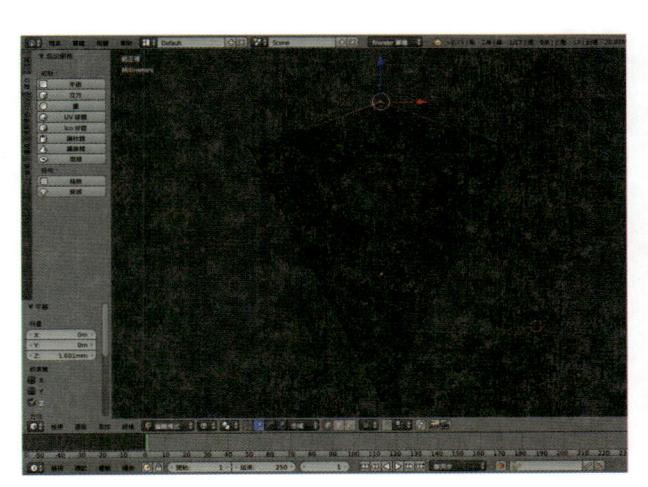

7. 使用【3D 視圖編輯器】指令列上的【選取→框選】指令，框選上方的點並沿 Z 軸往上方移動。

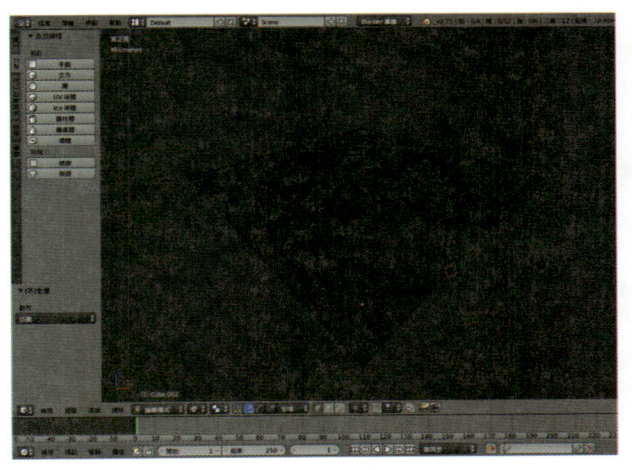

【框選】快速鍵：B

8. 選取左右兩方的點按 S 進行「縮放」，調整適當大小後按左鍵確認。

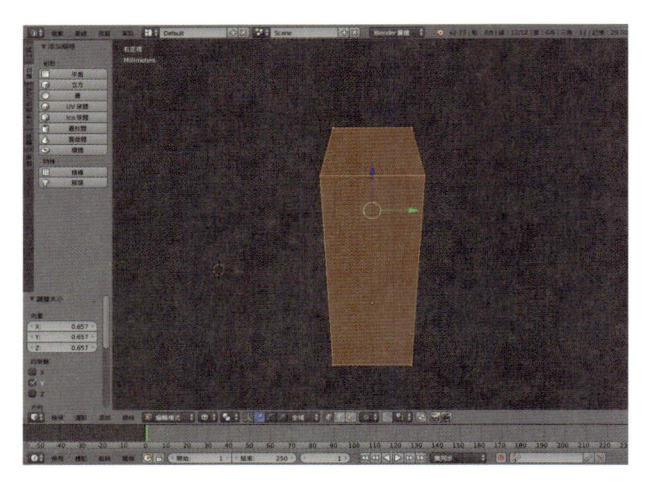

9. 按 [3] 切換為「右視圖」，按 [S] 後按 [Y]，沿 Y 軸調整厚度。

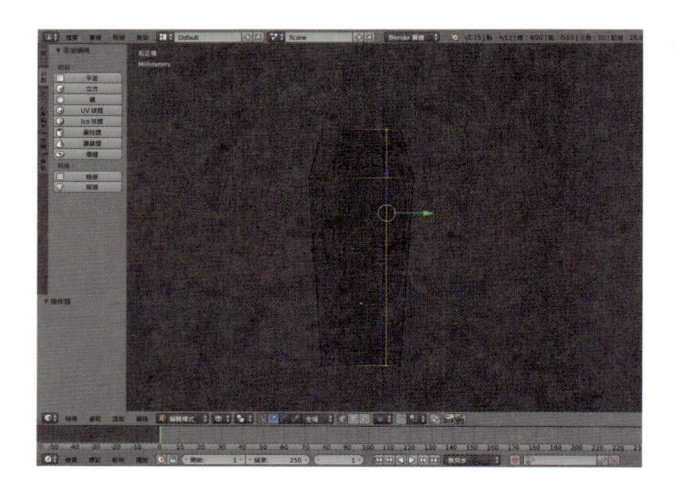

10. 到【工具架區域→工具標籤→添加面板】點選【圈切並滑動】功能增加面數，按左鍵確認後，沿 Y 軸向後移動再按左鍵一次確認位置。

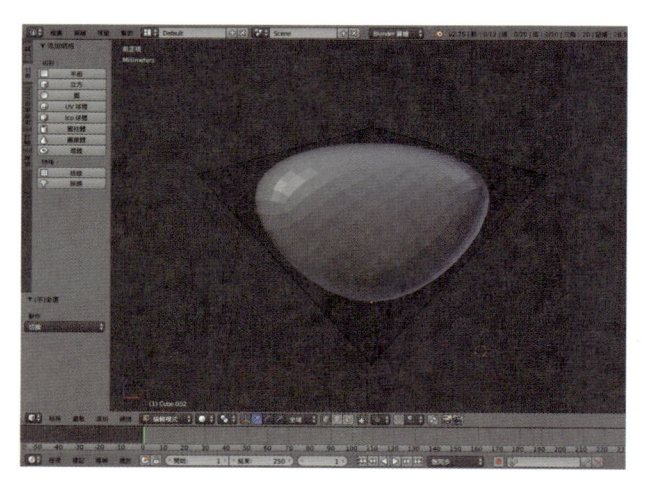

   【圈切並滑動】快速鍵：
   [Ctrl] + [R]

11. 按 [Tab] 回到「物體模式」再按 [Z] 切換到「實體模式」，確認鼻子的外型。

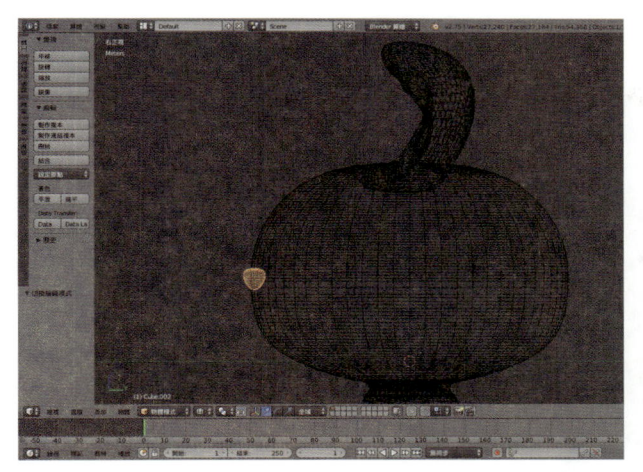

12. 按 [Z] 切換到「線框模式」，可按 [1] 切換「前視圖」和按 [3] 切換「右視圖」，去做調整。

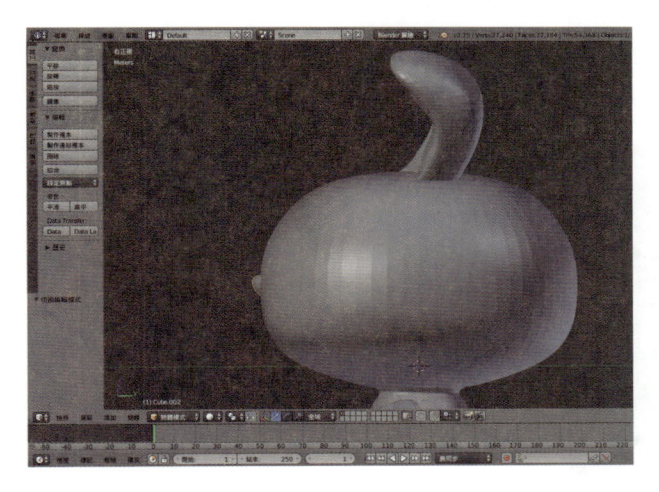

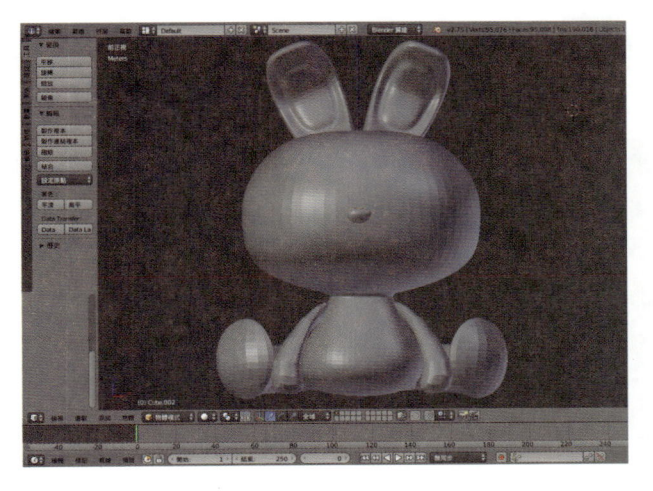

13. 鼻子製作完成。

Step ❷ 製作眼睛

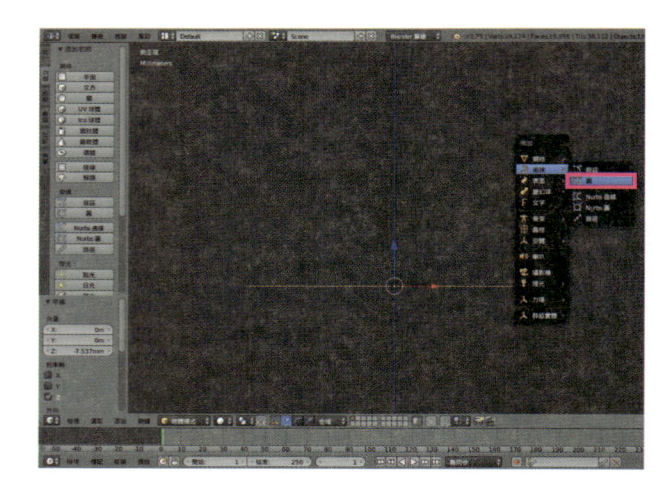

1. 「物體模式」下到【工具架區域→建立標籤】,選擇【曲線→圓】建立圓形曲線物件。

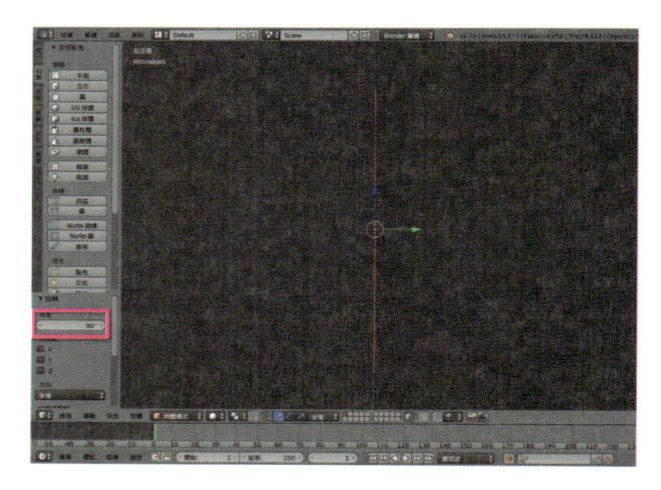

   【添加】快速鍵:Shift + A

2. 按 3 切換為「右視圖」,按 R 進行旋轉,將圓曲線物件立起來。

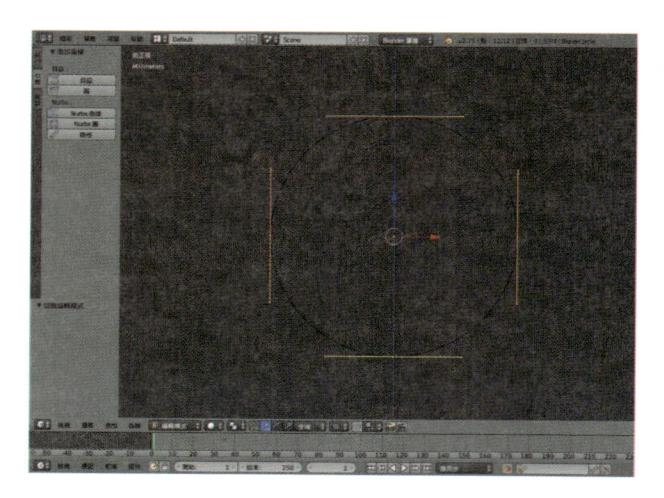

3. 按 1 切換為「前視圖」,按 Tab 切換「編輯模式」。

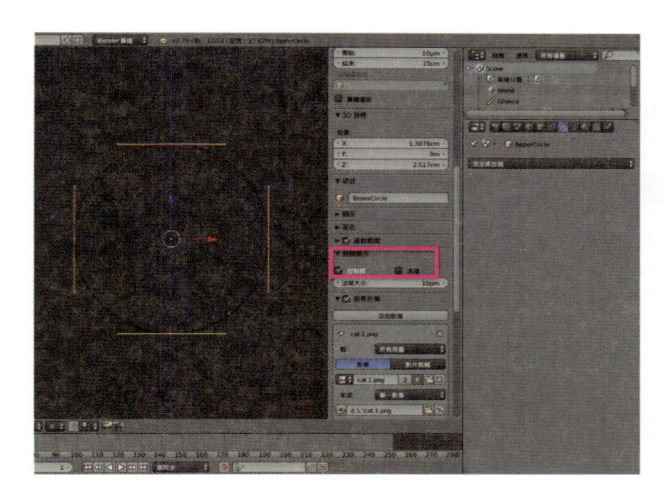

4. 按 [N] 開啟【屬性區域】,將【曲線顯示面板】的【法線】選項關閉。

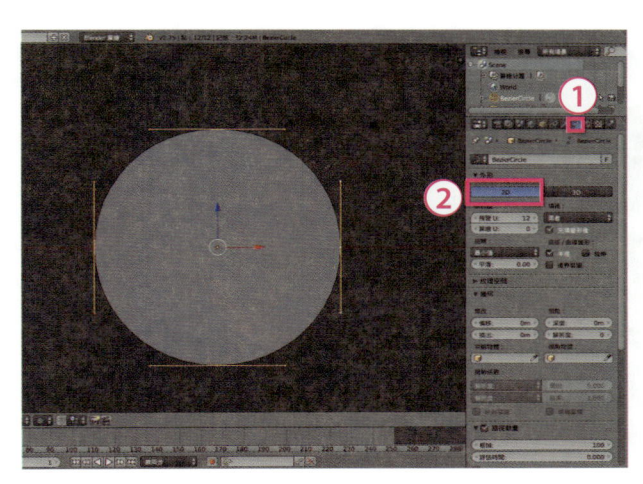

5. 到【屬性編輯器→資料標籤→外形面板】,按下【2D】按鈕。

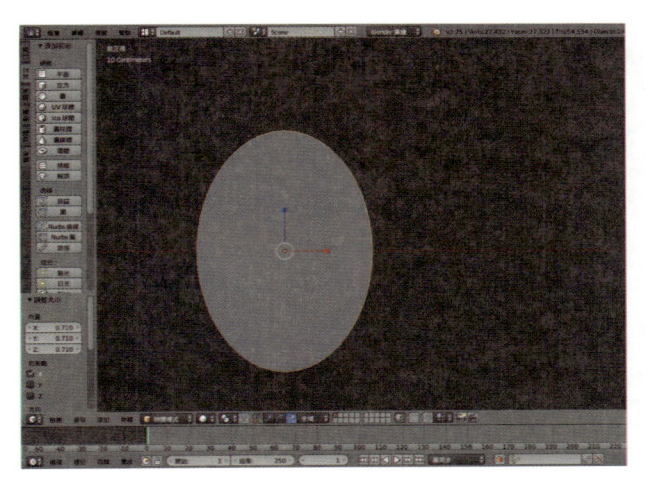

6. 按 [Tab] 切換至「物體模式」。

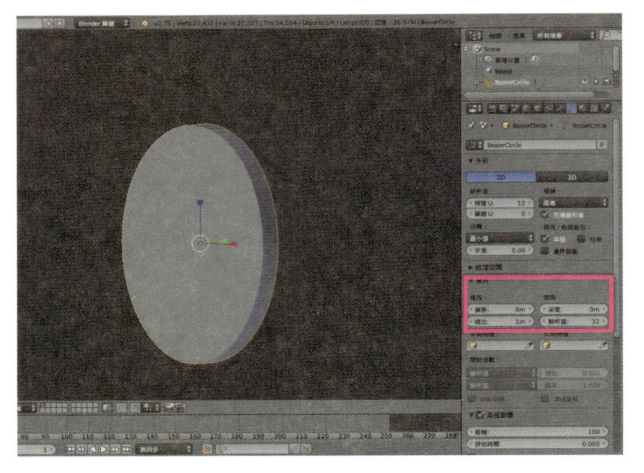

7. 設定【屬性編輯器→資料標籤→幾何面板】的擠出與解析度選項為適當數值。

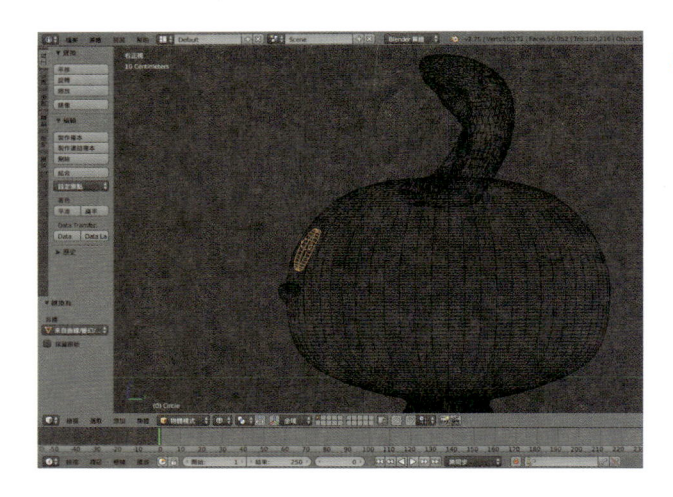

8. 按 [Z] 切換到「線框模式」及按 [3] 切換為「右視圖」，按 [G] 使用「平移」工具將眼睛移動至適當位置。

9. 按 [Z] 切換到「實體模式」及按 [Tab] 切換到「物體模式」，以與兔子耳朵相同步驟執行「鏡像」功能，將兩邊眼睛完成。

10. 以【3D視圖編輯器】指令列的【物體→轉換為→來自曲線/變幻/表面/文字的網格】指令轉換物件。

> 【轉換為】快速鍵：
> `Alt` + `C`

Step 3 製作嘴巴

1. 「物體模式」下到【工具架區域→建立標籤】，選擇【曲線→圓】建立圓形曲線物件。

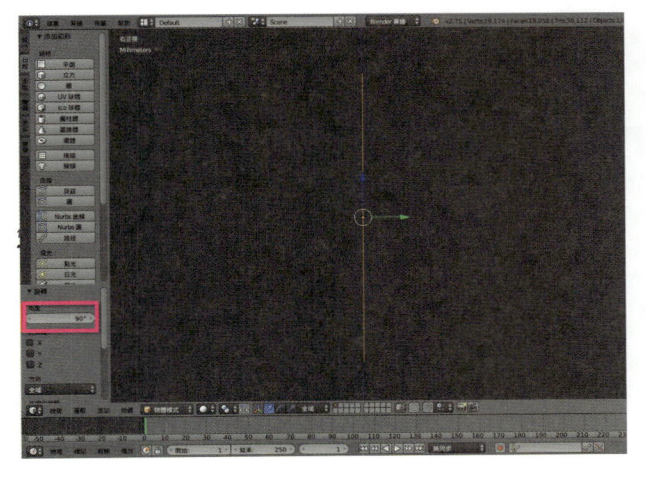

> 【添加】快速鍵：`Shift` + `A`

2. 按 `3` 切換為「右視圖」，按 `R` 進行「旋轉」，將曲線物件立起來。

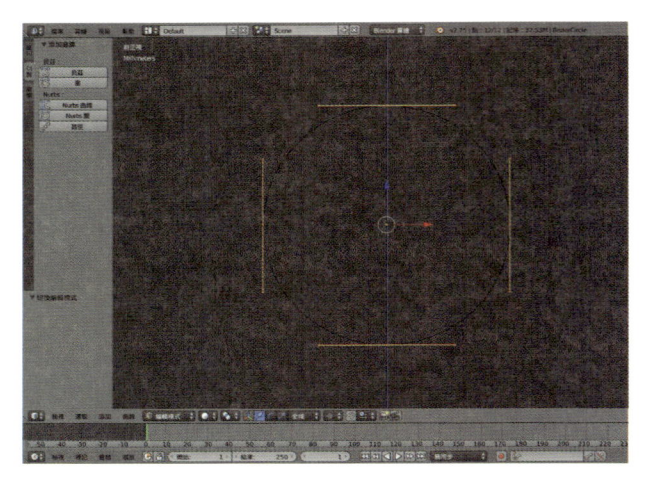

3. 按 [1] 切換為「前視圖」,按 [Tab] 切換到「編輯模式」。

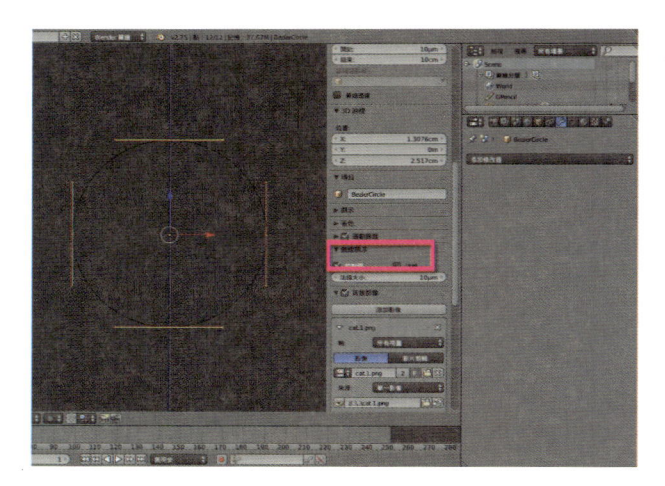

4. 可按 [N] 開啟【屬性區域】,將【曲線顯示面板】的【法線】選項關閉

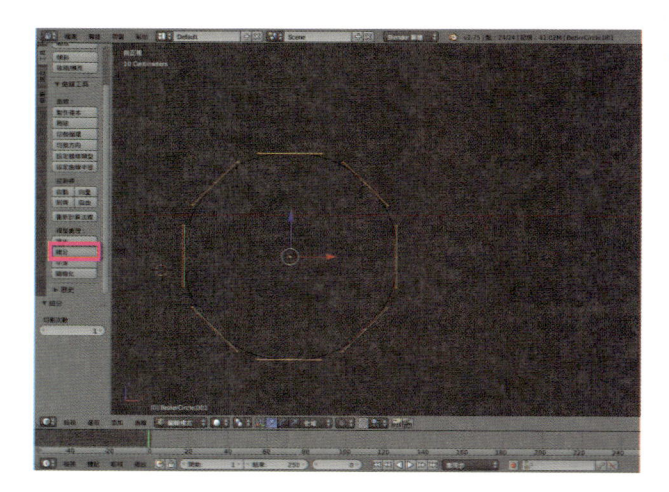

5. 點選【工具架區域→工具標籤→曲線工具面板】上的【模型處理→細分】按鈕。

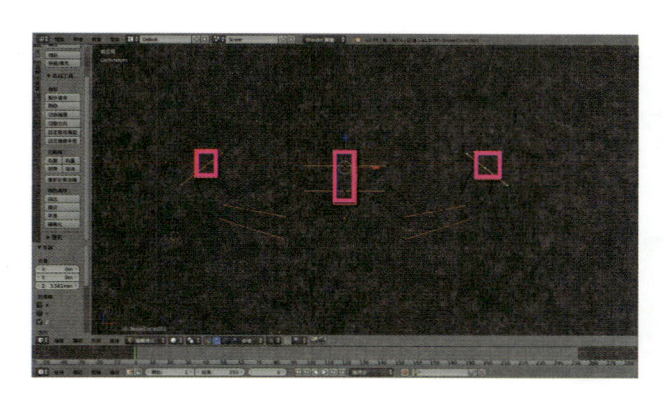

6. 按 [S] 使用「縮放」功能，按 [Z] 可作限定沿 Z 軸方向的移動，調整曲線為嘴巴的造型。

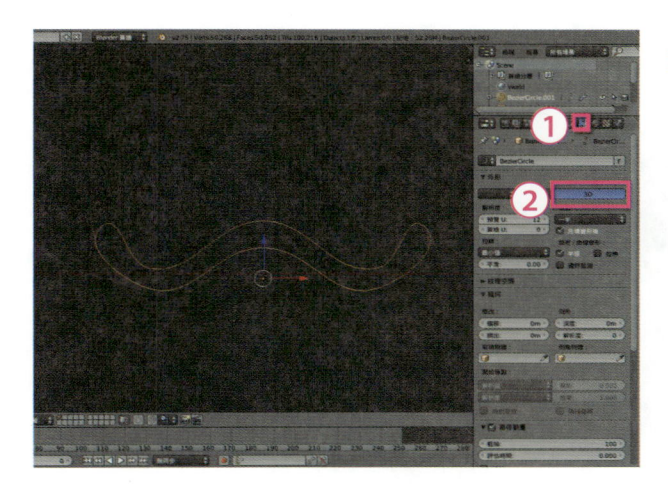

7. 按 [Tab] 回到「物體模式」，到【屬性編輯器→資料標籤→外形面板】，按下【3D】按鈕。

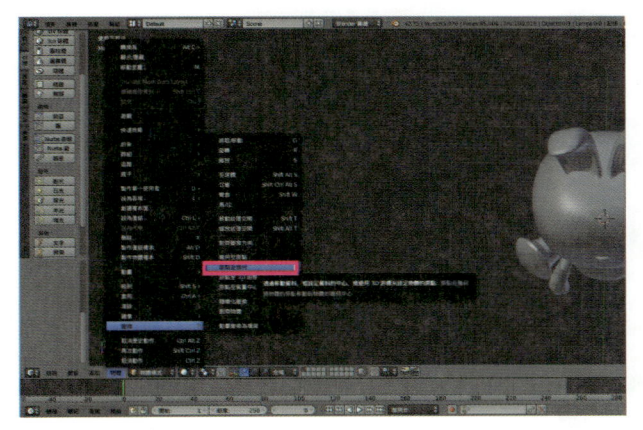

8. 執行【3D 視圖編輯器】指令列的【物體→變換→原點至幾何】指令。

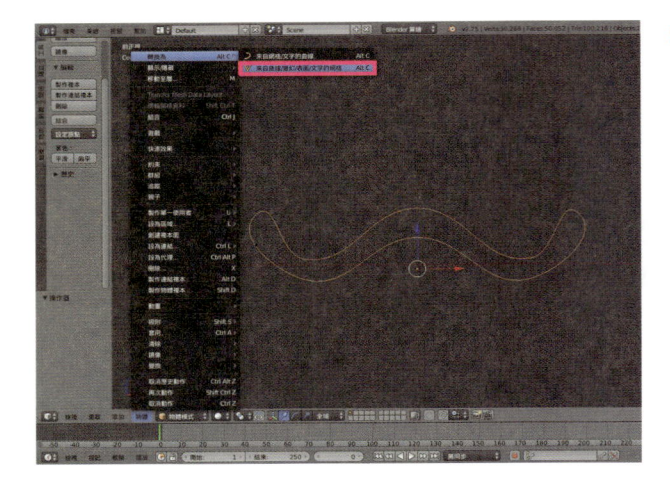

9. 執行【3D 視圖編輯器】指令列的【物體→轉換為→來自曲線 / 變幻 / 表面 / 文字的網格】指令。

【轉換為】快速鍵：Alt + C

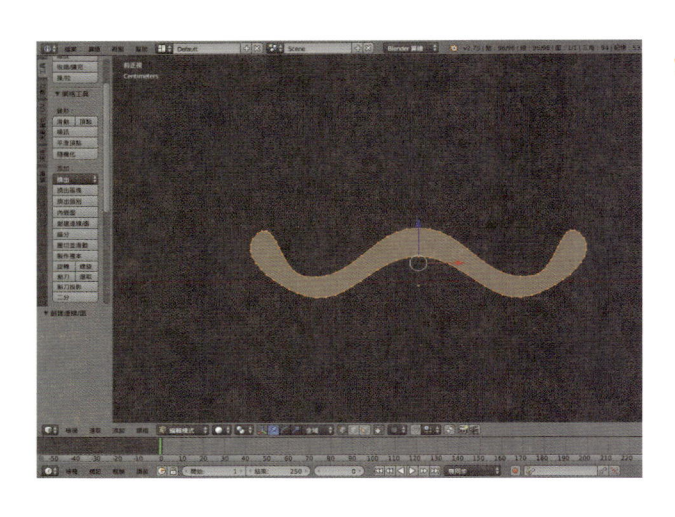

10. 按 Tab 切換到「編輯模式」，按 A 執行全選，到【工具架區域→工具標籤】，按下【網格工具面板→添加→創建邊線面】按鍵。

【創建邊線 / 面】快速鍵：F

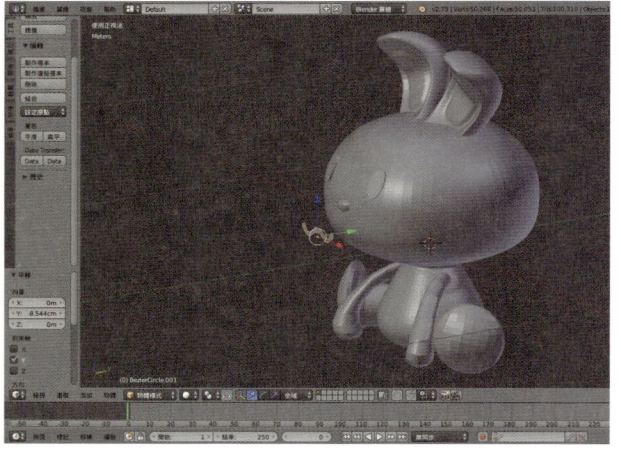

11. 按 Tab 切換到「物體模式」，將嘴巴物件，移動至身體前方。

12. 到【屬性編輯器→修改器標籤】按下【添加修改器】按鈕,選擇【收縮】。

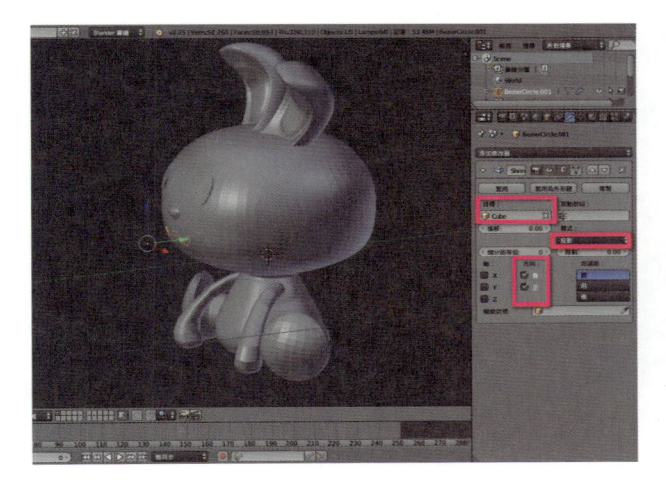

13. 設定收縮選項:
    目標=「兔子身體物件」項目名稱
    樣式=投影
    方向=勾選負。

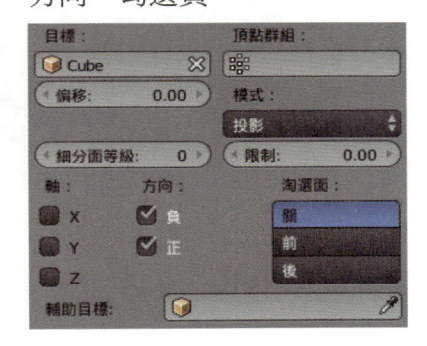

14. 到【屬性編輯器→修改器標籤】按下【添加修改器】按鈕,選擇【實體化】。

15. 設定厚度為適當數值，偏移數值為「0」。

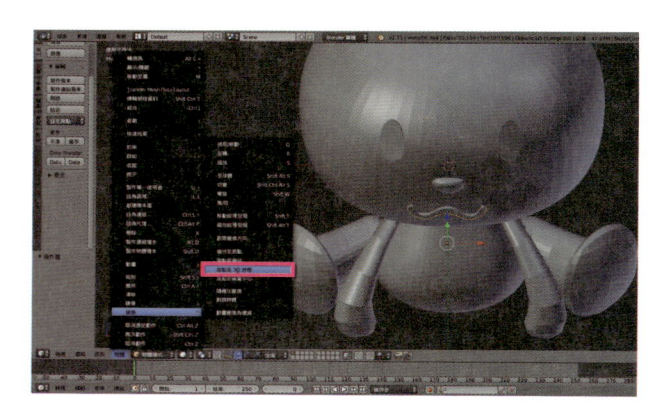

16. 使用【3D視圖編輯器】指令列的【物體→變換→原點至幾何】指令。

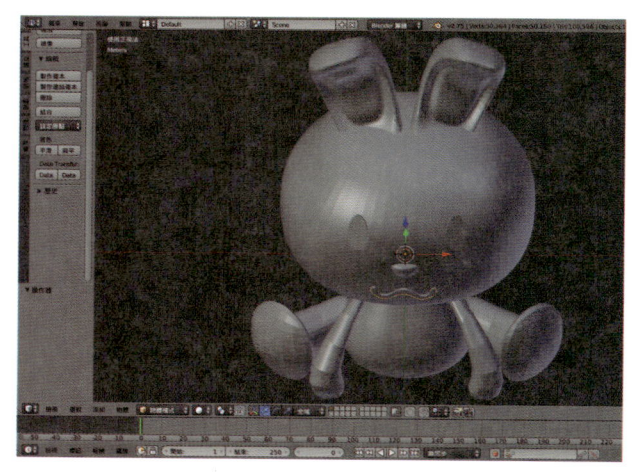

17. 使用 R 「旋轉」及 S 「縮放」調整位置。

6-5 結合物件

Step 1 物件結合

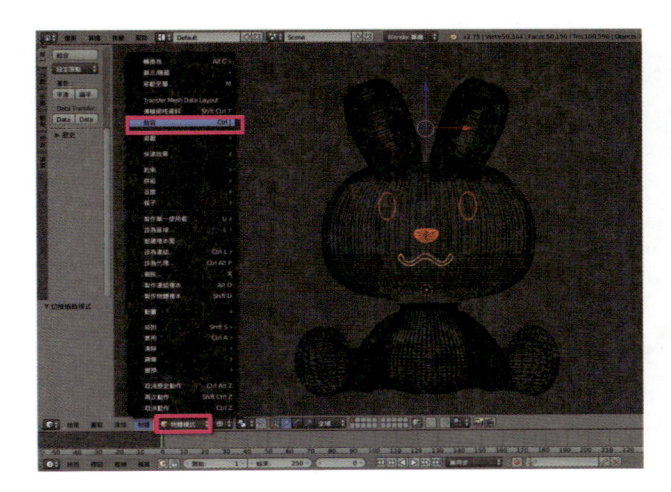

1. 按 `Z` 切換到「線框模式」，按 `Tab` 切換到「物體模式」。選取兔子的眼睛、鼻子、嘴巴，點選【3D視圖編輯器】指令列上的【物體→結合】。

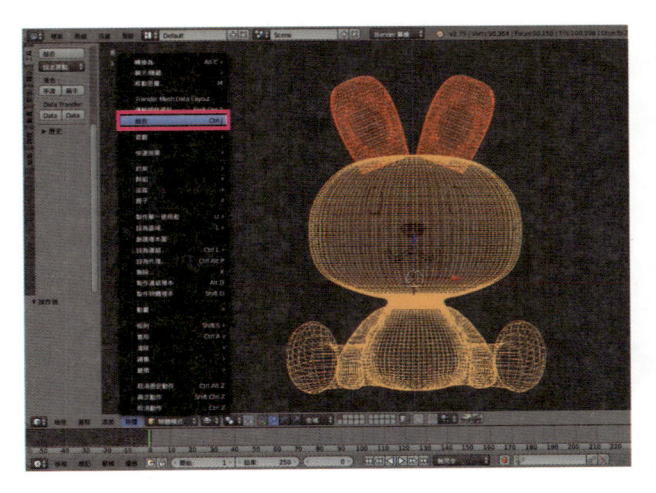

   【結合】快速鍵：`Ctrl` + `J`

2. 選取兔子的身體、耳朵，也進行「結合」指令。

3. 最後選取這「身體、耳朵」及「臉部物件」這兩個部份，再進行一次「結合物件」，成為一個群組後，此範例即完成。

   【結合】快速鍵：`Ctrl` + `J`

6-6 儲存檔案

存為 Blender 檔案

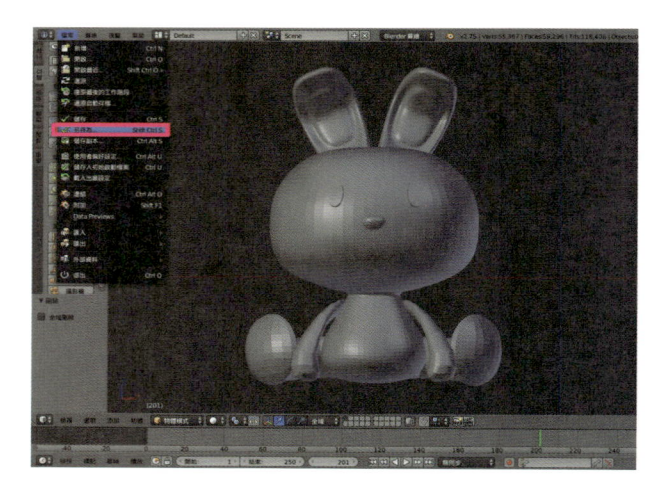

1. 執行【資訊編輯器】指令列的【檔案→儲存】指令。

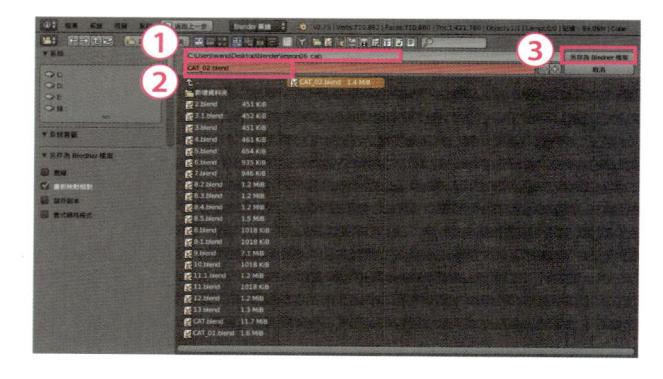

2. 依序進行：①確認儲存的位置→②輸入檔案名稱→③點選【存為 Blender 檔案】進行儲存。

匯出成 STL 檔案格式

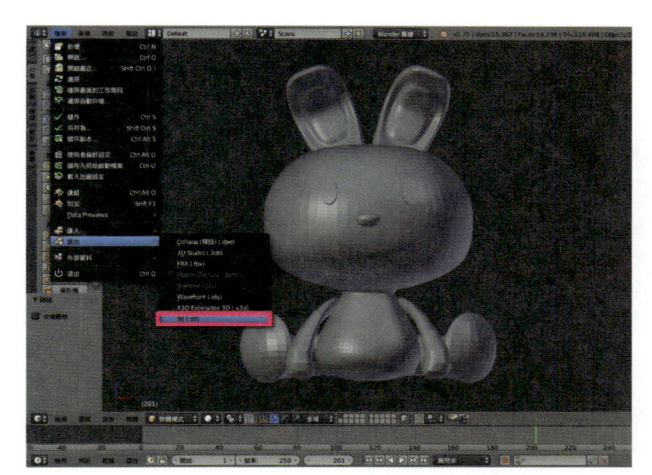

1. 執行【資訊編輯器】指令列的【檔案→匯出→ STL】指令。

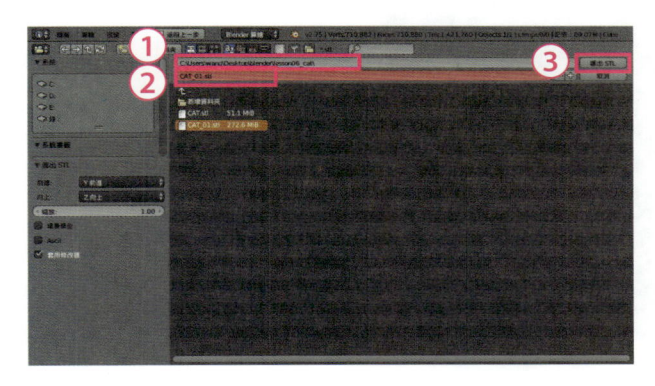

2. 依序進行：①確認儲存的位置→②輸入檔案名稱→③點選【匯出 STL】進行儲存。

3D 列印成品

6-7 衍生製作－熊

Step 1 製作頭部物件

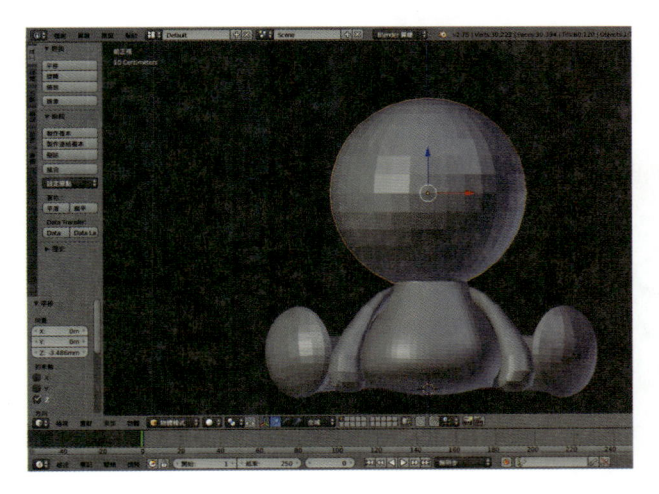

1. 到【工具架區域→建立標籤】選擇【網格→ UV 球體】。

   【添加】快速鍵：Shift + A

2. 到【屬性編輯器→修改器標籤】按下【添加修改器】按鈕,選擇【細分表面】。

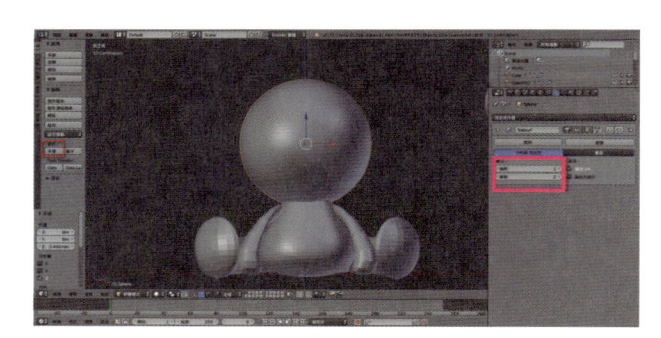

3. 設定細分表面選項:
檢視＝1
算繪＝2。
再到【工具架區域→工具標籤】,選擇【著色→平滑】。

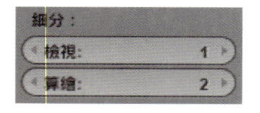

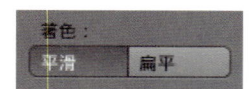

4. 再新增網格「UV 球體」,以 [S]「縮放」、[G]「平移」做調整。

【添加】快速鍵:[Shift]＋[A]

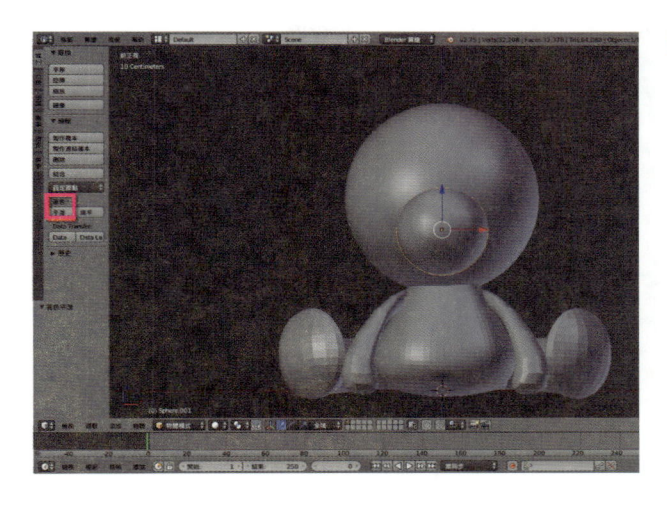

5. 到【工具架區域→工具標籤】，選擇【著色→平滑】

6. 眼睛的部分用同樣方式完成。

Step ❷ 耳朵與鼻子

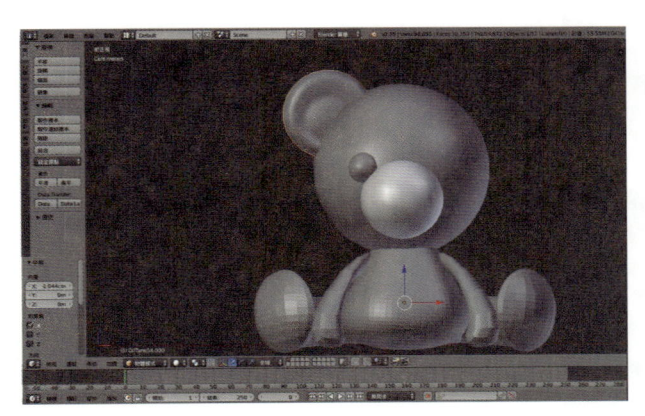

1. 耳朵部分請參考兔子耳朵進行製作。

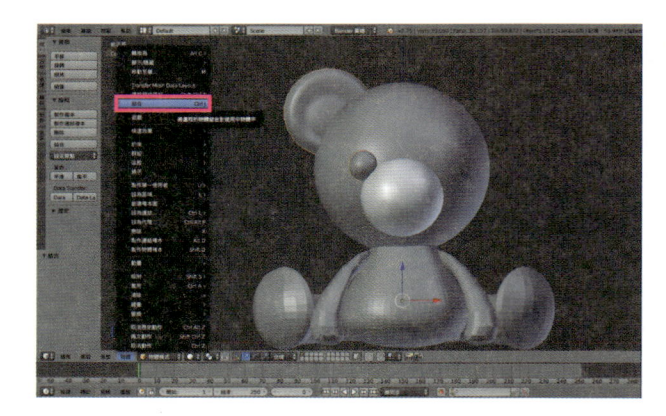

2. 選取眼睛與耳朵點選【3D 視圖編輯器】指令列上的【物體→結合】。

3. 套用【鏡像】修改器。

4. 即可將眼睛和耳朵完成。

5. 鼻子部分請參考兔子鼻子進行製作。

Step ❸ 3D 列印成品

Chapter 7

中階 3D 建模－
招財貓

●學習目標●
建立一個招財貓

●運用新功能●

- 游標的應用
- 使用者偏好設定
- 曲線的設定
- 鏡像功能
- 收縮功能
- 移除重疊點
- 面分成三角形
- 匯入 SVG 檔
- 原點至幾何
- 布林

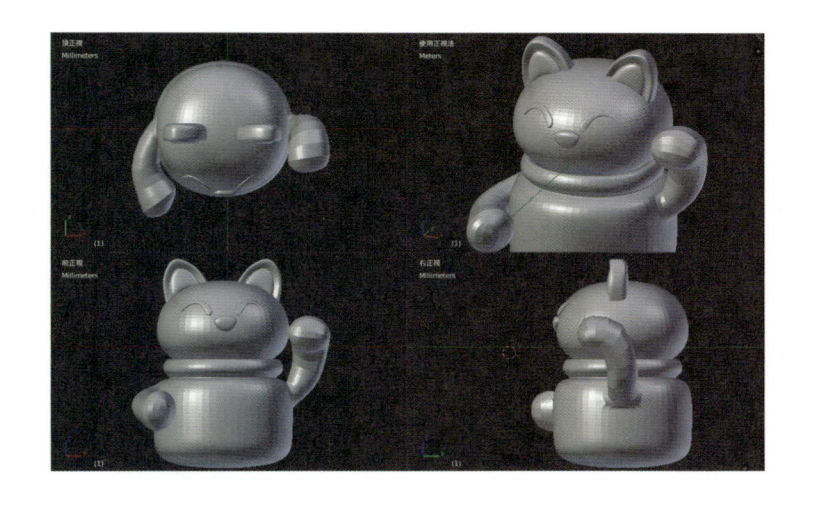

7-1 製作身體與頭部

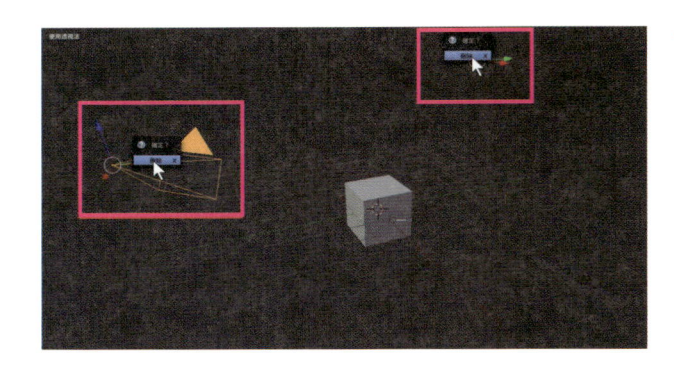

Step ❶ 編輯物件

1. 開啟 Blender 軟體後,刪除「攝影機」、「燈光」物件。

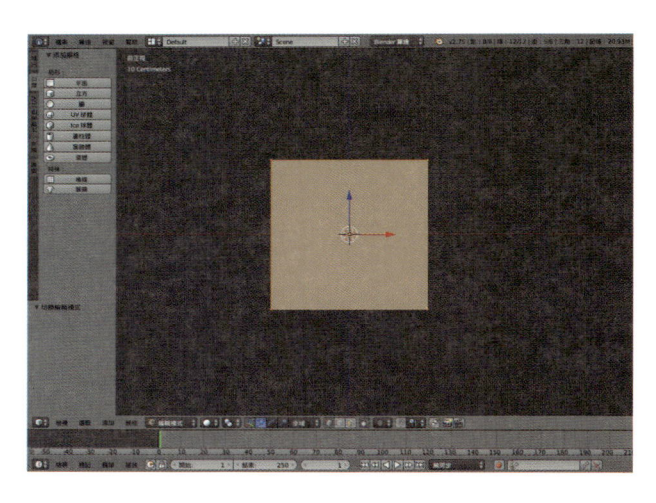

   【刪除】快速鍵:X

2. 按 1 切換為「前視圖」,按 Tab 切換到「編輯模式」。

Step ❷ 修改器功能 - 細分

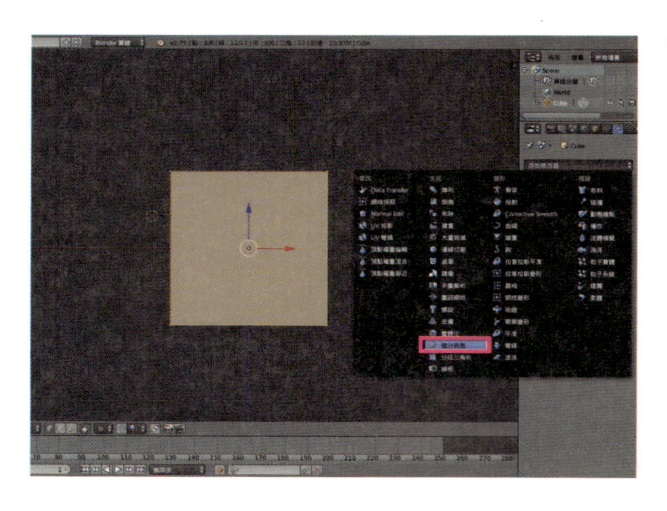

1. 到【屬性編輯器→修改器標籤】按下【添加修改器】按鈕,選擇【細分表面】。

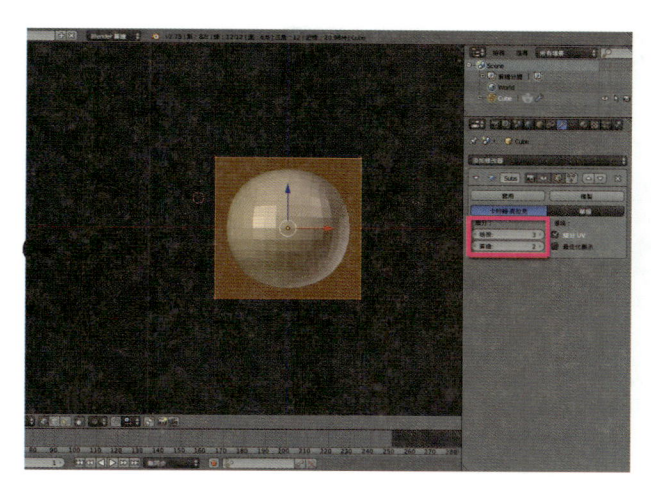

2. 設定細分選項為：

   檢視 = 3

   算繪 = 3。

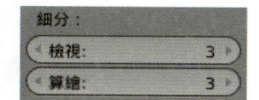

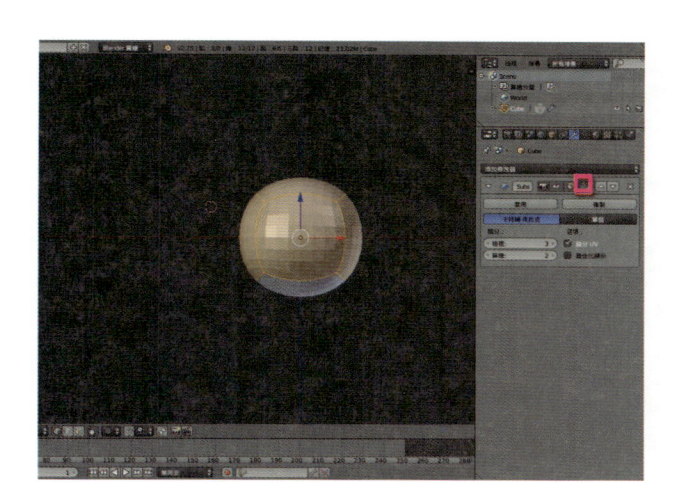

3. 點選  【調整編輯罩體至修改器結果】，將點繪製到高面數的模型上，方便操作。

Step ③ 圈切並滑動

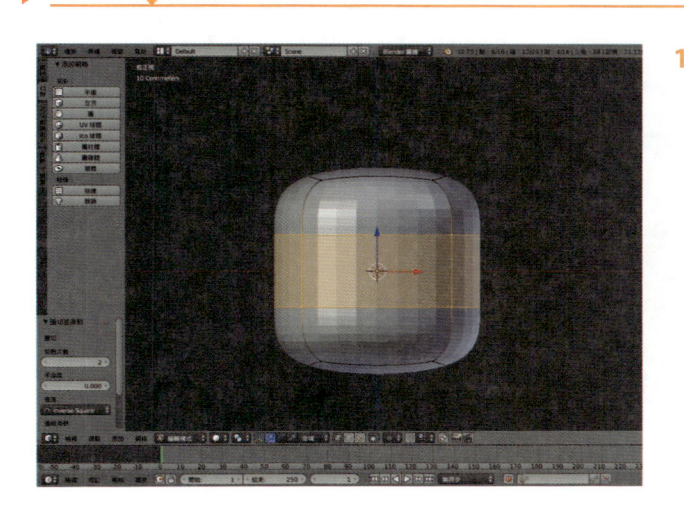

1. 到【工具架區域→工具標籤→添加面板】點選【圈切並滑動】，設定切割次數為「2」。

   【圈切並滑動】快速鍵：
   Ctrl + R

2. 按 [Z] 切換到「線框模式」,按 [A] 取消目前選取,再使用【3D 視圖編輯器】指令列上的【選取→框選】指令,選取物件下方。

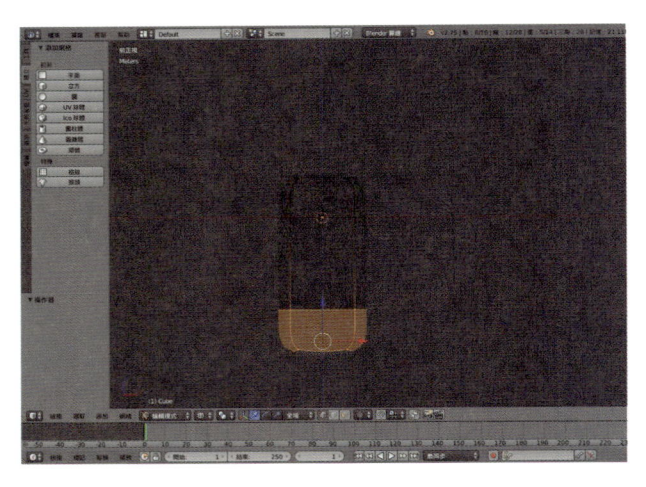

【框選】快速鍵:[B]

3. 沿 Z 軸向下拖曳移動。

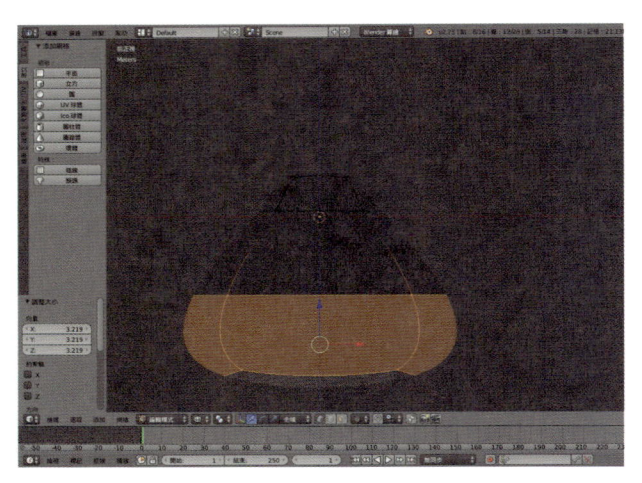

4. 點選【工具架區域→工具標籤→變換面板】上的【縮放】按鈕,調整成適合大小。

【縮放】快速鍵:[S]

7-1 製作身體與頭部 ■ 139

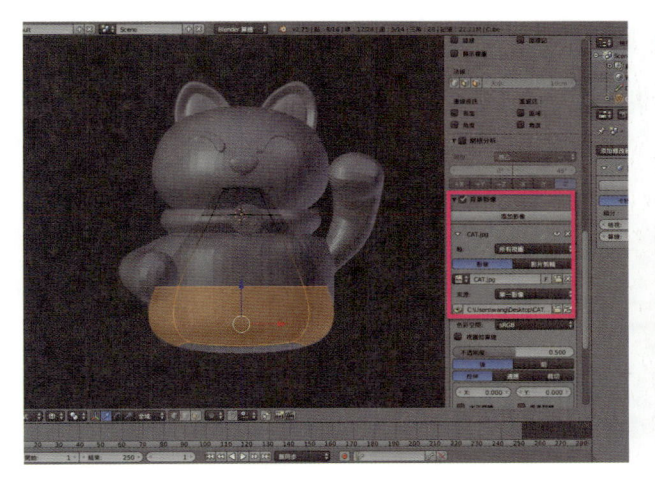

5. 可按 [1] 切換至「前視圖」模式。按 [N] 開啟【屬性區域】，在【背景影像面板】按下【添加影像】以置入參考圖檔。

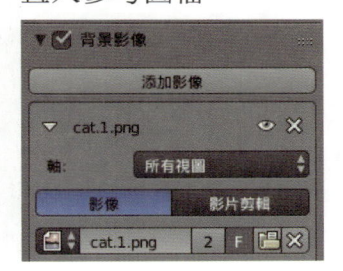

6. 不需要參考圖片時可點選【眼睛】圖示關閉參考圖示

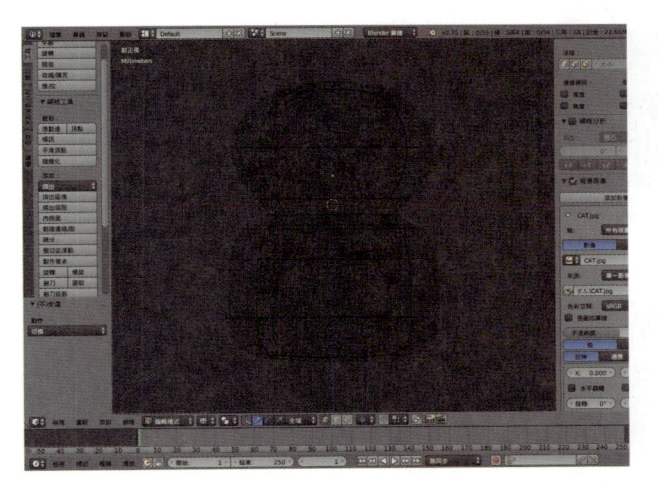

7. 以 [B]「框選」、[S]「縮放」、[G]「平移」等功能將貓的外型輪廓做大約的調整。

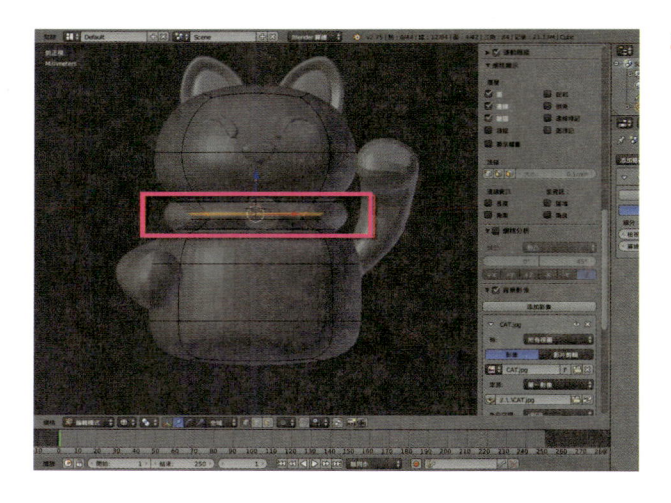

8. 參考背景圖形對外形做調整，到【工具架區域→工具標籤→添加面板】點選【圈切並滑動】按鈕，將項圈的部份增加 Z 軸上的細分。

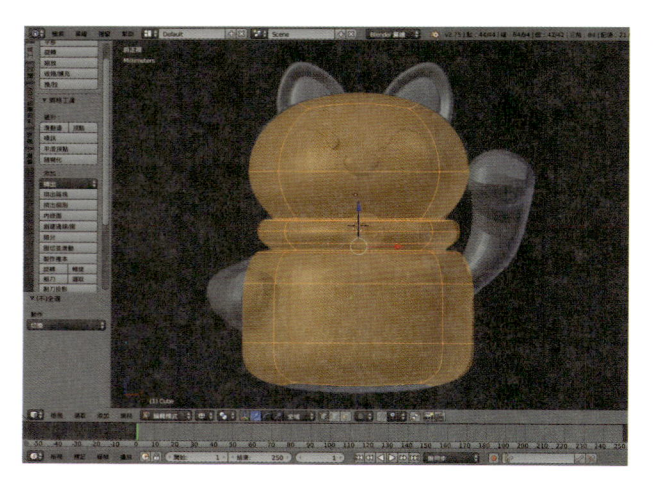

【圈切並滑動】快速鍵：Ctrl + R

9. 外型部份調整完成。

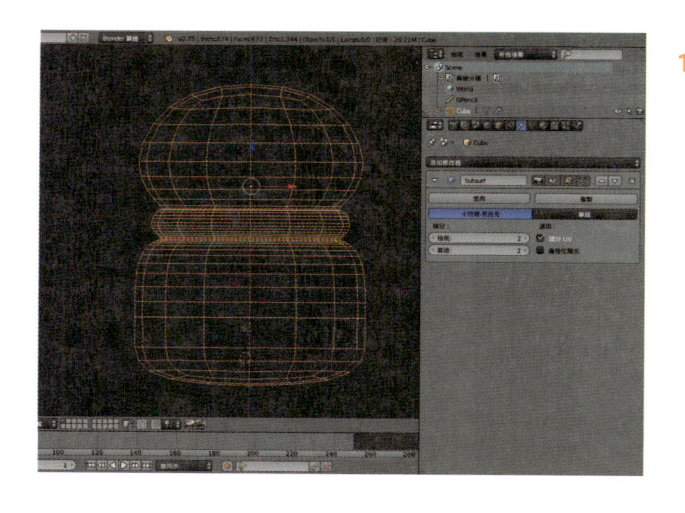

10. 按 Tab 切換到「物體模式」，到【屬性編輯器→修改器標籤】按下【添加修改器】按鈕，選擇【細分表面】，設定細分選項：
檢視＝3
算繪＝3，按下【套用】，完成身體部分。

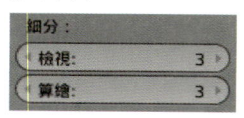

7-2 耳朵製作

Step 1 耳朵的外型

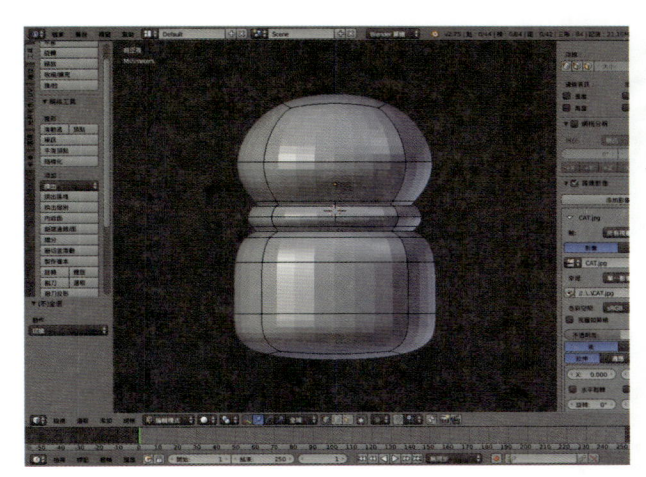

1. 按 [Z] 切換到「實體模式」。

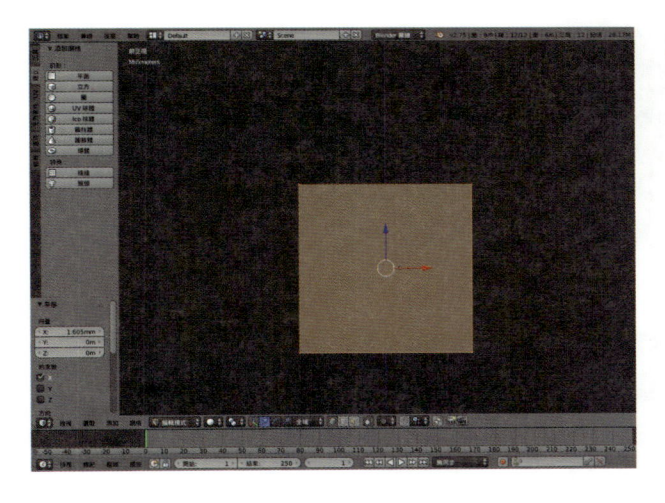

2. 到【工具架區域→建立標籤】按下【網格→立方】建立一個立方體。按 [Tab] 切換到「編輯模式」，按 [Z] 切換到「線框模式」。

   【添加】快速鍵：[Shift] + [A]

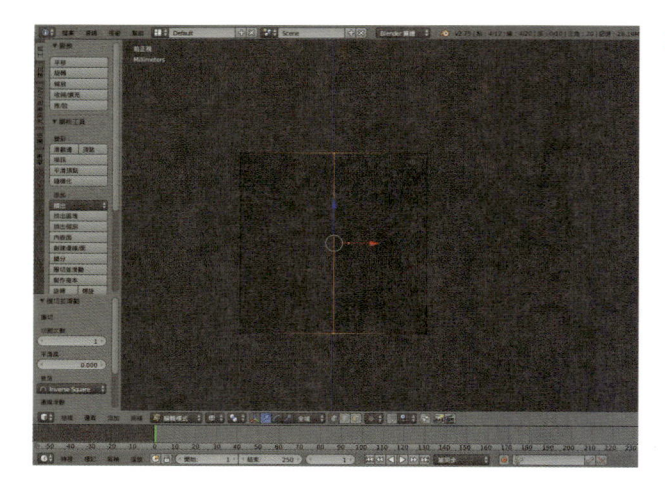

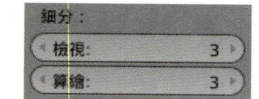

3. 到【工具架區域→工具標籤→添加面板】點選【圈切並滑動】將物件作垂直切割，按滑鼠左鍵確認，再按右鍵將切割線置中。

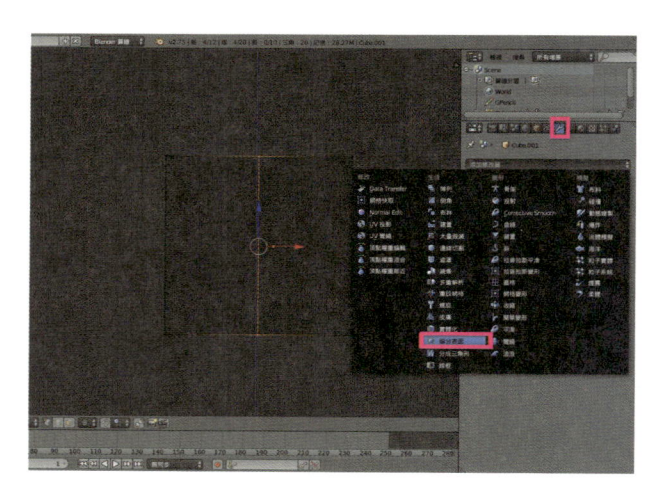

🔍 【圈切並滑動】快速鍵：
Ctrl + R

4. 到【屬性編輯器→修改器標籤】按下【添加修改器】按鈕，選擇【細分表面】。

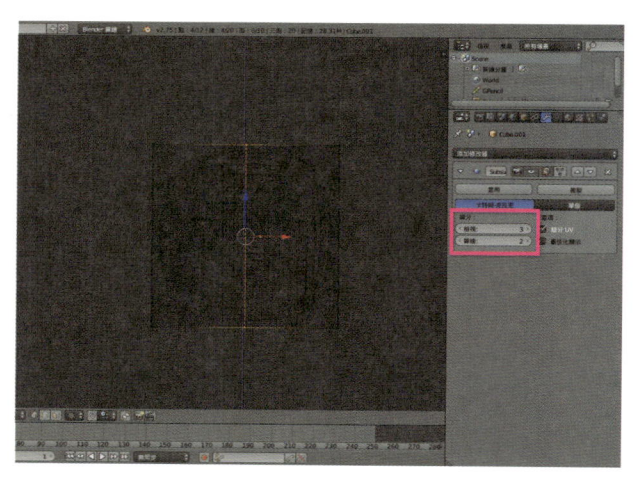

5. 設定細分選項：
檢視 = 3
算繪 = 3。

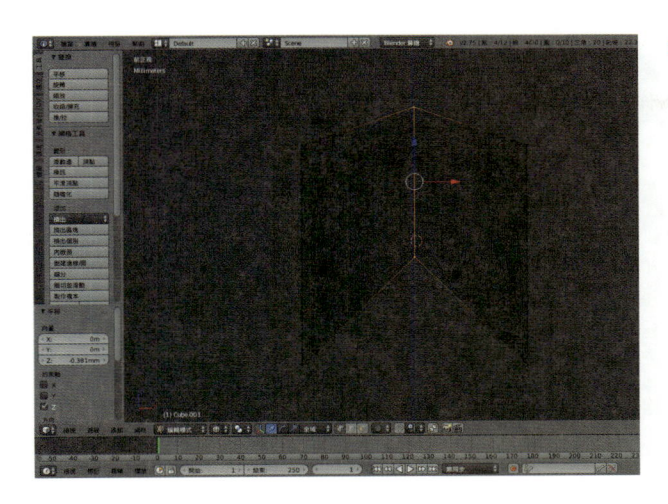

6. 按下【3D 視圖編輯器】指令列上的 ▣▣▣【Vertex select（點選取）】按鈕，進入「點選取」模式，按 [B] 執行「框選」，選取垂直切割線的點，按 [G] 後再按 [Z]，沿 Z 軸進行平移。

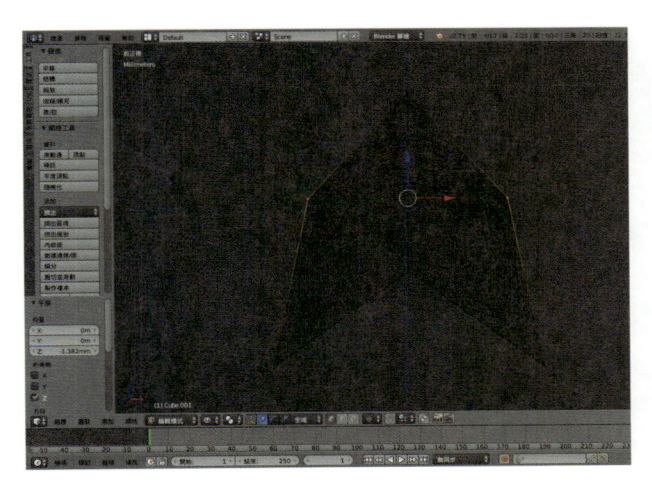

7. 按 [B] 執行「框選」，選取左右的點，按 [S] 後再按 [X]，沿 X 軸進行縮放。

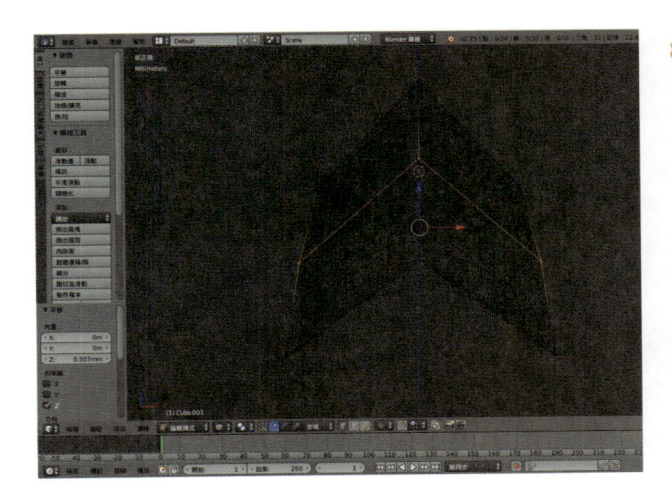

8. 將外形做些微的調整，到【工具架區域→工具標籤→添加面板】點選【圈切並滑動】，將物件作水平切割，按 [S] 後再按 [X]，沿 X 軸調整放大一點。

🔍 【圈切並滑動】快速鍵：
[Ctrl] + [R]

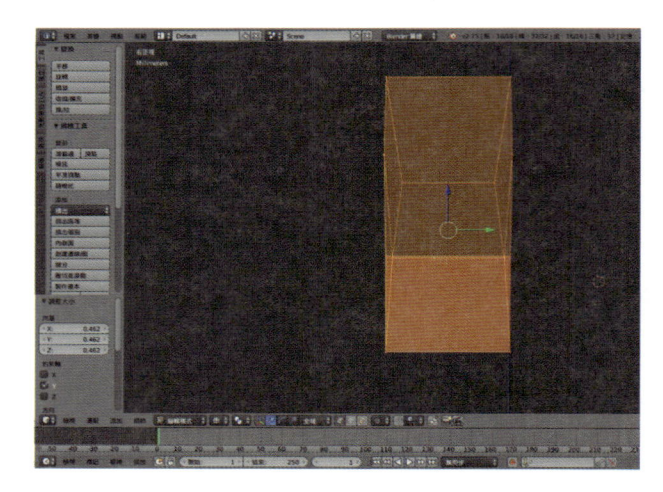

9. 按 [3] 切換為「右視圖」，以【3D視圖編輯器】指令列的【選取→(不)全選】指令取消選取，再執行一次以進行全選。按 [S] 後再按 [Y] 沿 Y 軸進行縮放，調整耳朵的厚度。

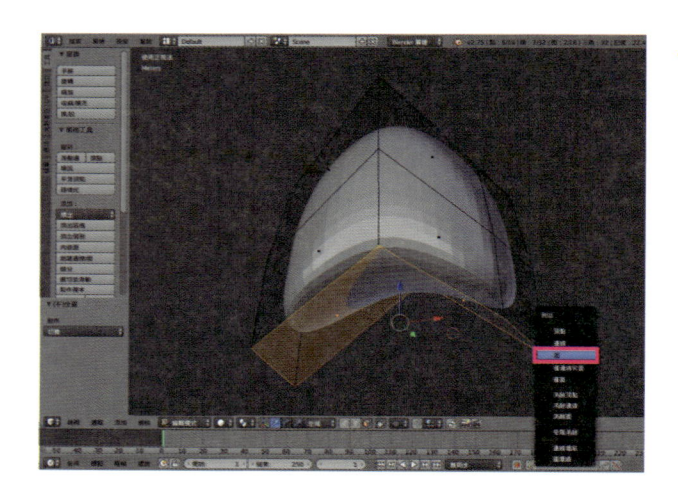

10. 按 [Z]，切換到「實體模式」，使用【3D視圖編輯器】指令列上的 ▣▣▣【面選取】按鈕，進入「面選取」模式，以 [Shift] 搭配滑鼠右鍵進行面的加選，再按 [X] 進行「刪除」。

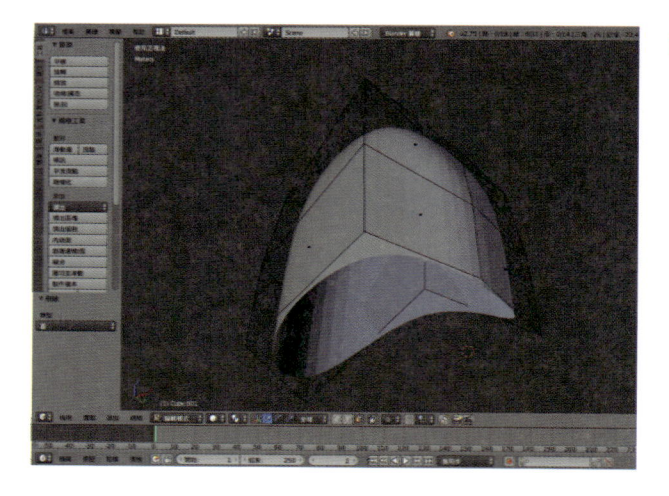

11. 刪除完成。

Step ❷ 耳朵的細節

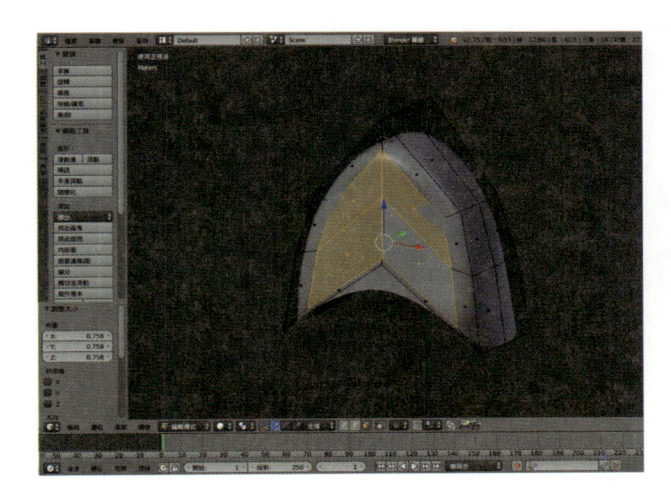

1. 以 [Shift] 搭配滑鼠右鍵進行加選，將正面的面選取起來，按 [E] 執行「擠出區塊」功能，再按右鍵讓變形回至原位。將新增的區塊按 [S] 進行「縮放」，縮小區塊後按左鍵確認。

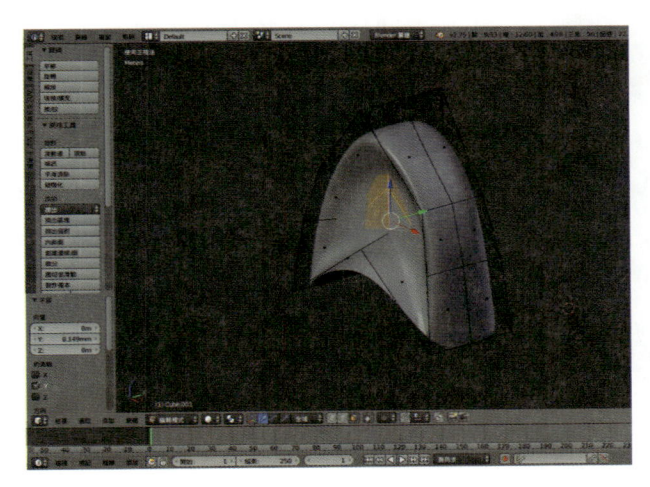

2. 按 [G] 後再按 [Y] 使用「平移」工具沿 Y 軸向後移動。

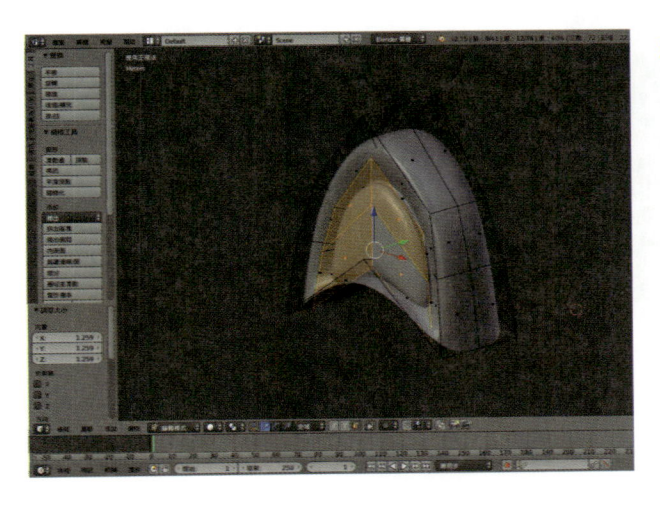

3. 再執行一次「擠出區塊」，功能，按右鍵讓變形回至原位。將新增的區塊按 [S] 進行「縮放」，稍微放大一點後後按左鍵確認。

4. 按 [3] 為「右視圖」，按 [G] 後再按 [Y]，使用「平移」工具將區塊沿 Y 軸向左移動。

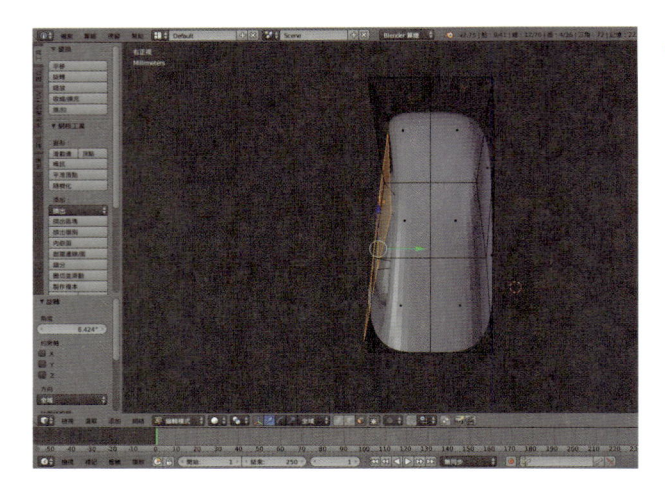

5. 按 [1] 切換 3D 預視區域為「前視圖」，按 [Tab] 切換至「物體模式」，以 [S]「縮放」、[R]「旋轉」、[G]「平移」等工具調整位置。

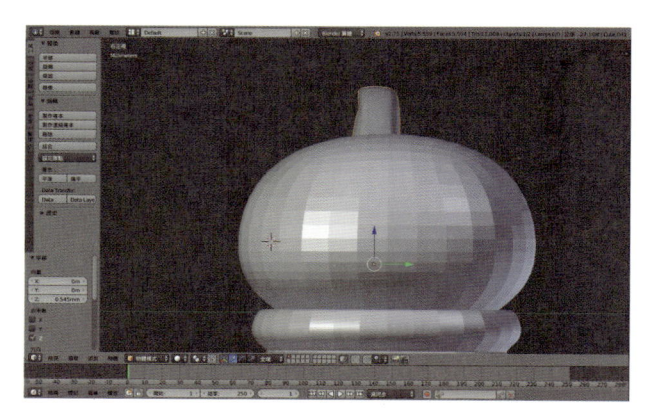

6. 前視圖的位置調整完後，按 [3] 切換為「右視圖」，再以 [G]「平移」工具沿 Y 軸調整位置。

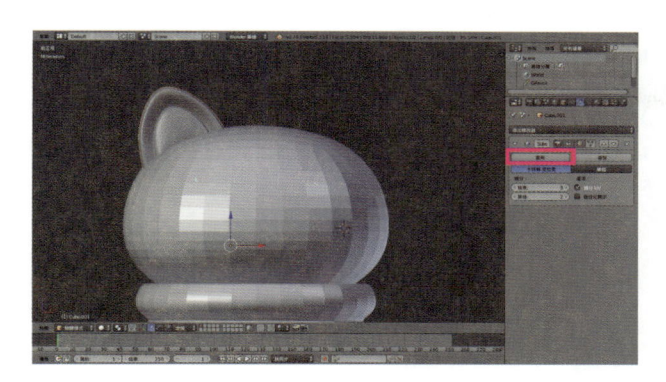

7. 到【屬性編輯器→修改器標籤】，選擇【細分表面】，再按下【套用】按鈕。

Step ③ 鏡像功能

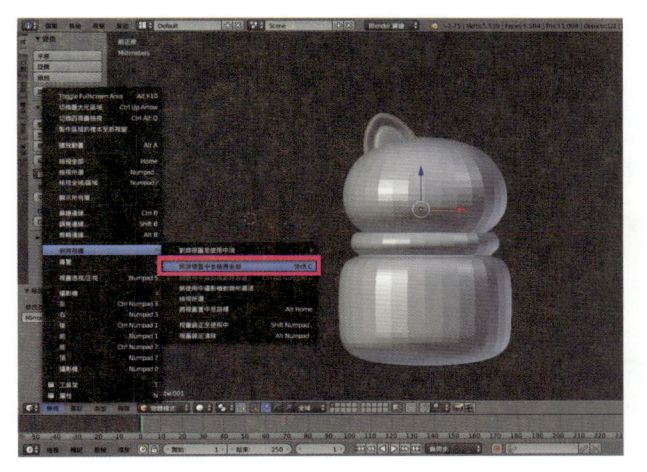

1. 選取耳朵物件，使用【3D 視圖編輯器】指令列的【檢視→對齊視圖→將游標置中並檢視全部】指令。

   🔍【將游標置中並檢視全部】快速鍵 `Shift` + `C`

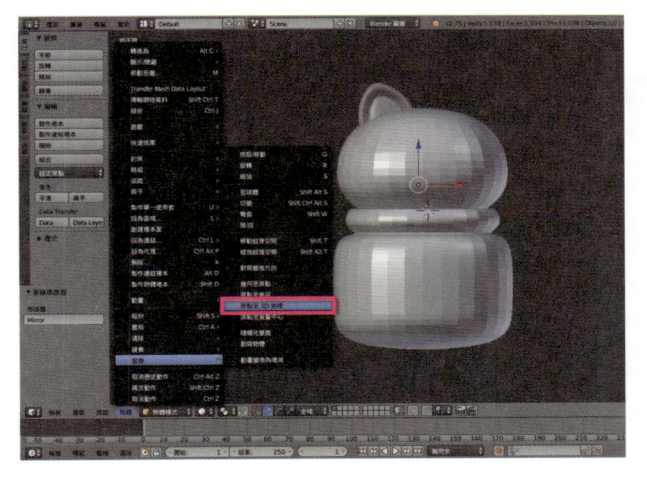

2. 再點選【物體→變換→原點至 3D 游標】指令。

3. 點選【物體→套用→旋轉與縮放】指令。

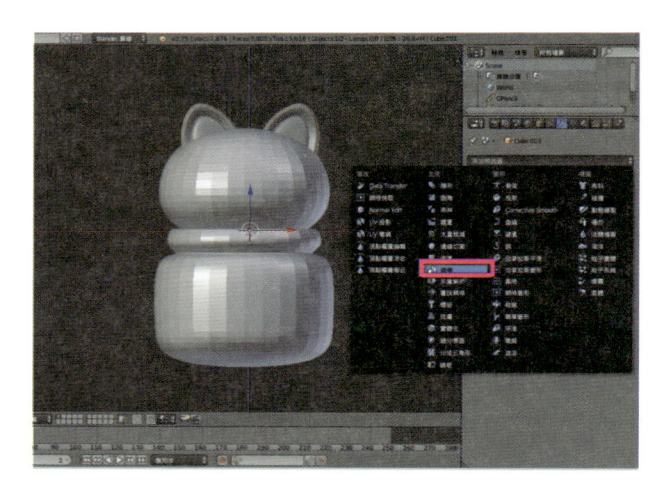

4. 到【屬性編輯器→修改器標籤】按下【添加修改器】按鈕，選擇【鏡像】。

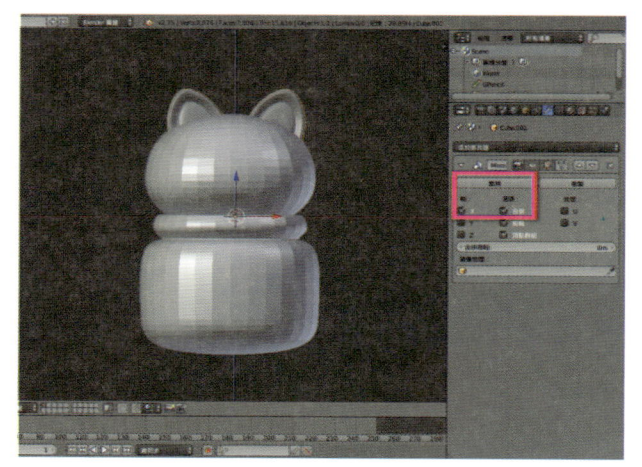

5. 設定選項為：

　　軸＝X軸

　　選項＝合併，按【套用】按鈕。

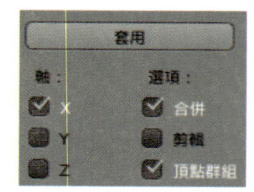

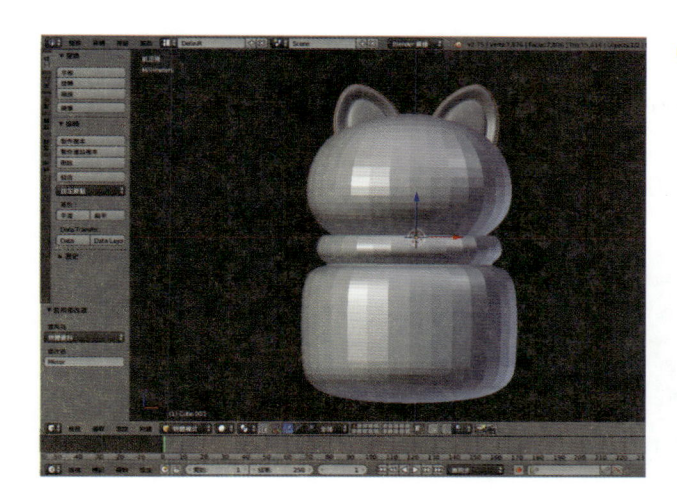

6. 耳朵部分完成。

7-3 製作手部

Step ❶ 使用附加元件：LoopTools

1. 點選【資訊編輯器】指令列的【檔案→使用者偏好設定】。

2. 進入【附加元件】頁面，在搜尋欄位輸入「LOOP」進行搜尋，將搜尋結果的「Mesh: LoopTools」點選☑開啟，再點選【儲存使用者設定】按鈕後關閉使用者偏好設定視窗。

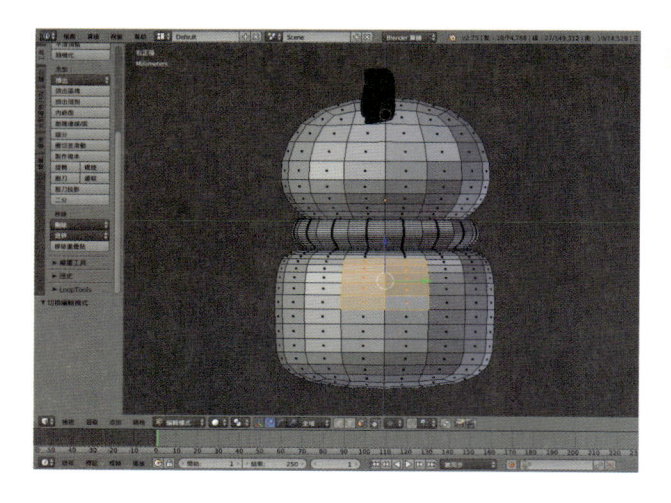

3. 按 ③ 切換為「右視圖」再按 Tab 切換到「編輯模式」，使用【3D視圖編輯器】指令列上的 【面選取】按鈕進入「面選取」模式，以 Shift 搭配滑鼠右鍵進行面的加選，選取招財貓手與身體連接的範圍。

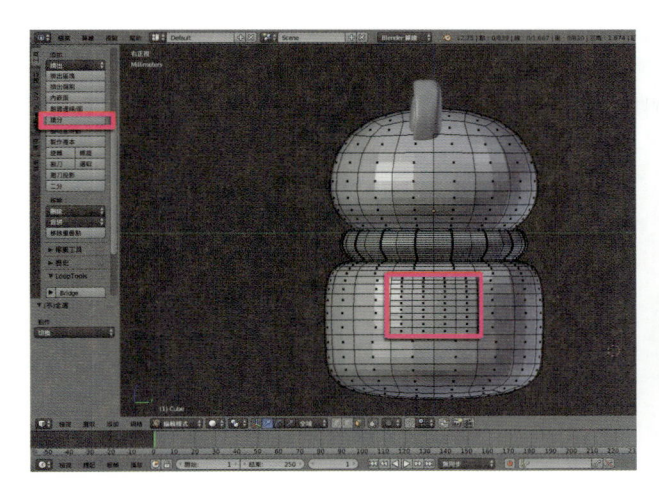

中階 3D 建模－招財貓
7-3 製作手部

4. 到【工具架區域→工具標籤→網格工具面板】，點選【添加→細分】按鈕。

   添加：
   - 擠出
   - 擠出區塊
   - 擠出個別
   - 內嵌面
   - 創建邊線/面
   - 細分

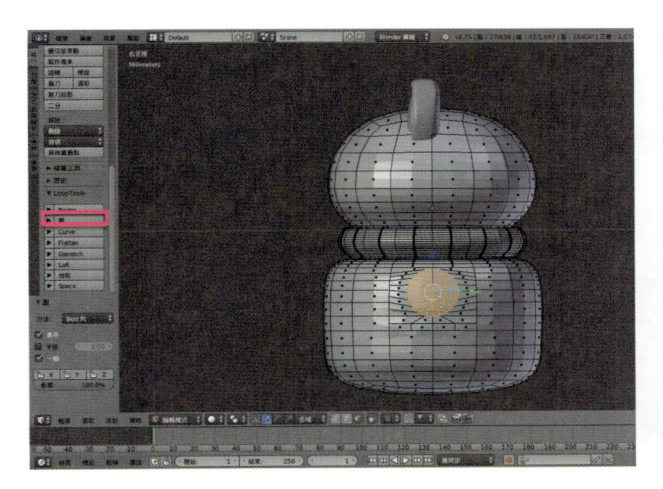

5. 到【工具架區域→工具標籤→LoopTools 面板】點選【圓】，按 S 進行「縮放」，縮放適當大小後按左鍵確認。

   ▼ LoopTools
   - Bridge
   - 圓
   - Curve
   - Flatten
   - Gstretch
   - Loft
   - 放鬆
   - Space

Step 2　擠出區塊

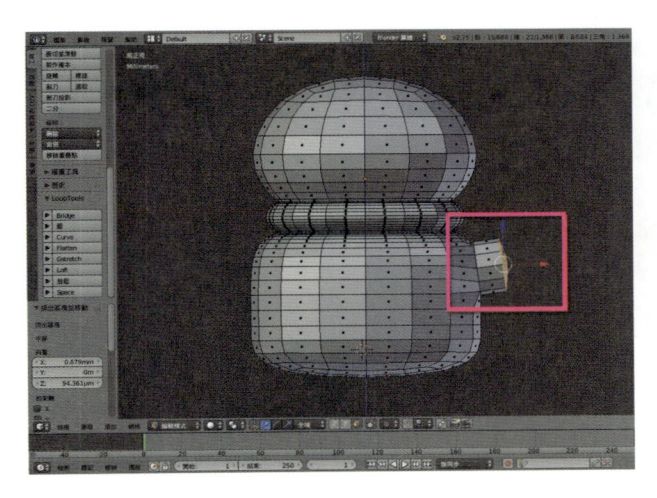

1. 按 1 切換到「前視圖」，再按 E 進行「擠出區塊」到適當位置按左鍵確認。

   > 在製作手時，可使用 S 「縮放」、G 「移動」、R 「旋轉」做調整。

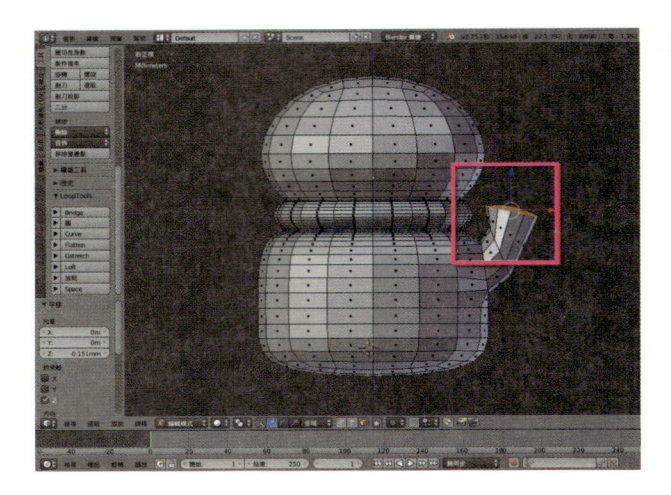

2. 使用同樣的方式將第二層區塊製作出來。

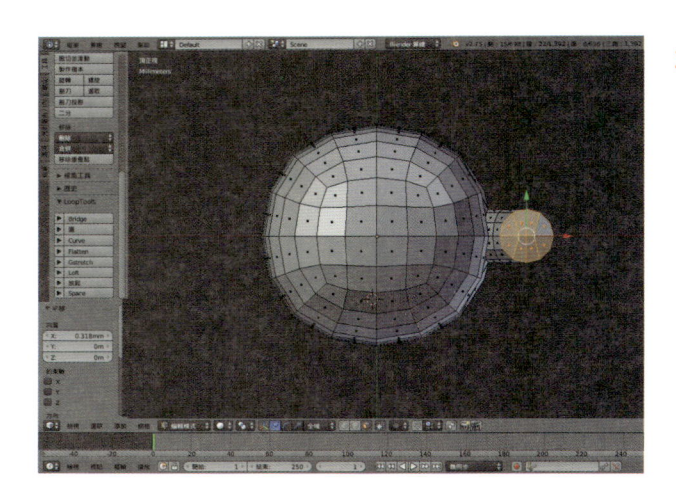

3. 按切換到「頂視圖」模式,按 G 使用「平移」工具做位置調整。

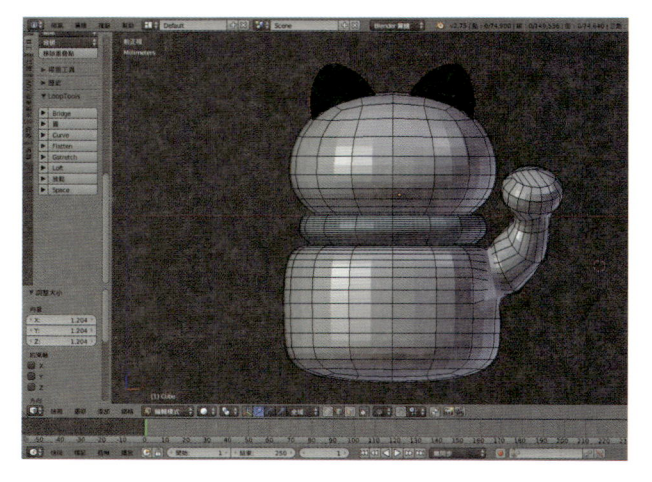

4. 將第一隻手的部分完成。

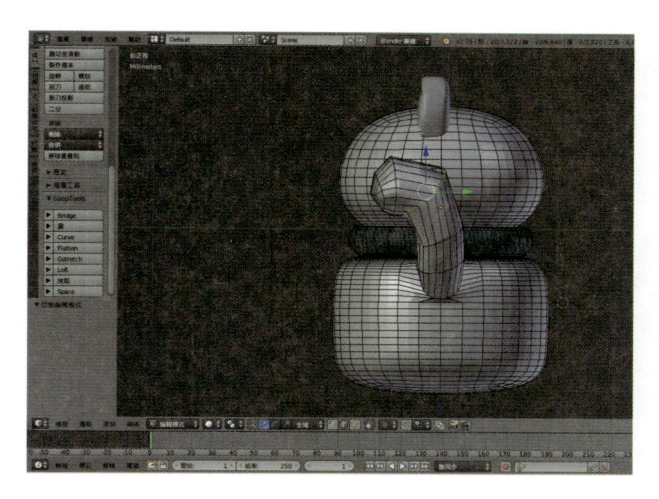

5. 分別以 [3] [7] 切換「右視圖」和「頂視圖」,使用【3D視圖編輯器】指令列上的 ▢▢▢【Edge select (線選取)】按鈕進入「線選取」模式,選取線段,以 [R]「旋轉」、[G]「平移」等工具進行調整,讓手掌的部份向前彎曲。

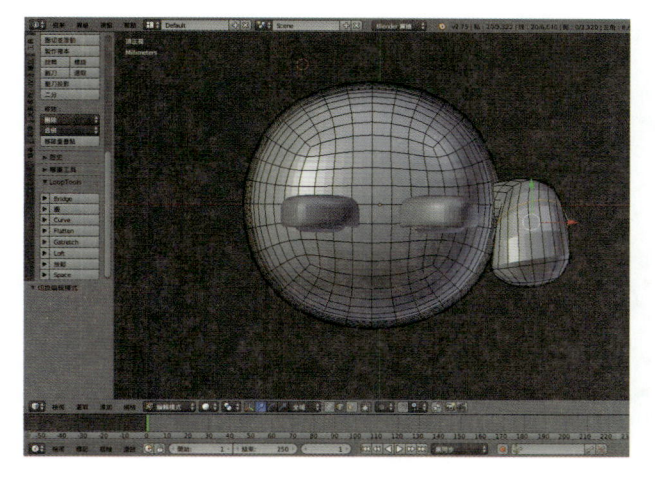

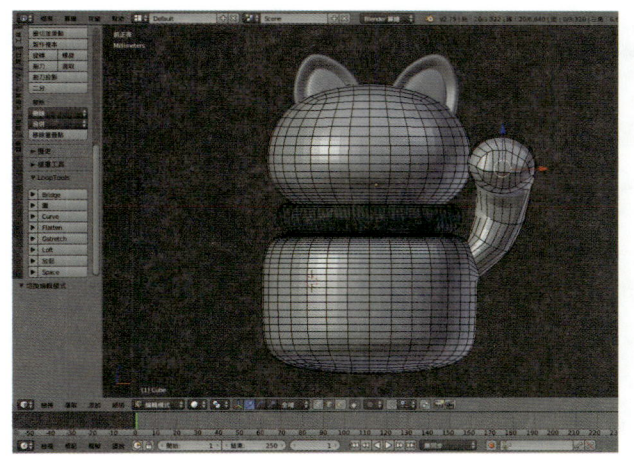

6. 手掌的部分可以 [S]「縮放」功能做些微放大。

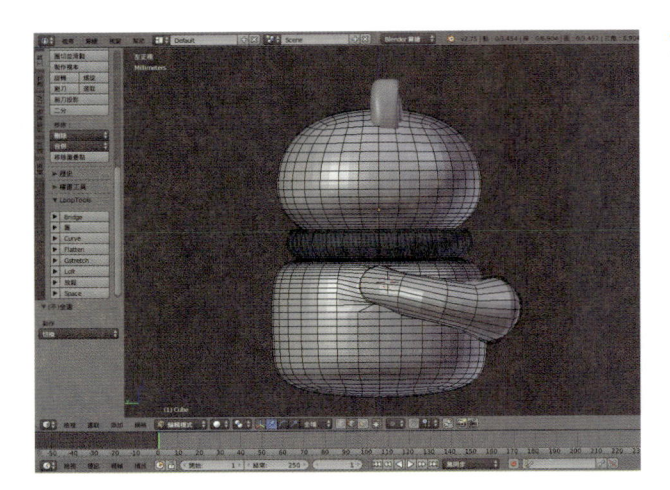

7. 使用同樣方式將另一隻手也製作完成。

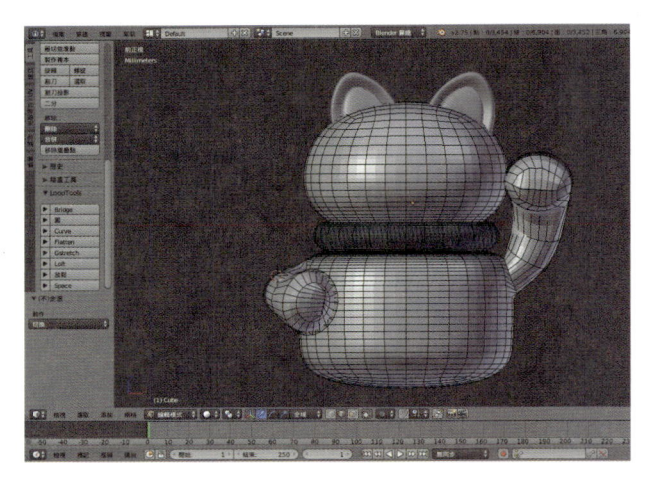

8. 按 `Tab` 回到「物體模式」。

7-4 臉部物件製作

Step 1 製作鼻子

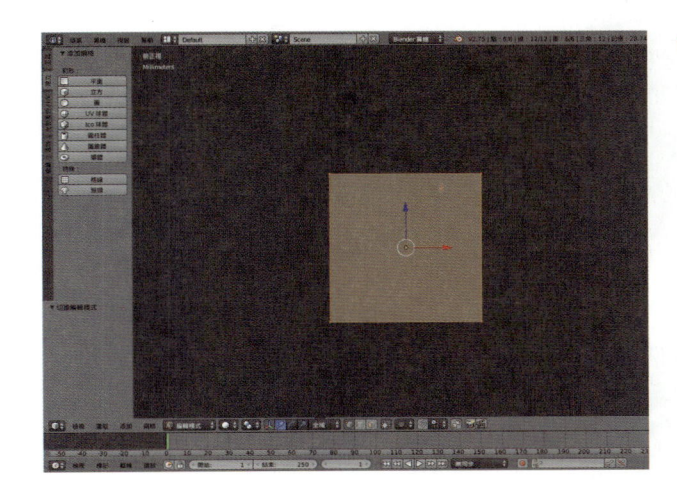

1. 到【工具架區域→建立標籤】按下【網格→立方】建立一個立方體物件，按 `Tab` 切換到「編輯模式」。

   【添加】快速鍵：`Shift` + `A`

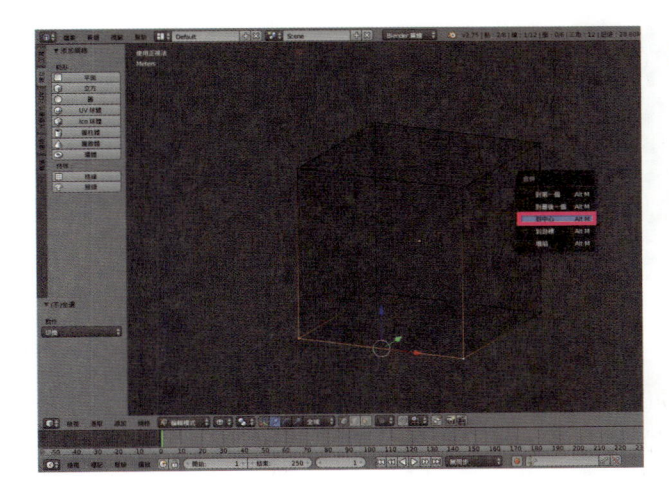

2. 按 `A` 取消目前的選取。進入「點選取」模式，以 `Shift` 搭配滑鼠右鍵選取前方下面兩個點，使用【工具架區域→工具標籤】的【網格工具面板→移除→合併】功能，選取【到中心】。

   【合併】快速鍵：`Alt` + `M`

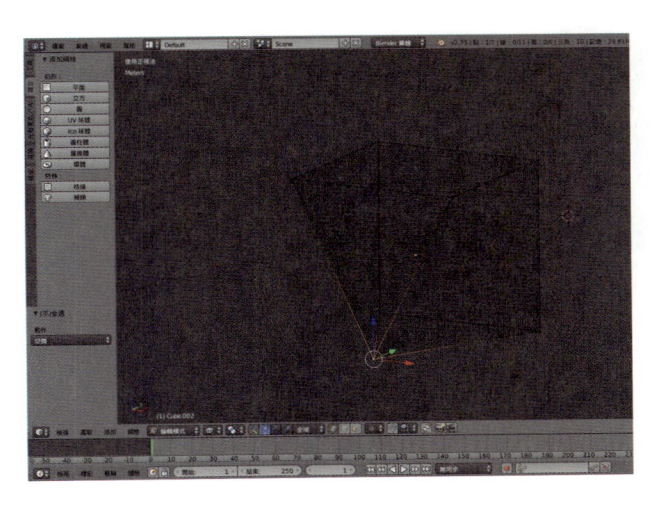

3. 合併完成。

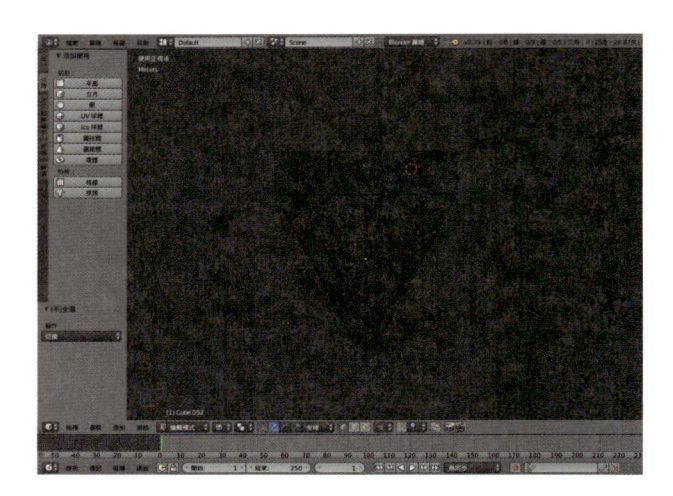

4. 後面下方的點也以同樣方式進行合併。

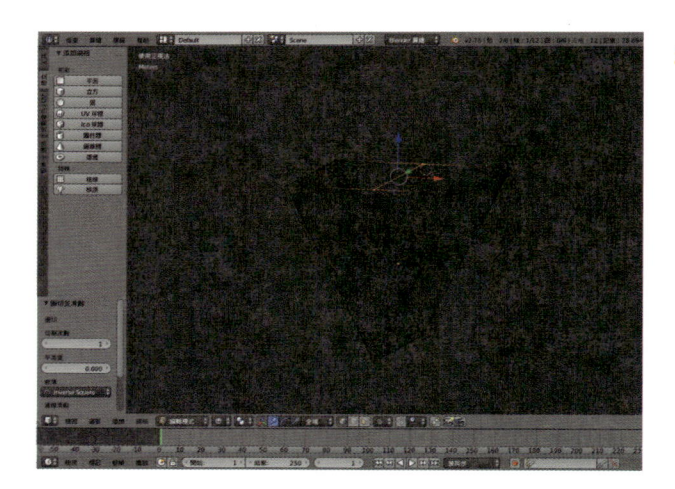

5. 到【工具架區域→工具標籤→添加面板】點選【圈切並滑動】，對上方的面進行切割。

   【圈切並滑動】快速鍵：
   Ctrl + R

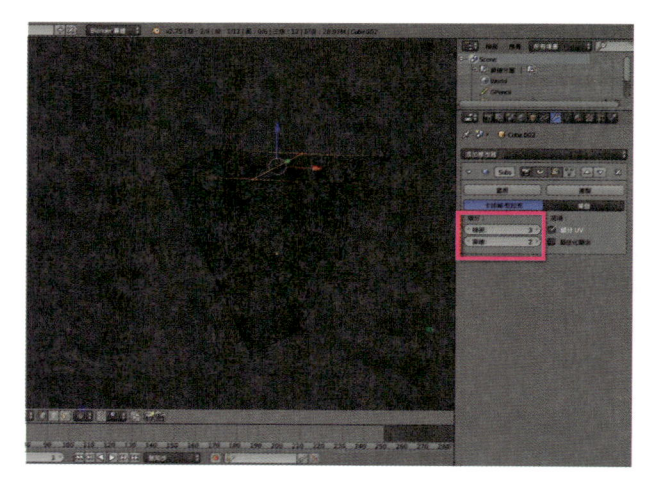

6. 到【屬性編輯器→修改器標籤】按下【添加修改器】按鈕，選擇【細分表面】，設定細分選項：
   檢視＝3
   算繪＝2。

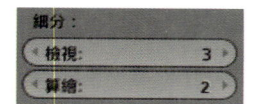

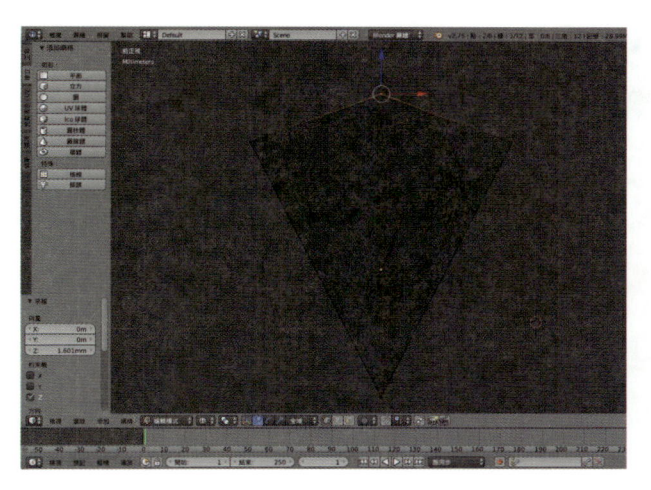

7. 使用【3D 視圖編輯器】指令列上的【選取→框選】指令,按 G 再按 Z ,將上方中央的點沿 Z 軸往上方移動。

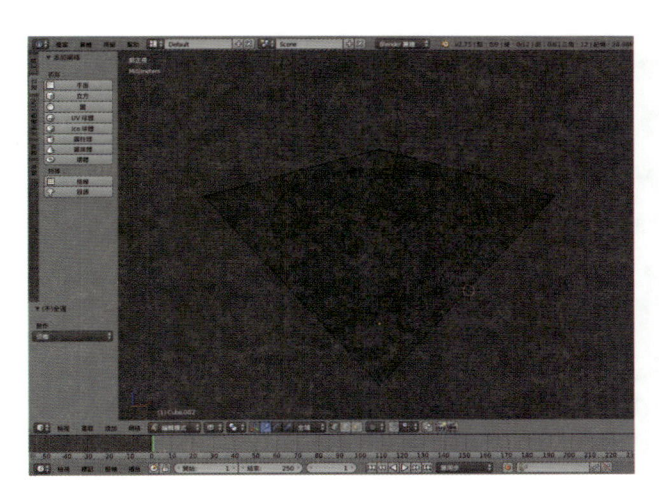

【框選】快速鍵: B

8. 選取左右的點,按 S 進行「縮放」。

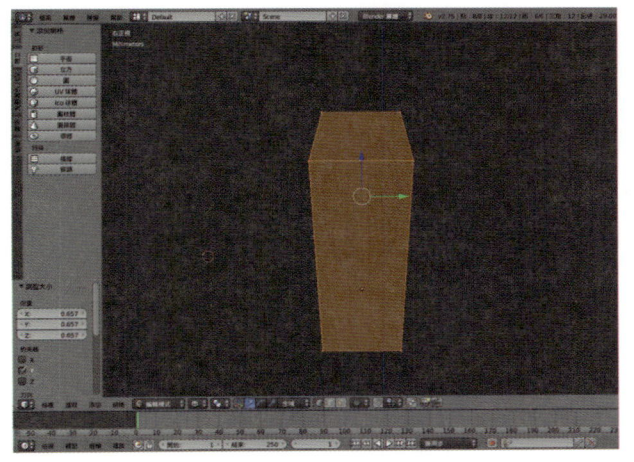

9. 按 3 切換 3D 預視區域為「右視圖」,按 S 使用「縮放」功能,再按 Y 將厚度沿 Y 軸做調整。

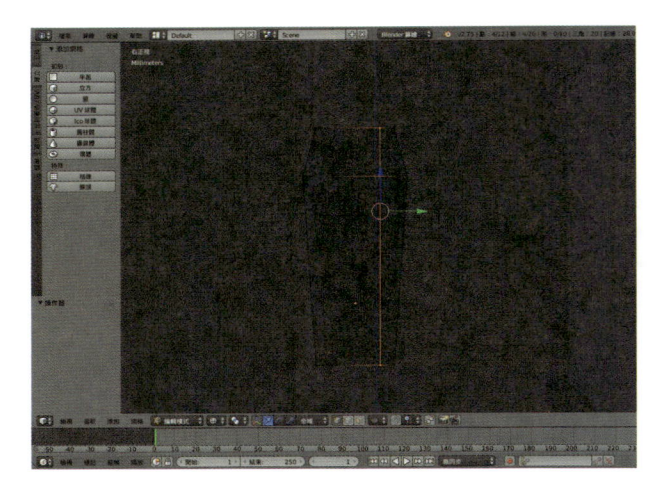

10. 到【工具架區域→工具標籤→添加面板】點選【圈切並滑動】作垂直切割，按左鍵確認後沿 Y 軸向後移動再按左鍵確認位置。

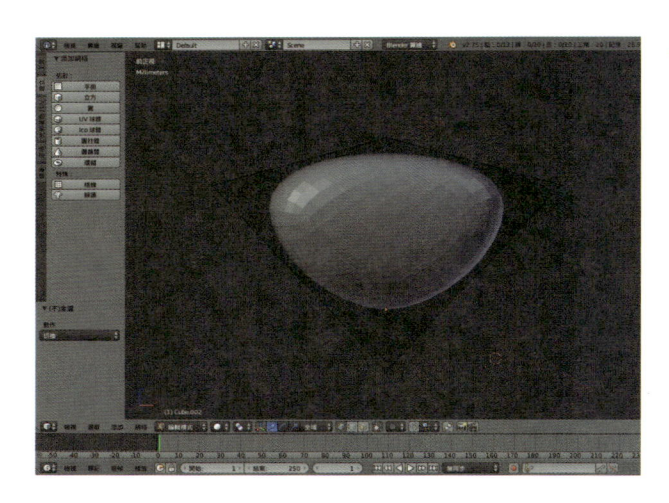

【圈切並滑動】快速鍵：Ctrl + R

11. 按 Tab 回到「物體模式」。

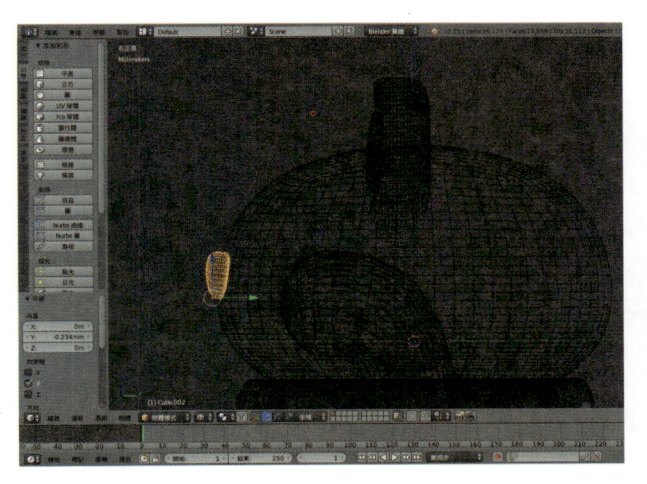

12. 可按 [1] [3] 切換「前視圖」和「右視圖」，及 [Z] 切換到「線框模式」去做位置調整。

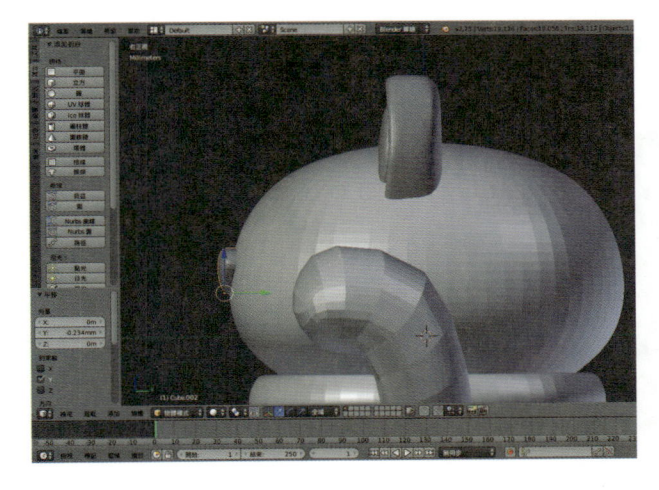

13. 鼻子製作完成。

Step ❷ 製作眼睛

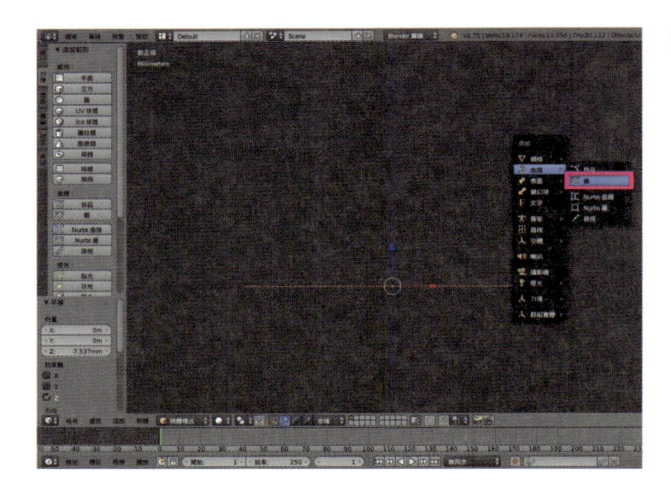

1. 「物體模式」下到【工具架區域→建立標籤】，選擇【曲線→圓】建立圓形曲線物件。

   【添加】快速鍵：Shift + A

2. 按 3 切換為「右視圖」，按 R 進行「旋轉」，將曲線物件立起來。

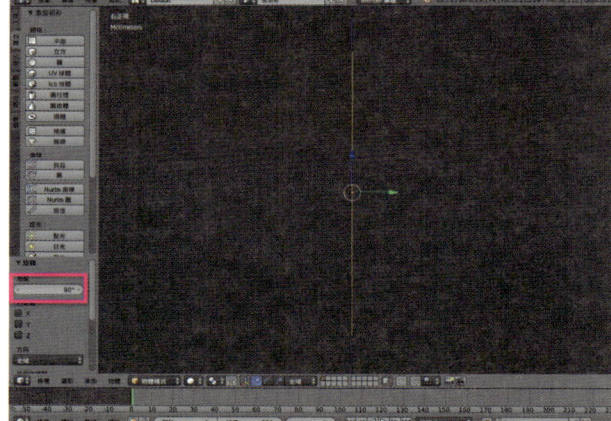

3. 按 1 切換到「前視圖」，按 Tab 切換到「編輯模式」。

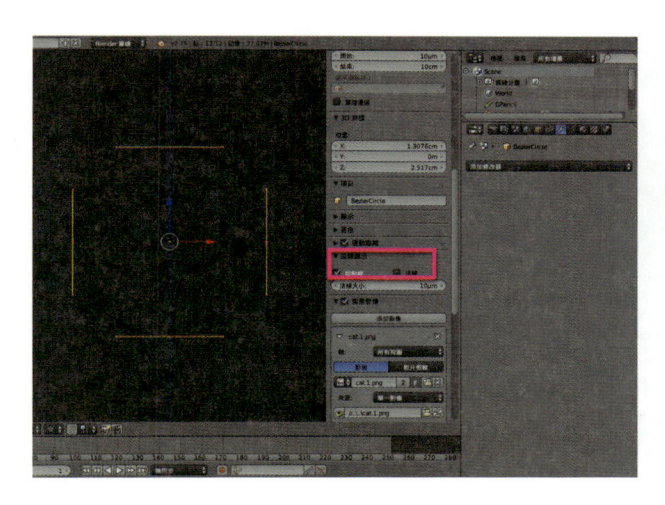

4. 按 **N** 開啟【屬性區域】，將【曲線顯示面板】的【法線】選項關閉。

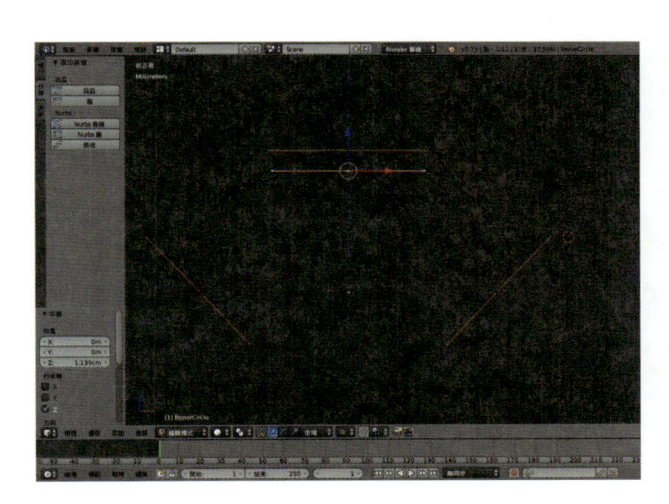

5. 點選曲線物件上的節點，以滑鼠右鍵將點拖曳調整，再按左鍵確認位置。

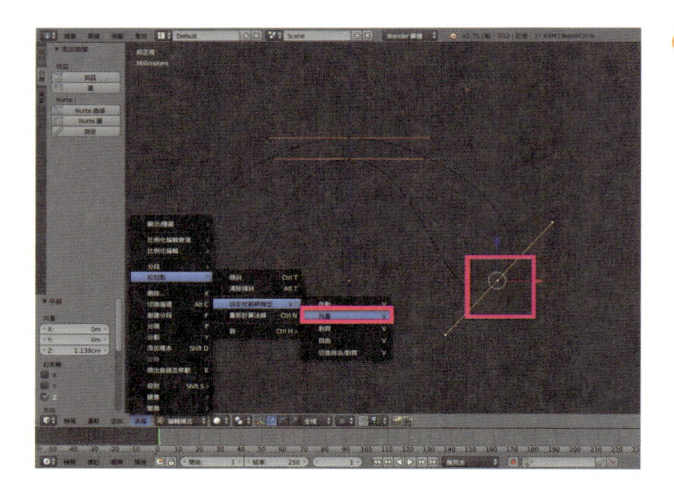

6. 點選右邊的點後,點選【3D 視圖編輯器】指令列上的【曲線→控制點→設定控制桿類型→向量】指令。

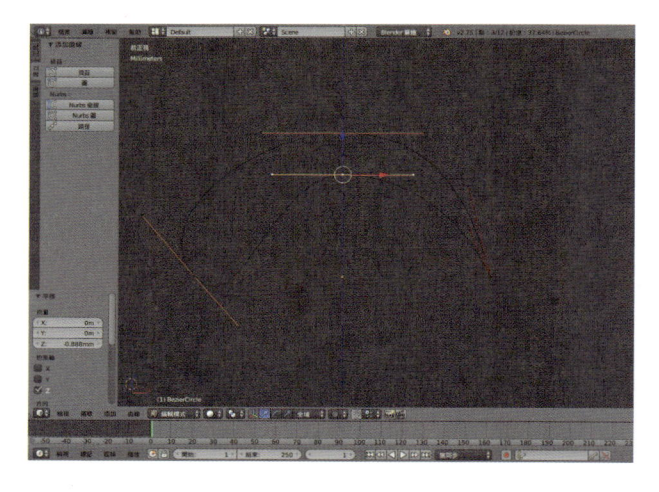

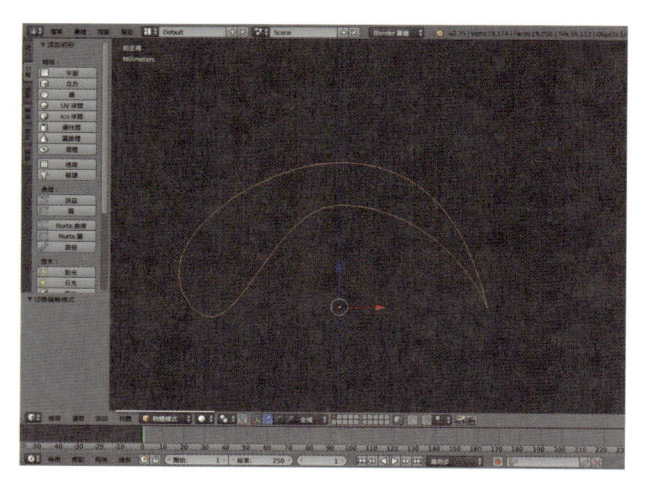

7. 按 Tab 回到「物體模式」。

8. 使用【3D視圖編輯器】指令列的【物體→變換→原點至幾何】指令。

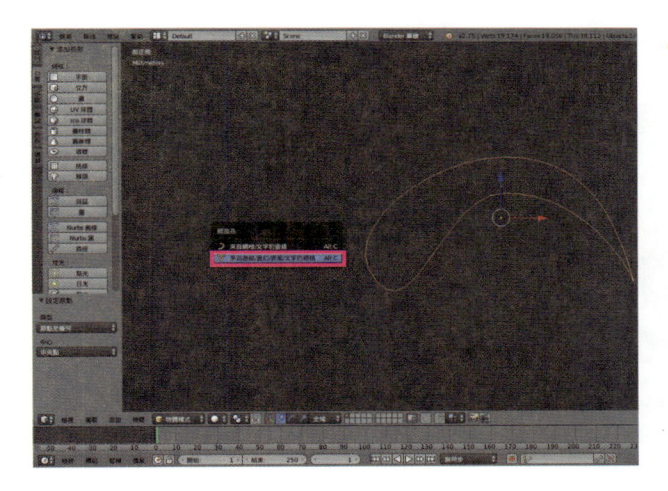

9. 執行【3D視圖編輯器】指令列的【物體→轉換為→來自曲線/變幻/表面/文字的網格】指令。

   【轉換為】快速鍵：Alt + C

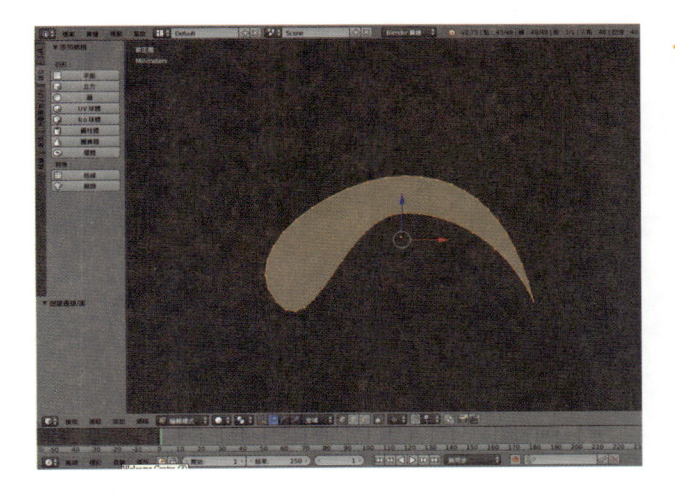

10. 按 Tab 切換到「編輯模式」，按 A 執行「全選」，到【工具架區域→工具標籤】，按下【網格工具面板→添加→創建邊線/面】按鍵。

    【創建邊線/面】快速鍵：F

Step 3 收縮修改器

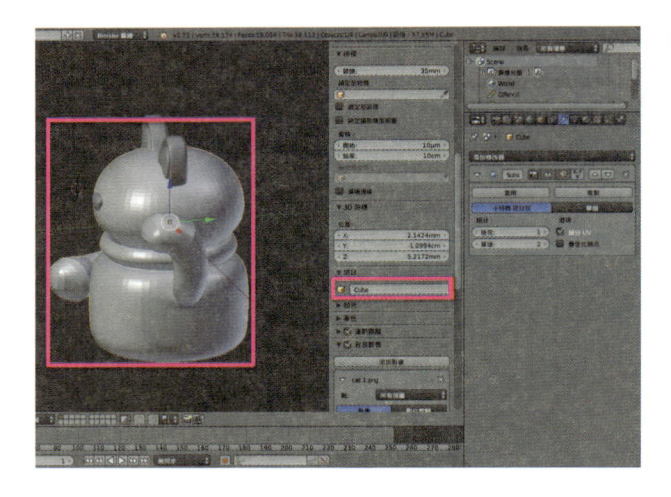

1. 移動畫面，點選貓的身體物件，按 [N] 開啟【屬性區域】，在【項目面板】中查看物件名稱，按 [Ctrl] + [C] 複製物件名稱。

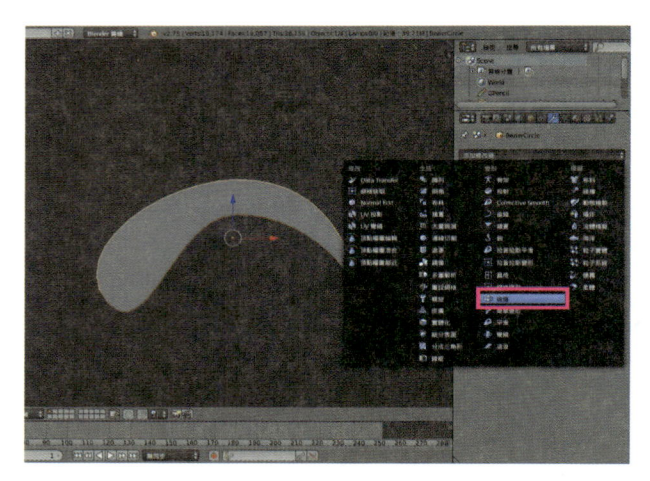

2. 選取眼睛物件，按 [Tab] 切換到「物體模式」。到【屬性編輯器→修改器標籤】按下【添加修改器】按鈕，選擇【收縮】。

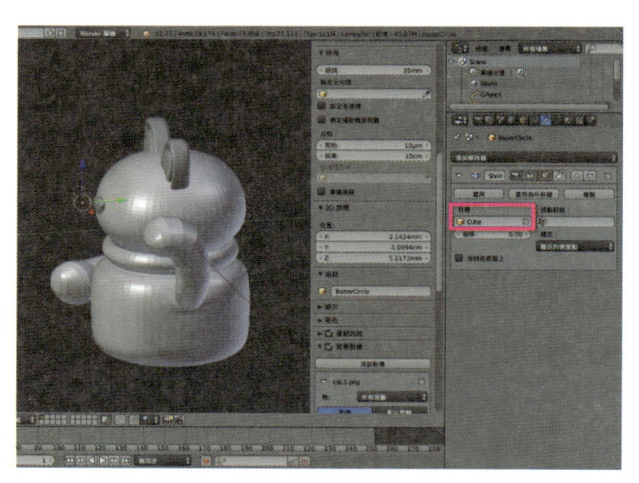

3. 在【目標】選項選擇貓身體物件或是以 [Ctrl] + [V] 貼上剛剛複製的物件名稱。

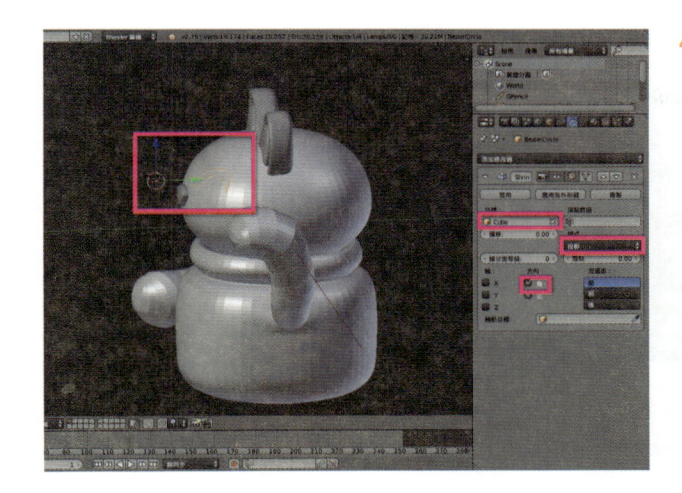

4. 設定收縮修改器選項為：

   樣式＝投影

   方向＝負。

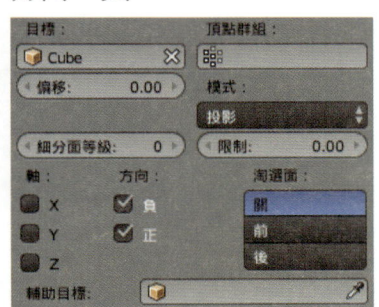

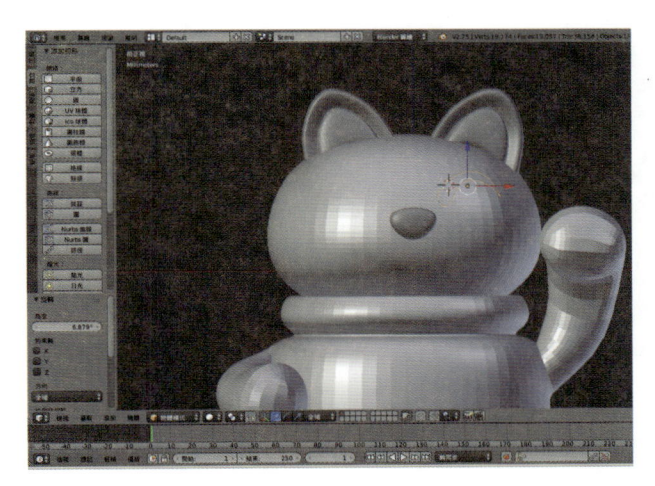

5. 以 [R]「旋轉」、[S]「縮放」等功能調整位置。

   > 可搭配 [Z] 及 [X] 作限定 Z 軸或 X 軸的變形。

6. 點選【套用】按鈕。

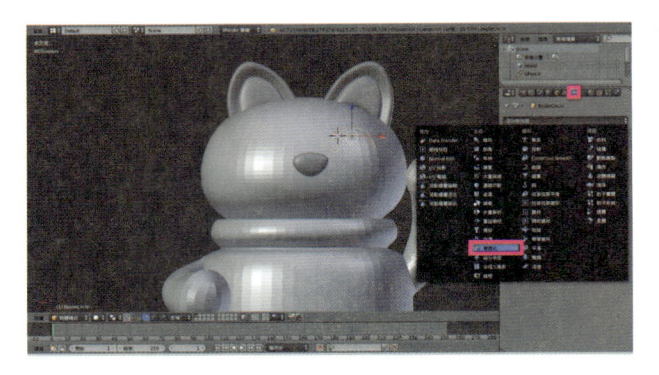

7. 到【屬性編輯器→修改器標籤】按下【添加修改器】按鈕,選擇【實體化】。

8. 請自行設定適當厚度大小,設定偏移為「0」。

9. 使用【3D視圖編輯器】指令列的【檢視→對齊視圖→將游標置中並檢視全部】指令。

【將游標置中並檢視全部】快速鍵 Shift + C

10. 再點選【物體→變換→原點至 3D 游標】指令。

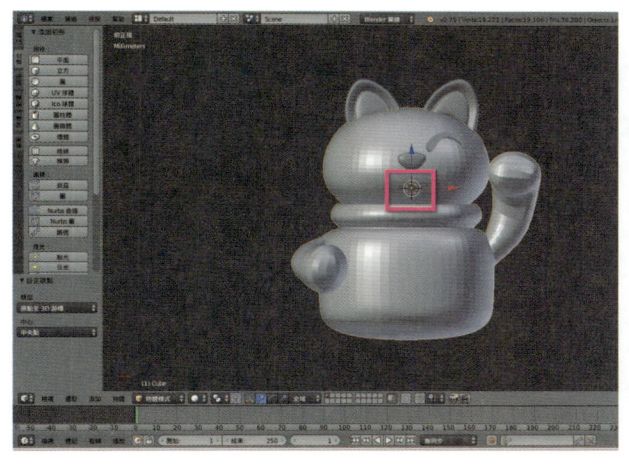

11. 點選【物體→套用→旋轉與縮放】指令。

12. 到【屬性編輯器→修改器標籤】按下【添加修改器】按鈕，選擇【鏡像】。

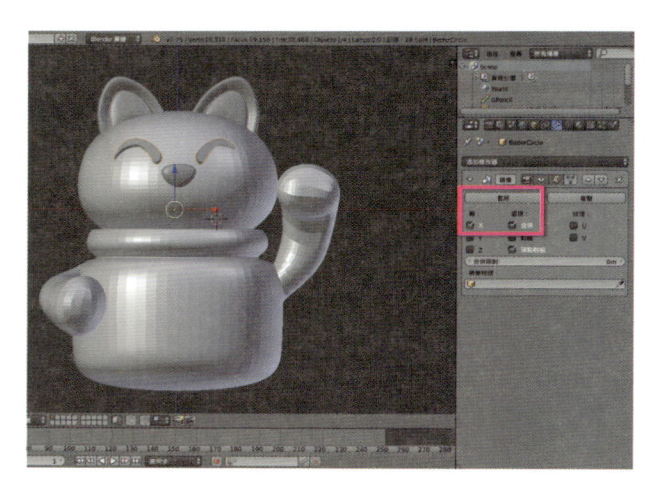

13. 設定鏡像：X 軸
    選項：合併，按【套用】按鈕。

14. 完成眼睛。

7-5 結合物件

Step 1 結合臉部物件

1. 點選招財貓的耳朵、眼睛、鼻子。執行【3D 視圖編輯器】指令列上的【物體→結合】指令。

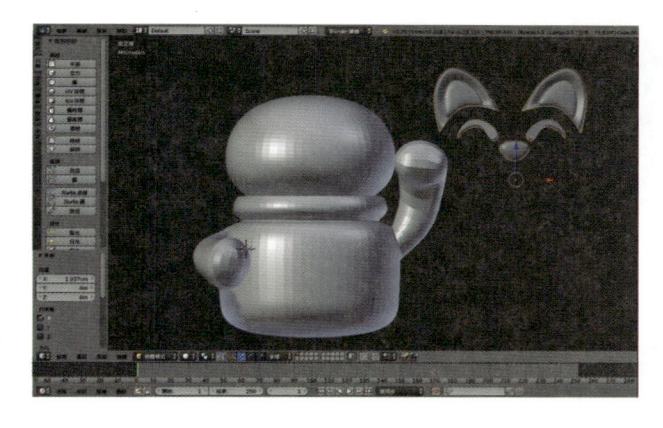

   🔍 【結合】快速鍵：`Ctrl` + `J`

2. 使用「平移」工具往 X 軸移動，確認已將物體做結合。

Step 2 面分成三角形

1. 按 `Tab` 切換到「編輯模式」，執行【3D 視圖編輯器】指令列上的【網格→面→面分成三角形】指令。

   🔍 【面分成三角形】快速鍵：`Ctrl` + `T`

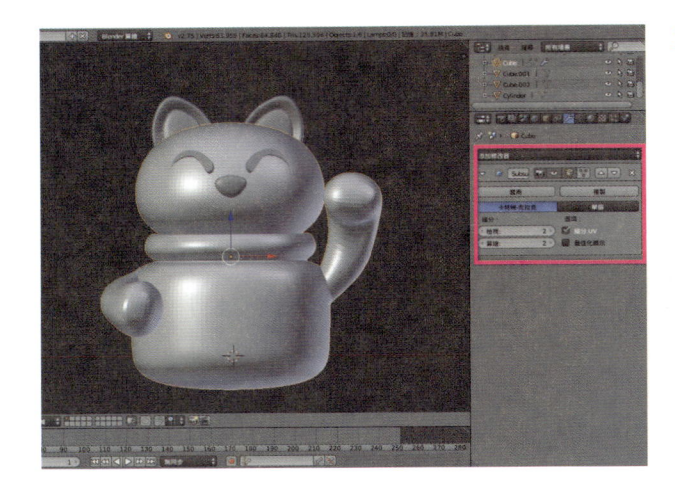

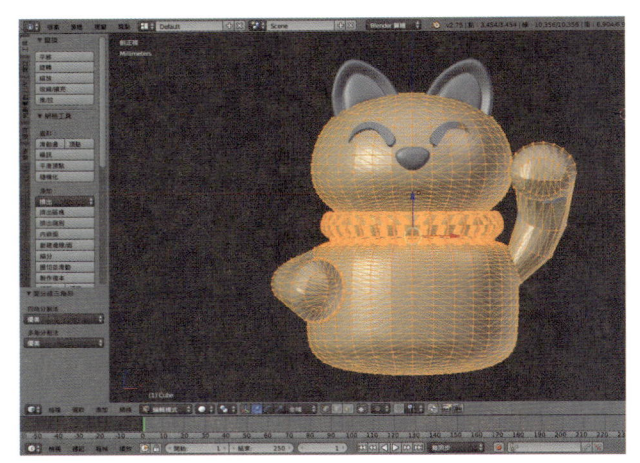

2. 想要物件看起來更細緻，可對貓咪身體再次使用「細分表面」。可設定數值為：

   檢視＝ 2

   算繪＝ 2。

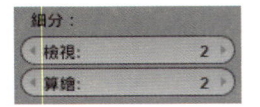

   然後按 Tab 切換到「編輯模式」，執行【3D 視圖編輯器】指令列上的【網格→面→面分成三角形】指令。可自行調整嘗試詳細數值。

Step 3 布林功能

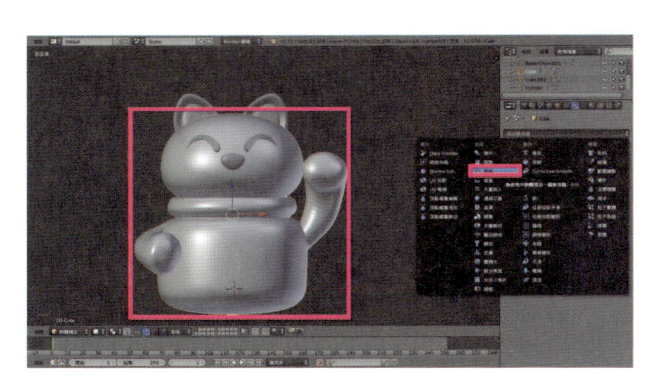

1. 點選【貓咪身體物件】到【屬性編輯器→修改器標籤】按下【添加修改器】按鈕，選擇【布林】。

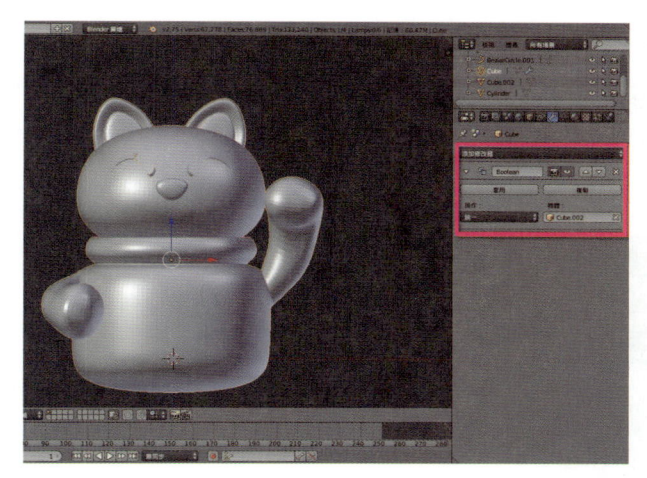

2. 布林修改器設定：
   操作＝統一
   物體＝選取另一個物件，按【套用】按鈕。

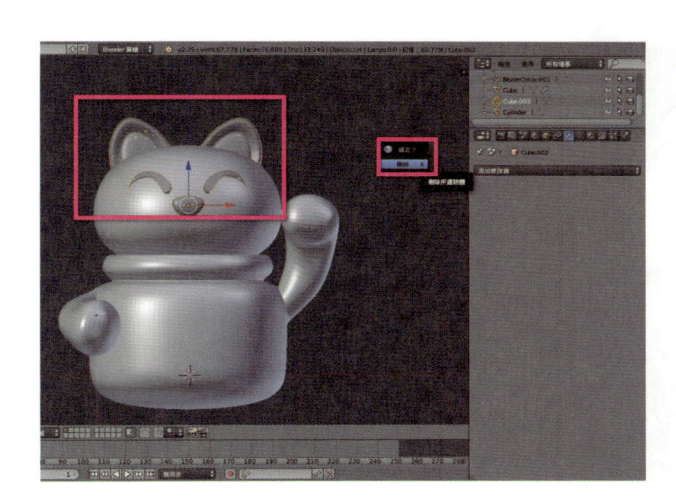

3. 使用「平移」工具，移動多餘的物件以確認執行「布林」功能後的結果，然後按 [X] 進行「刪除」。

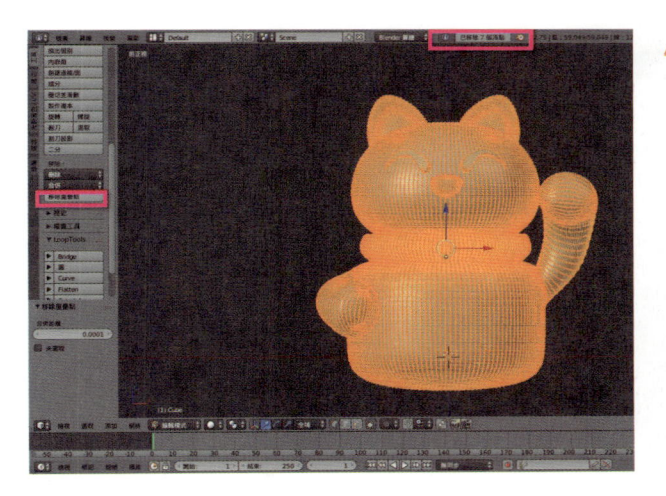

4. 按 [Tab] 切換到「編輯模式」，按 [A] 進行「全選」，再執行【工具架區域→工具標籤→網格工具面板】的【移除→移除重疊點】。按 [Tab] 回到「物體模式」。

7-6 儲存檔案

存為 Blender 檔案

1. 執行【資訊編輯器】指令列的【檔案→儲存】指令。

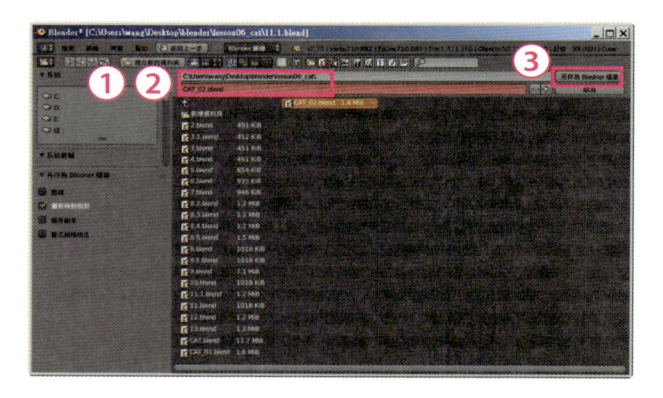

2. 依序進行：①確認儲存的位置→②輸入檔案名稱→③點選【存為 Blender 檔案】進行儲存。

匯出成 STL 檔案格式

1. 執行【資訊編輯器】指令列的【檔案→匯出→ STL】指令。

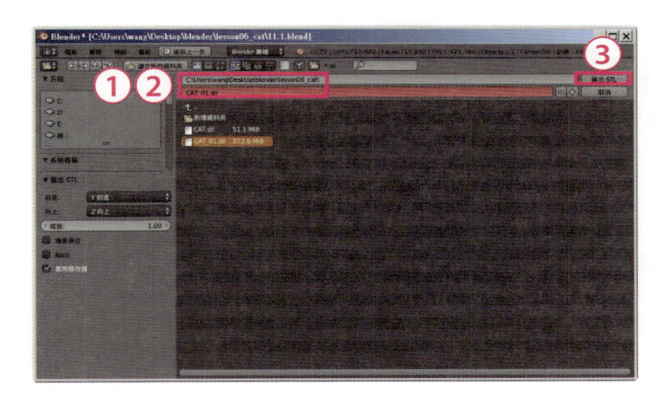

2. 依序進行：①確認儲存的位置→②輸入檔案名稱→③點選【匯出 STL】進行儲存。

3D 列印成品

7-7 延伸製作－招財貓金幣

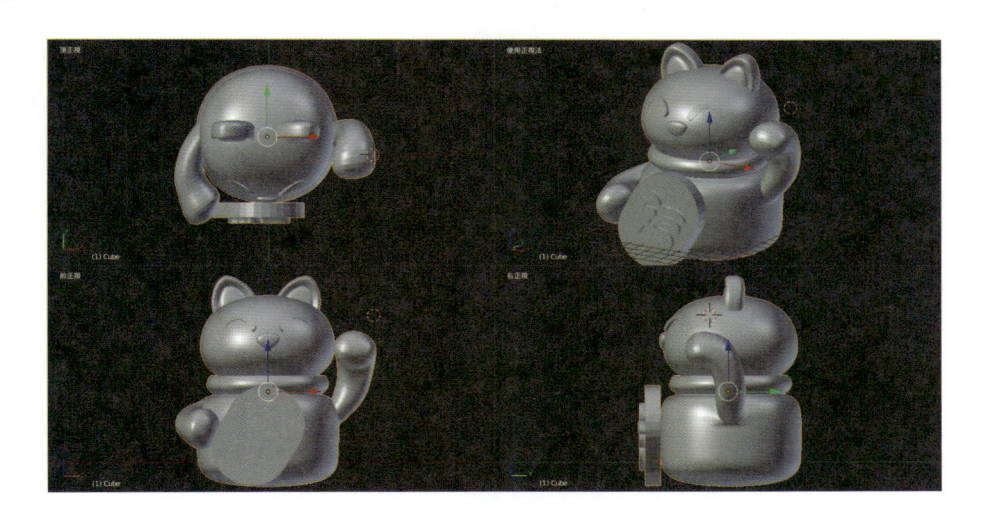

Step 1 建立金幣

1. 到【工具架區域→建立標籤】選擇【網格→圓柱體】，建立一個圓柱體物件。

   【添加】快速鍵：Shift + A

2. 點選【3D 視圖編輯器】指令列上的 [圖示] 全域 【縮放】按鈕，調整成適當大小

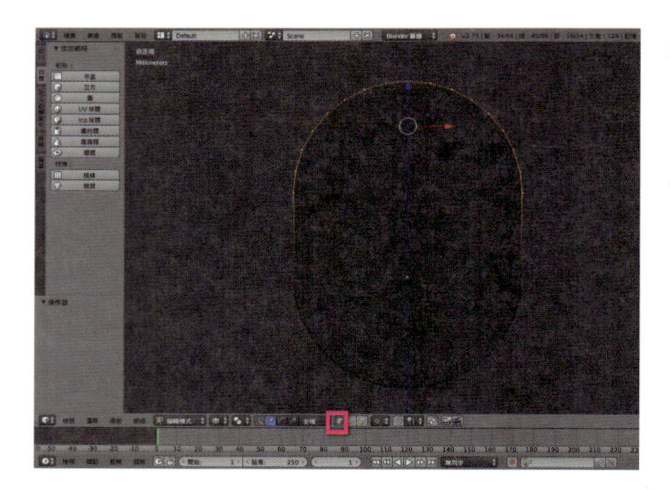

3. 按 [Tab] 切換到「編輯模式」及按 [Z] 切換到「線框模式」。
點選【3D 視圖編輯器】上的 【Vertex select（點選取）】按鈕，進入「點選取」模式，按 [B] 進行框選然後調整外型。

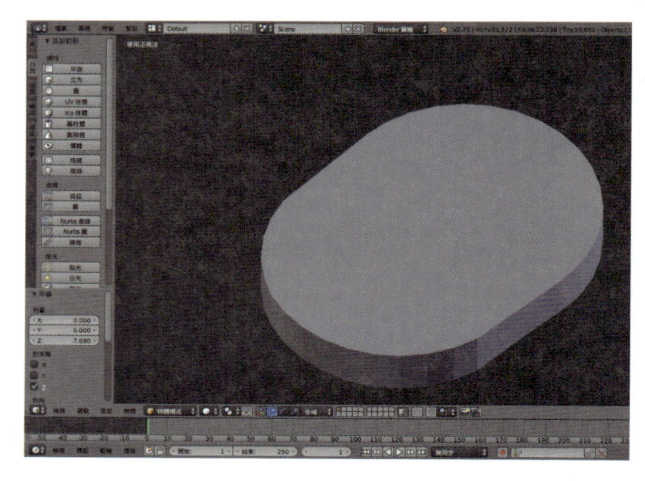

4. 按 [Tab] 切換到「物體模式」，按 [Z] 切換到「實體模式」。

Step ❷ 匯入 SVG 檔案

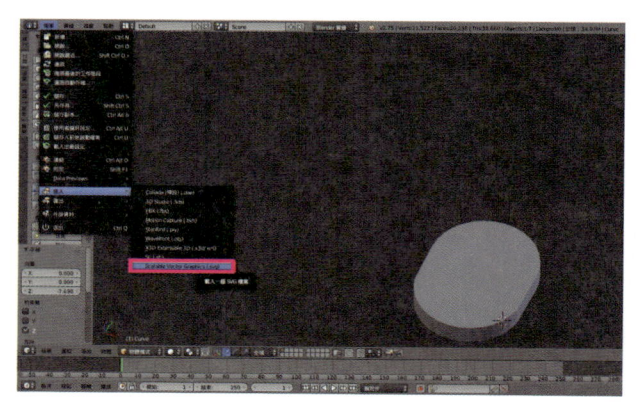

1. 執行【資訊編輯器】指令列的【檔案→匯入→SVG 檔】，匯入文字檔案。

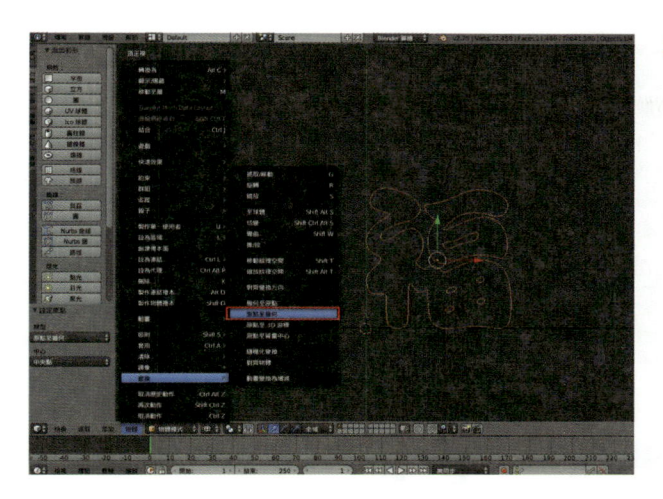

2. 匯入後檔案會在以滑鼠滾輪放大畫面。執行【3D 視圖編輯器】指令列的【物體→變換→原點至幾何】指令。

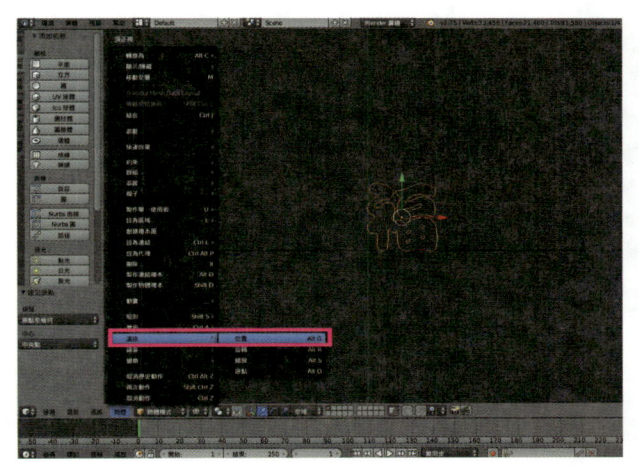

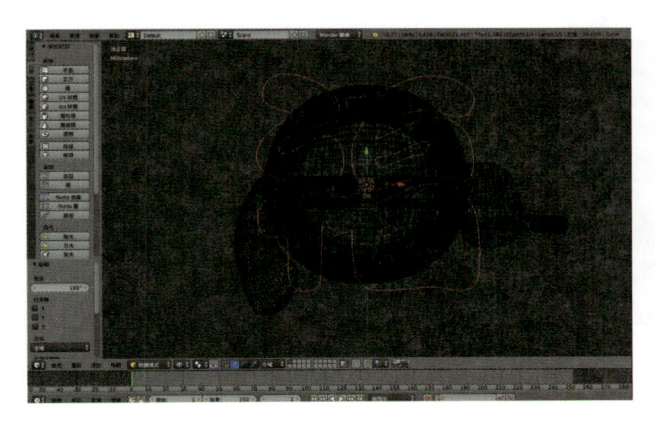

3. 按 [7] 切換到「頂視圖」及按 [Z] 切換到「線框模式」。以滑鼠右鍵點選文字，執行【工具架區域→工具標籤→變換面板】的【縮放】功能調整文字為適當大小。

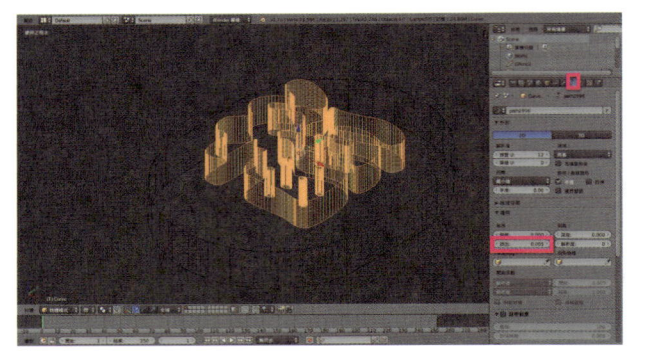

4. 到【屬性編輯器→資料標籤→外形面板】，按下【2D】按鈕，並設定【幾何面板】的【擠出】選項（數值請自行決定）。

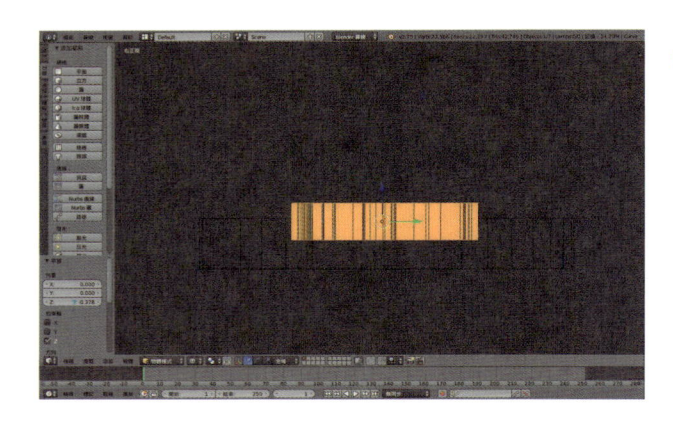

5. 按 [3] 切換「右視圖」，按 [G] 後按 [Z] 沿 Z 軸移動文字。讓文字與圓柱體物件重疊。

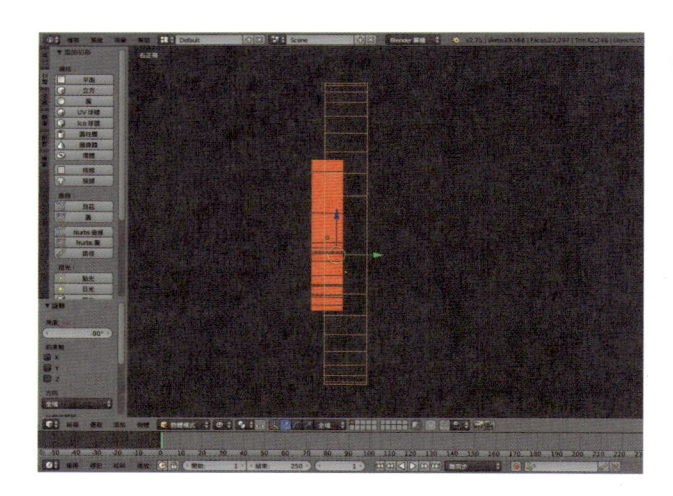

6. 按 [Tab] 回到「物體模式」，同時選取文字與圓柱體物件，到【工具架區域→工具標籤】選擇【變換面板→旋轉】執行旋轉功能，讓物件直立。

【旋轉】快速鍵：[R]

Step 3 布林功能

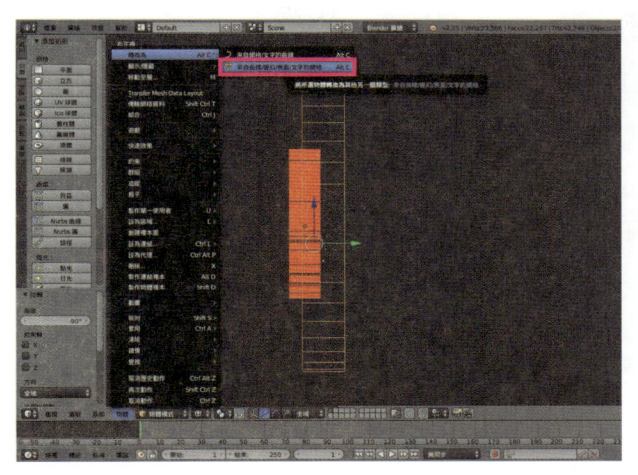

1. 執行【3D 視圖編輯器】指令列的【物體→轉換為→來自曲線 / 變幻 / 表面 / 文字的網格】指令轉換物件。

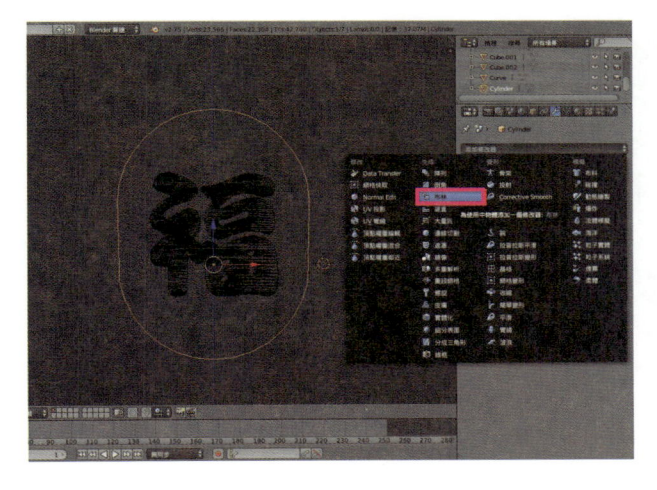

   【轉換為】快速鍵：Alt + C

2. 到【屬性編輯器→修改器標籤】按下【添加修改器】按鈕，選擇【布林】。

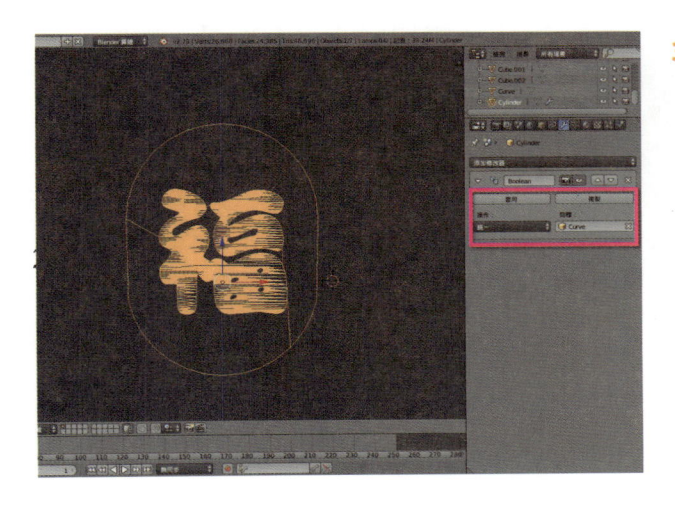

3. 設定布林修改器選項：
   物體＝選擇文字物件名稱
   操作＝統一。

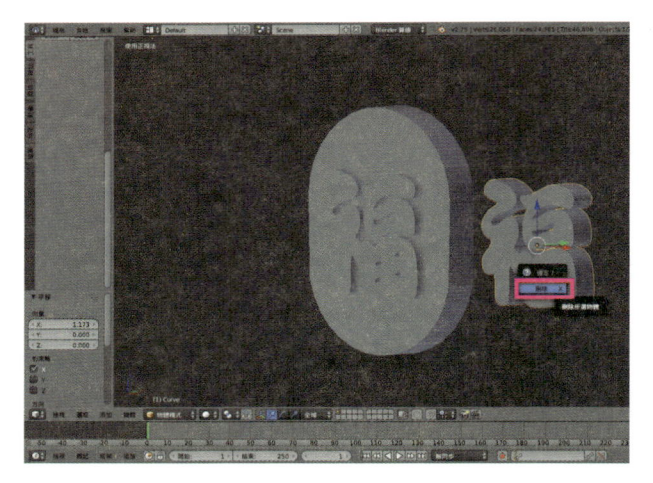

4. 使用「平移」工具,移出多餘的文字物件,確認造型無誤後按 [X] 進行「刪除」。

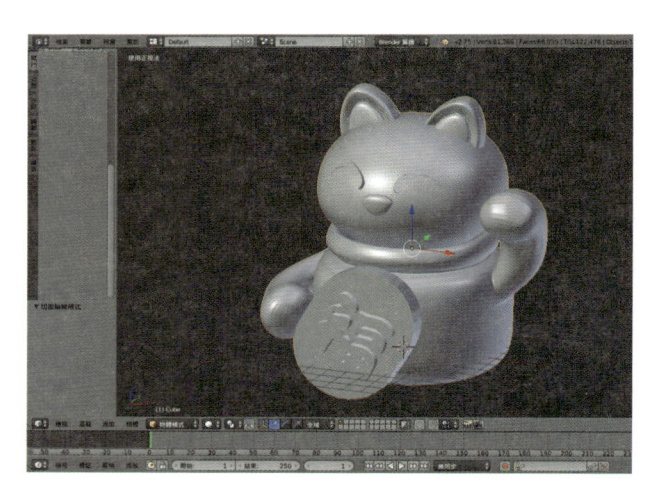

5. 將金幣放置招財貓身體前方位置。

6. 到【屬性編輯器→修改器標籤】按下【添加修改器】按鈕,選擇【布林】。

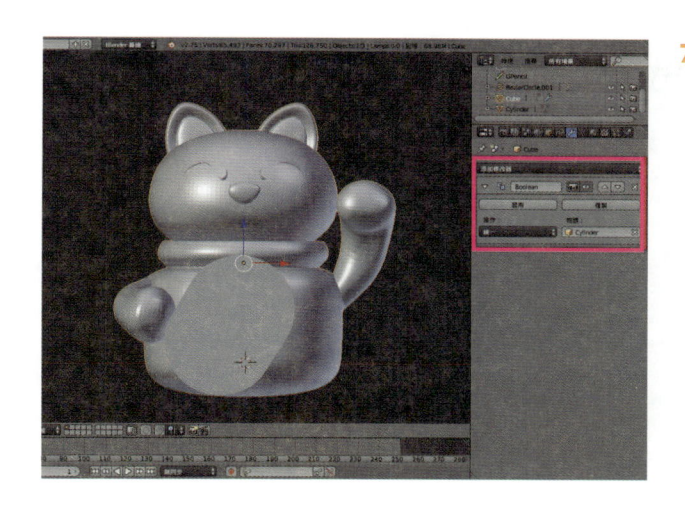

7. 設定布林修改器：
   物件＝選擇金幣物件
   操作＝統一。

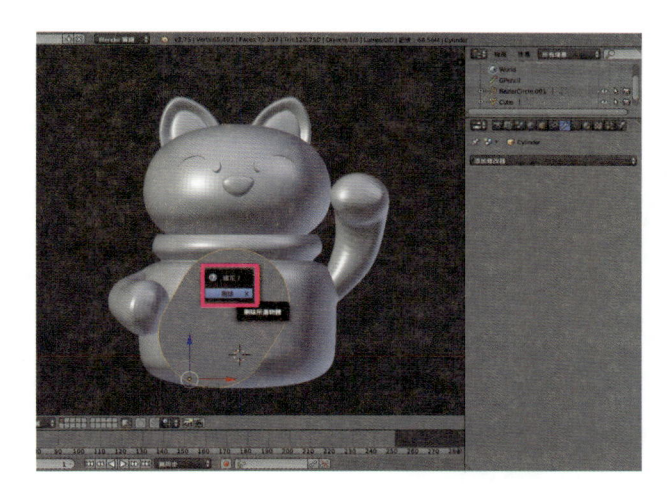

8. 刪除多餘的金幣物件。

Step ④ 移除重疊點

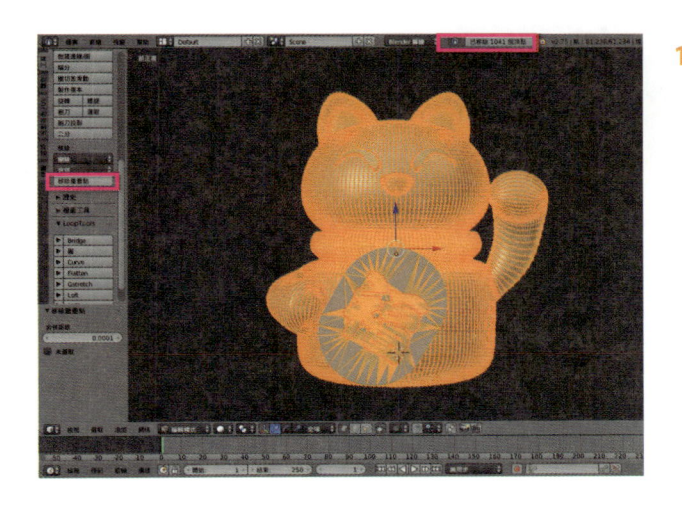

1. 按 Tab 到編輯模式，先執行全選再執行【工具架區域→工具標籤→網格工具面板】的【移除→移除重疊點】。

2. 製作完成。

3D 列印成品

Chapter 8

進階 3D 建模－
人物

●學習目標●
建立一個人物

●運用新功能●

- 邊線滑動
- 平滑
- 群組
- 移除重疊點
- 儲存 / 匯出

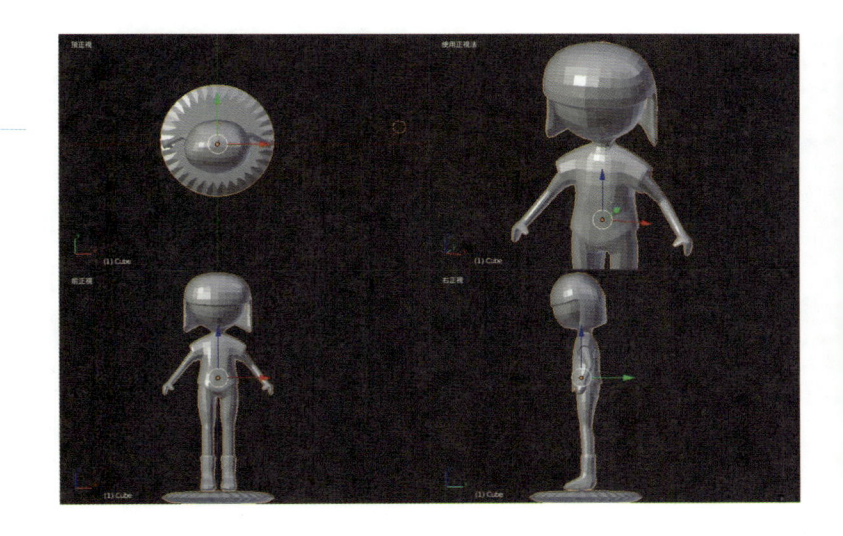

8-1 身體物件製作

Step 1 鏡像功能

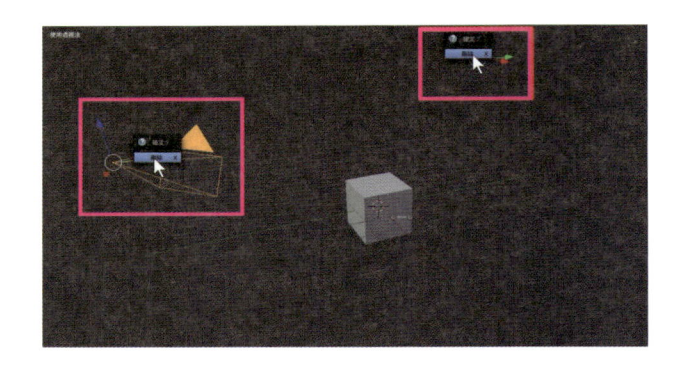

1. 開啟 Blender 軟體後，刪除「攝影機」、「燈光」物件。

   🔍 【刪除】快速鍵：[X]

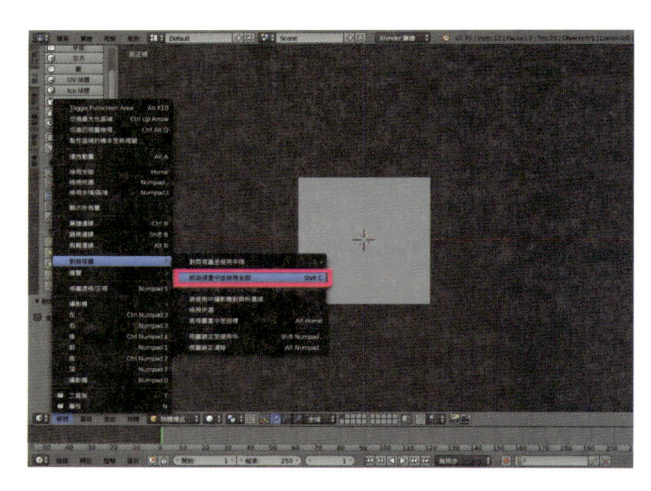

2. 按 [1] 切換 3D 預視區域為「前視圖」。

   執行【3D視圖編輯器】指令列的【檢視→對齊視圖→將游標置中並檢視全部】指令。

   🔍 【將游標置中並檢視全部】快速鍵 [Shift] + [C]

3. 按 [Tab]，切換到「編輯模式」及按 [Z] 切換到「線框模式」。按 [Ctrl] + [R] 執行「圈切並滑動」作垂直切割，按左鍵確認後按按右鍵將切割線置中。

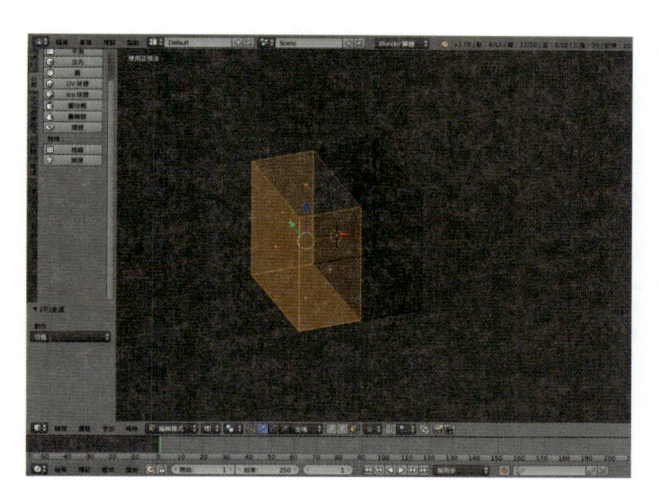

4. 點選【3D 視圖編輯器】上的 ◯◯◯ 【Vertex select（點選取）】按鈕，進入「點選取」模式，框選物件左方範圍的點。

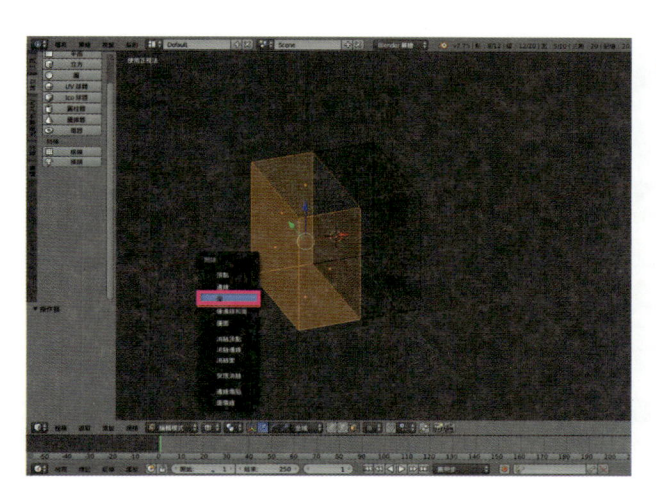

5. 按 [X] 將選取範圍刪除。

6. 剩下另一邊的面。

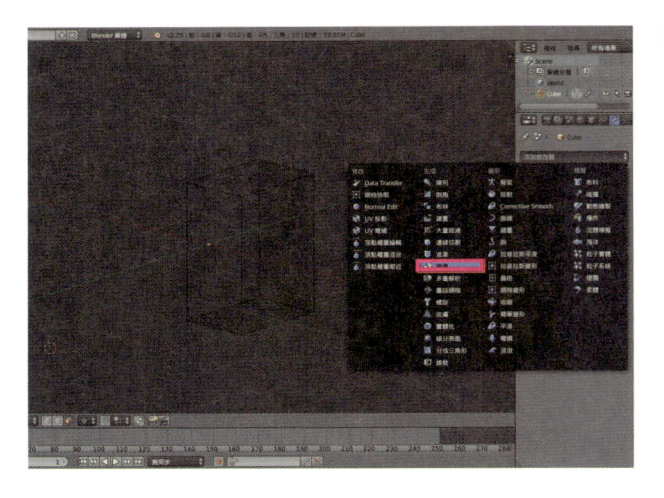

7. 到【屬性編輯器→修改器標籤】按下【添加修改器】按鈕,選擇【鏡像】。

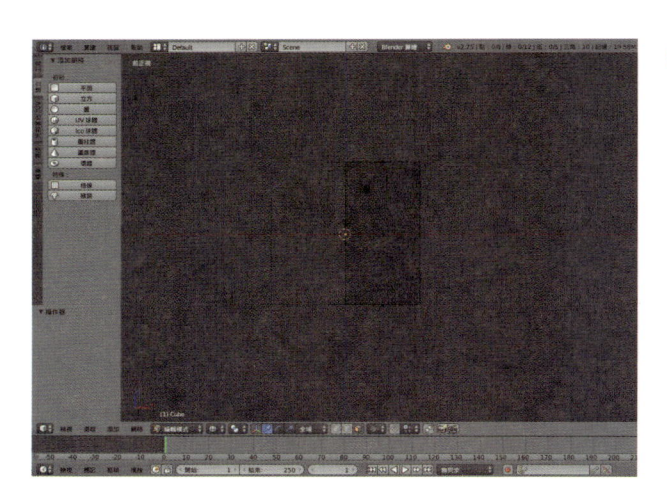

8. 打開【鏡像面板】,可以開始製作人物。在鏡像功能的輔助下,可以調整出兩側對稱的物體。

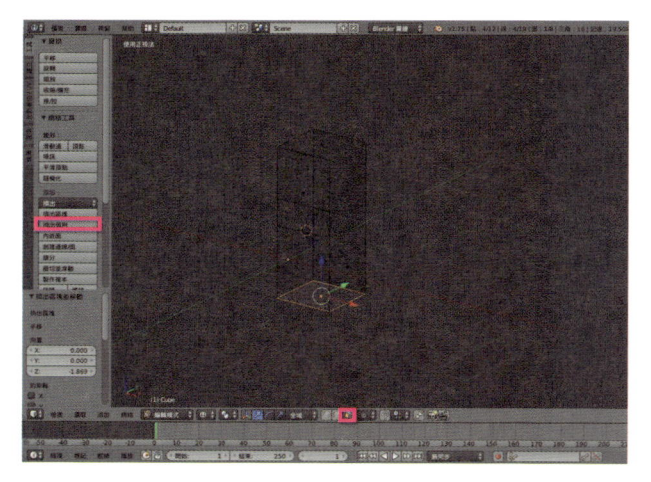

9. 使用【3D視圖編輯器】指令列上的 ⬚⬚⬚【面選取】按鈕進入「面選取」模式,選取底下的面。

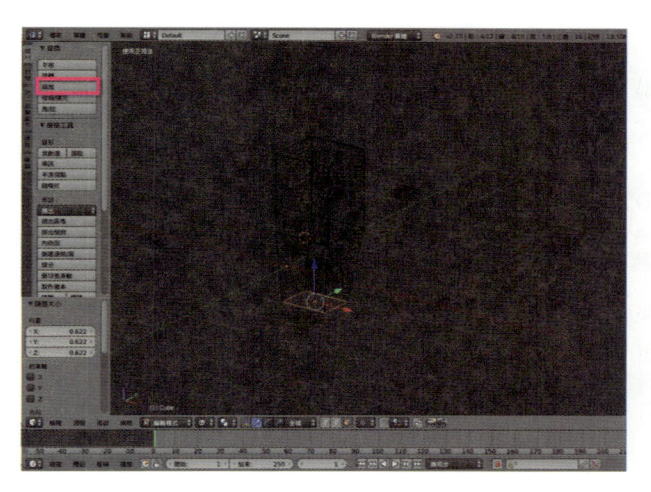

10. 點選【工具架區域→工具標籤→變換面板】上的【縮放】按鈕，適當縮小後按左鍵確認。

　　【縮放】快速鍵：S

Step 2 製作身體中心的部分

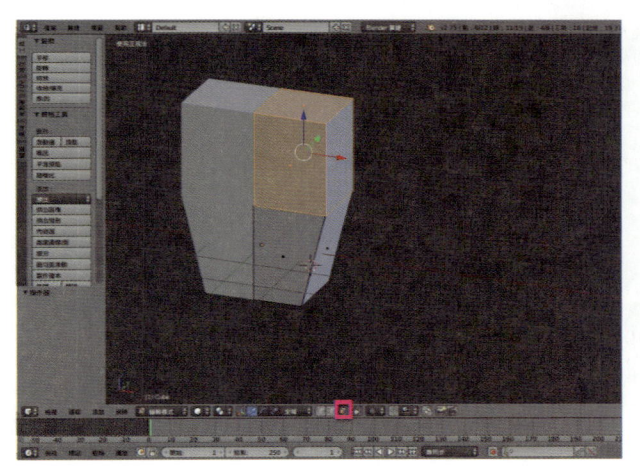

1. 按 Z 切換到「實體模式」。

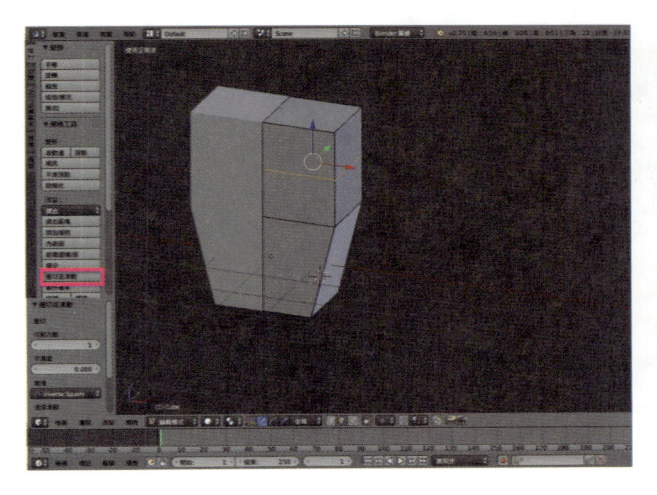

2. 到【工具架區域→工具標籤→添加面板】點選【圈切並滑動】對物件上方作平行切割，並沿 Z 軸作移動調整。

　　【圈切並滑動】快速鍵：Ctrl + R

3. 按 【3】 切換為「右視圖」，點選【3D視圖編輯器】上的 【Vertex select（點選取）】按鈕，進入「點選取」模式，選取上方前面的點後按 【G】 使用「平移」工具，再按 【Y】 沿 Y 軸進行移動。

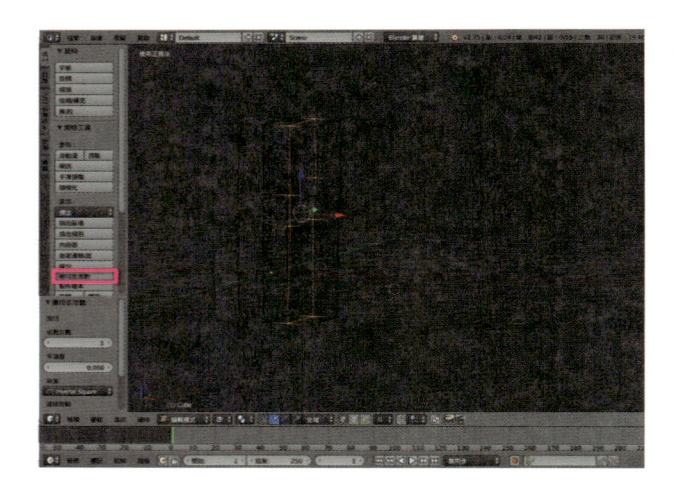

4. 到【工具架區域→工具標籤→添加面板】點選【圈切並滑動】作垂直切割。

   【圈切並滑動】快速鍵：
   【Ctrl】 + 【R】

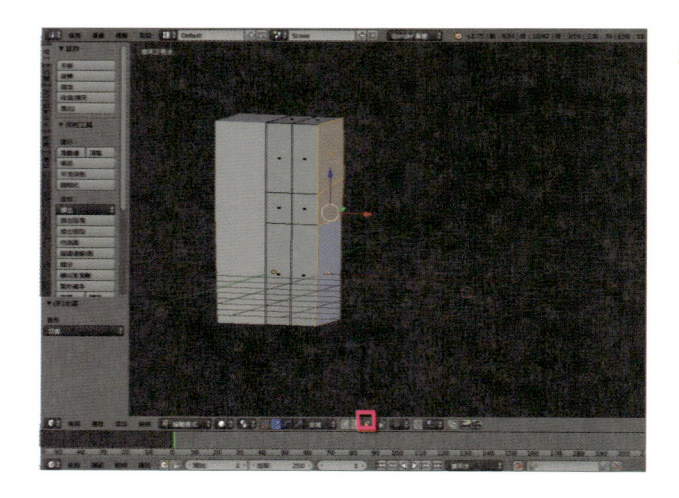

5. 按 【Z】 切換到「實體模式」，點選【3D視圖編輯器】指令列上的 【面選取】按鈕進入「面選取」模式，以 【Shift】 搭配滑鼠右鍵作面的加選，選取物件的側面。

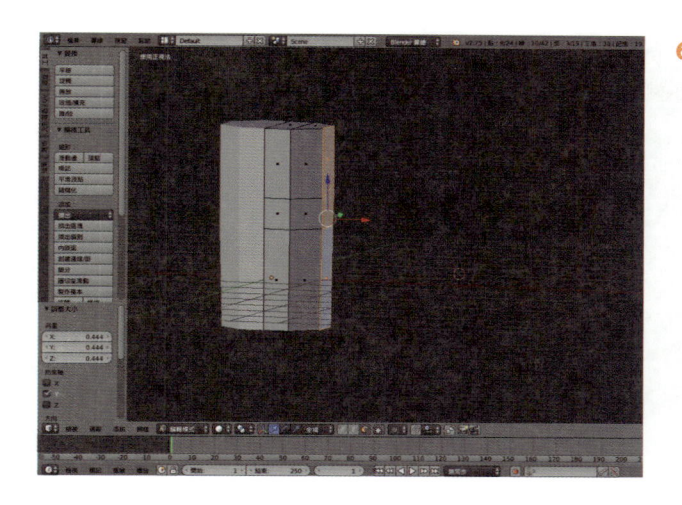

6. 點選【工具架區域→工具標籤→變換面板】上的【縮放】按鈕，按 `Y` 進行沿著 Y 軸的縮放，略為縮小後按左鍵確認。

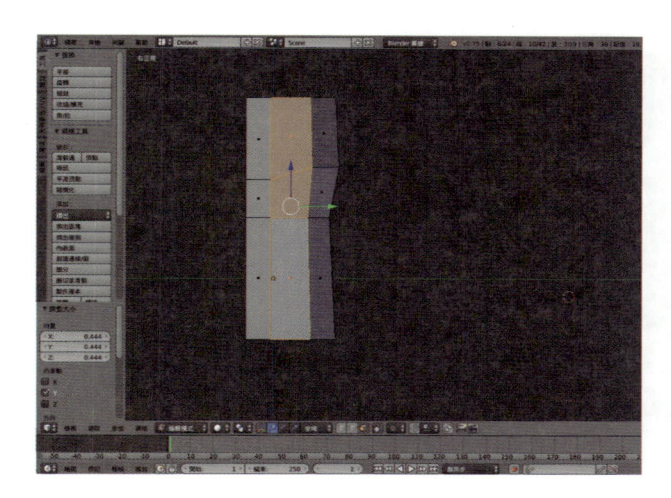

7. 按 `3` 切換為「右視圖」，確認縮放的結果。

8. 按 `1` 切換為「前視圖」，點選【3D 視圖編輯器】指令列上的【Vertex select（點選取）】按鈕進入「點選取」模式，按 `B`「框選」下方的點，再按 `E` 執行「擠出區塊」功能。

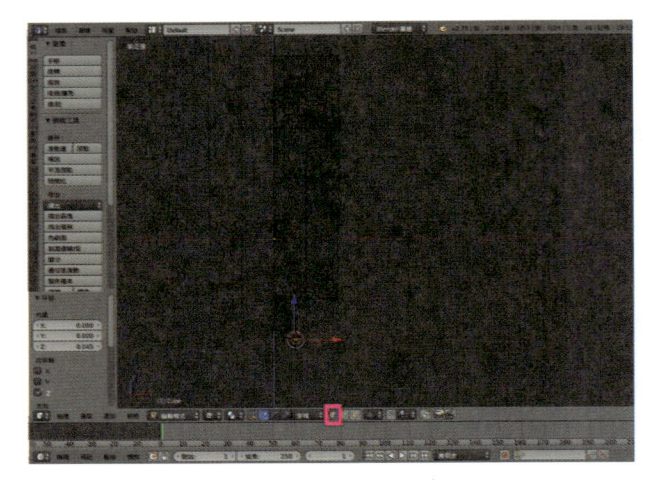

9. 按 [G] 使用「平移」工具,再按 [X] 沿 X 軸進行移動。

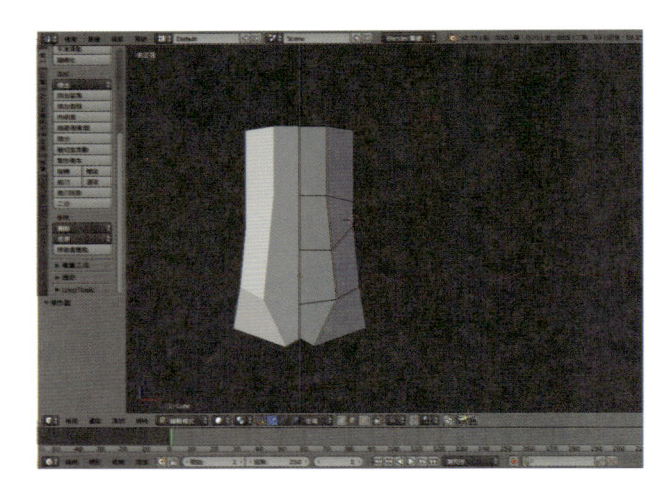

10. 按 [Z] 切換到「實體模式」。

8-2 腳部製作

Step 1 製作腳的部分

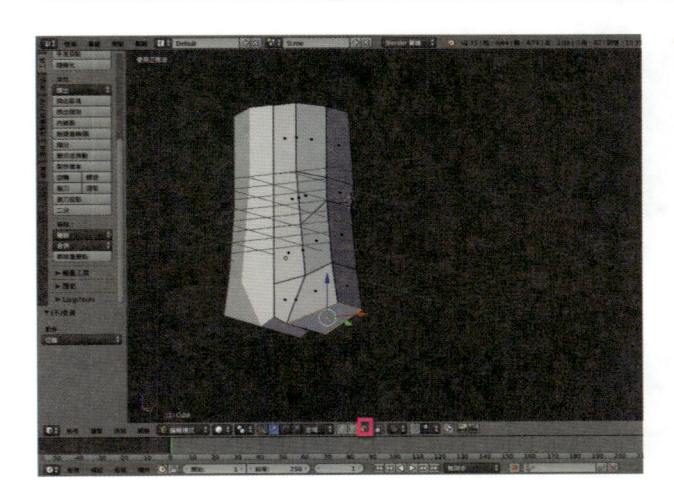

1. 使用【3D 視圖編輯器】指令列上的【面選取】按鈕，進入「面選取」模式，點選要衍生出腳部的面。

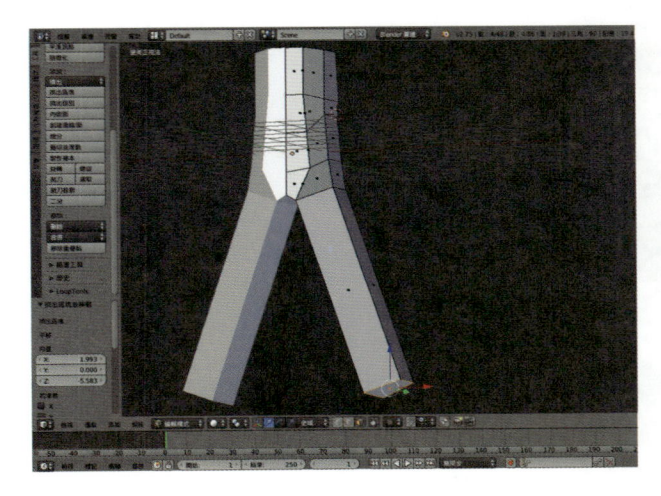

2. 執行【工具架區域→工具標籤→網格工具面板】上的【添加→擠出區塊】功能。

   【擠出區塊】快速鍵：E

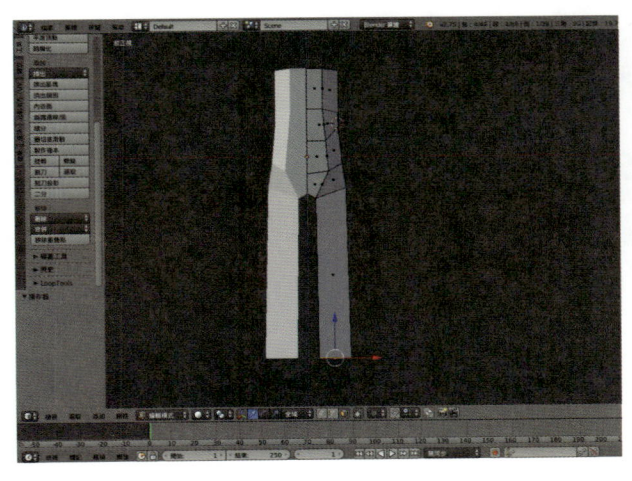

3. 按 1 切換為「前視圖」，按 G 使用「平移」工具，再按 X 沿 X 軸進行移動。按 R 使用「旋轉」工具將底部平行 X 軸。

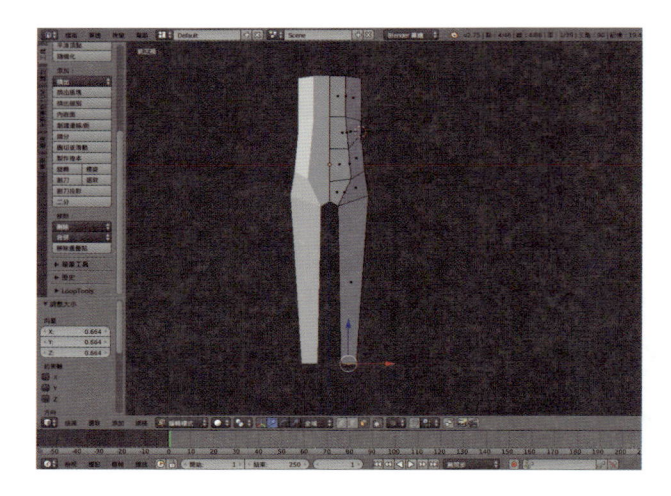

4. 按下【工具架區域→工具標籤→變換面板】上的【縮放】按鈕來調整大小。

   🔍 【縮放】快速鍵：[S]

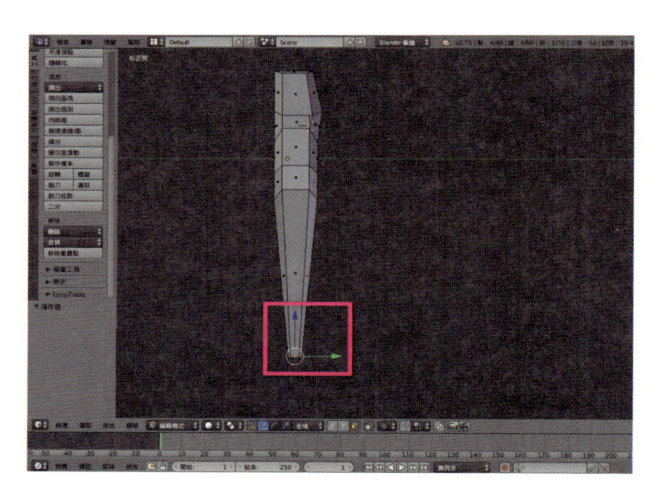

5. 按 [3] 切換為「右視圖」，按下 [S] 執行「縮放」，再按 [Y] 沿 Y 軸做縮放。

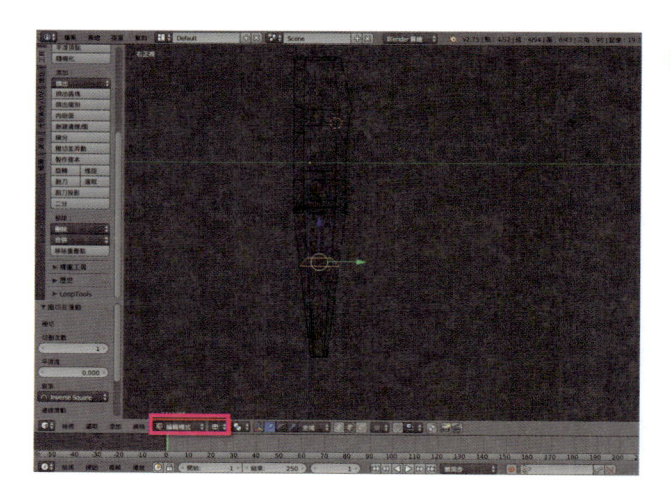

6. 按 [Z] 切換到「線框模式」，按下 [Ctrl] + [R] 執行「圈切並滑動」作水平切割，按 [G] 使用「平移」工具，再按 [Z] 沿 Z 軸進行移動。

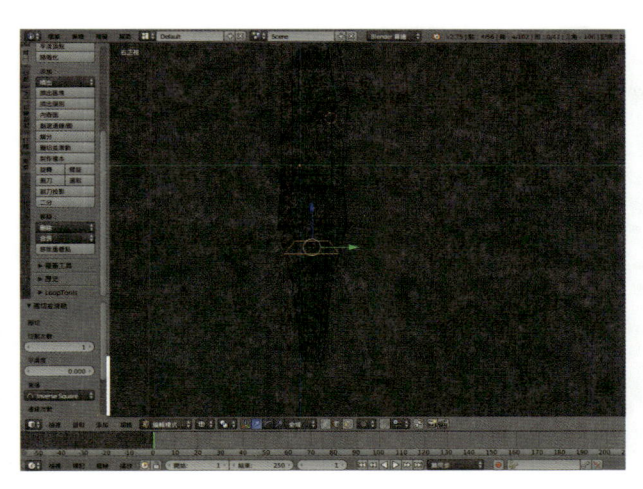

7. 按 [Ctrl] + [R] 以「圈切並移動」功能增加一段區塊，按 [S] 執行「縮放」功能調整成適合大小後按左鍵確認。按 [G] 使用「平移」工具，再按 [Z] 沿 Z 軸進行移動。

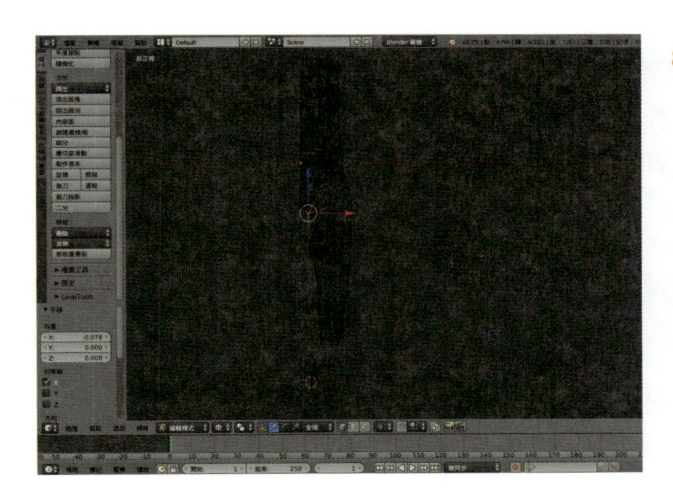

8. 按 [1] 切換為「前視圖」，點選【3D 視圖編輯器】上的【Vertex select（點選取）】按鈕，進入「點選取」模式，按 [B] 進行「框選」，選取腳部的連接點，按 [G] 使用「平移」工具調整位置。

▶Step ❷ 圈切並滑動

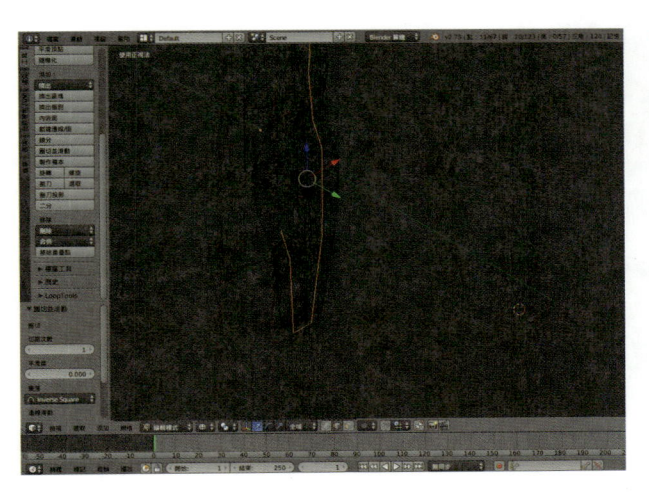

1. 按住滑鼠滾輪以旋轉畫面到側邊，按 [Ctrl] + [R] 執行「圈切並滑動」進行垂直切割。

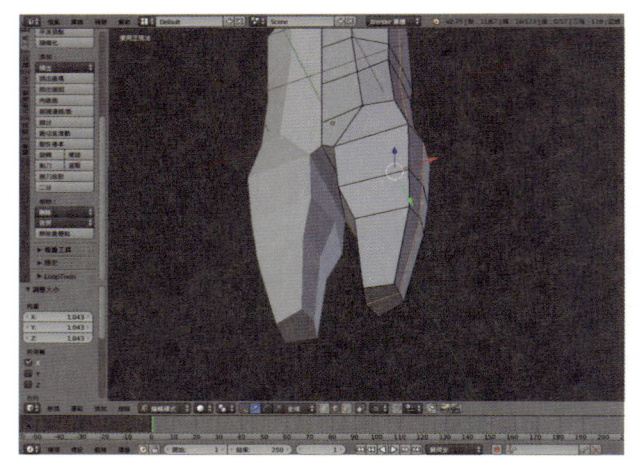

2. 按 [Z] 切換到「實體模式」，按 [S] 再按 [X] 沿 X 軸進行縮放。

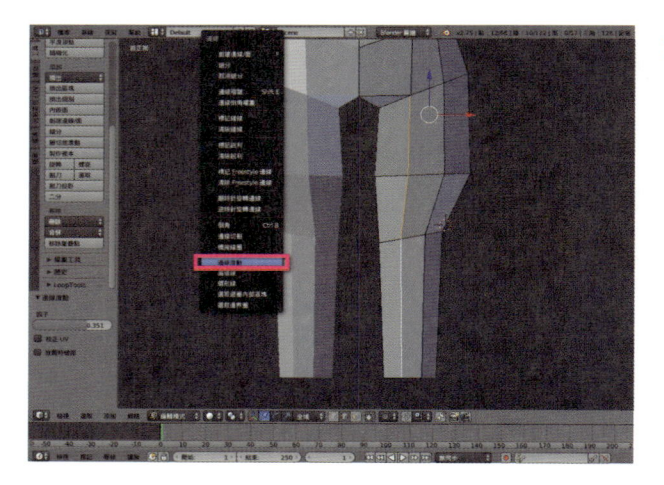

3. 可使用【3D 視圖編輯器】指令列上的 [Edge select（線選取）] 按鈕進入「線選取」模式，以 [Shift] 搭配滑鼠右鍵進行加選，將腳部的線段選取起來。
   執行【3D 視圖編輯器】指令列上的【網格→邊線→邊線滑動】指令進行調整。

   【邊線】快速鍵：[Ctrl] + [E]

4. 依此步驟分別對正面的腳部線條進行調整。

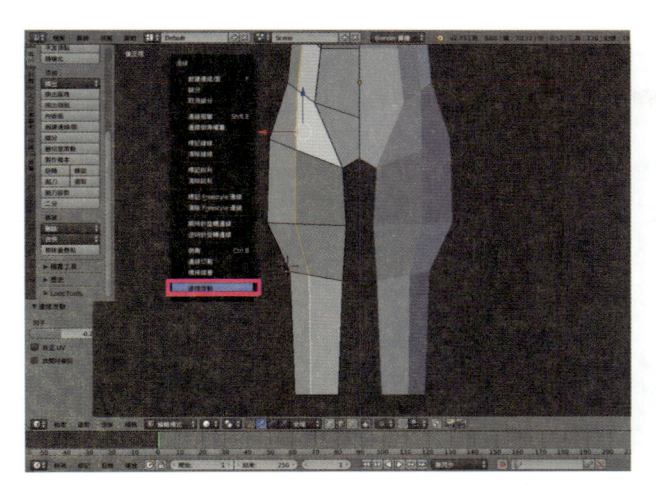

5. 按 **Ctrl** + **1** 切換為「後視圖」，再次對後方的腳部線條執行【3D 視圖編輯器】指令列上的【網格→邊線→邊線滑動】指令進行調整。

6. 點選【3D 視圖編輯器】上的 【Vertex select（點選取）】按鈕，進入「點選取」模式，到【工具架區域→工具標籤→網格工具面板】，點選【添加→割刀】對腳部內側進行切割。點選出要切割的線條之後，按 **Enter** 完成切割。

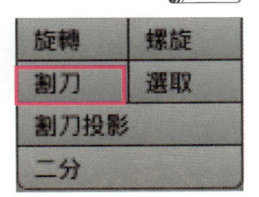

旋轉	螺旋
割刀	選取
割刀投影	
二分	

🔍 【割刀】快速鍵：**K**

7. 按 **Ctrl** + **R** 執行「圈切並滑動」進行垂直切割，再執行【3D 視圖編輯器】指令列上的【網格→邊線→邊線滑動】指令進行調整。

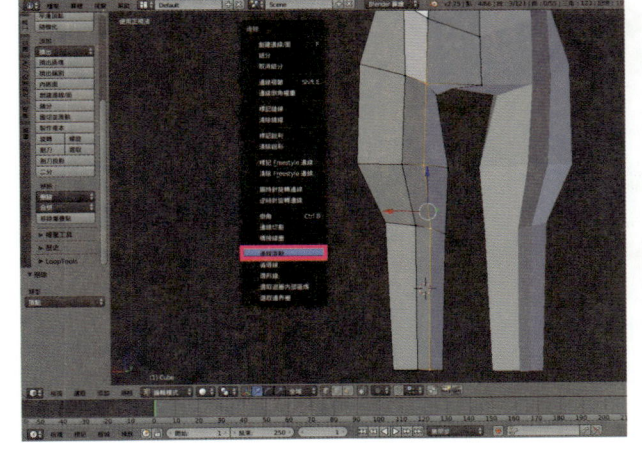

🔍 【邊線】快速鍵：**Ctrl** + **E**

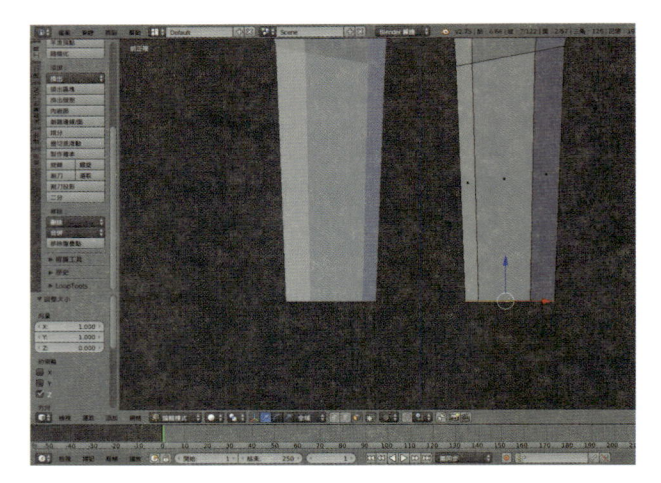

8. 按 [1] 切換為「前視圖」，框選底下的點按 [S] 進行「縮放」，按下 [Z] 再以數字鍵輸入「0」後按 [Enter]。

Step 3 製作靴子

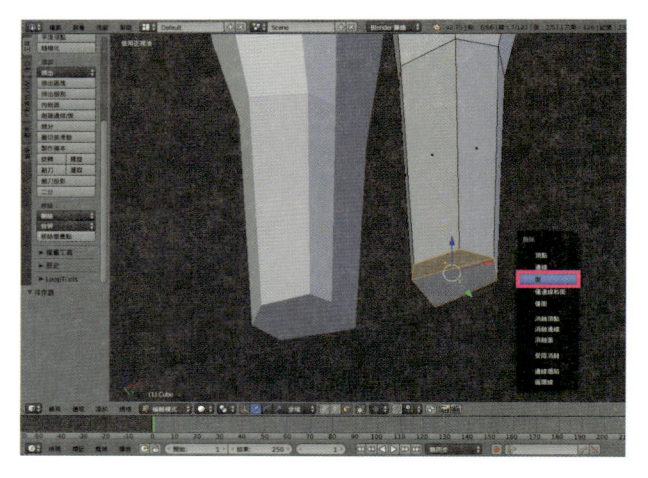

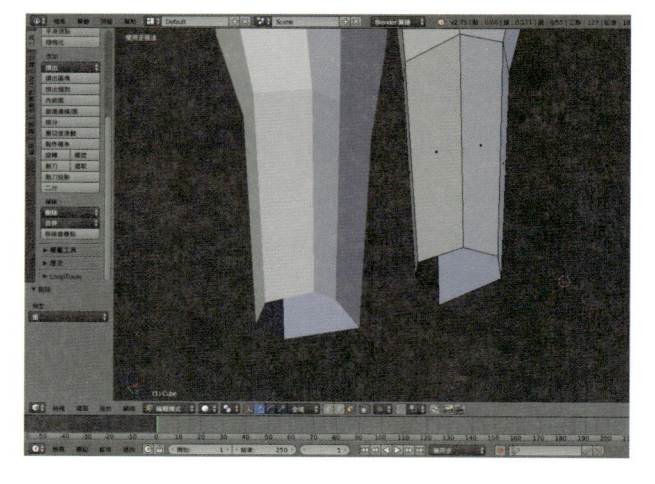

1. 使用【3D 視圖編輯器】指令列上的 ▣▣▣【面選取】按鈕，進入「面選取」模式，選取腳底的面，按 [X] 進行面的刪除。

2. 刪除完成。

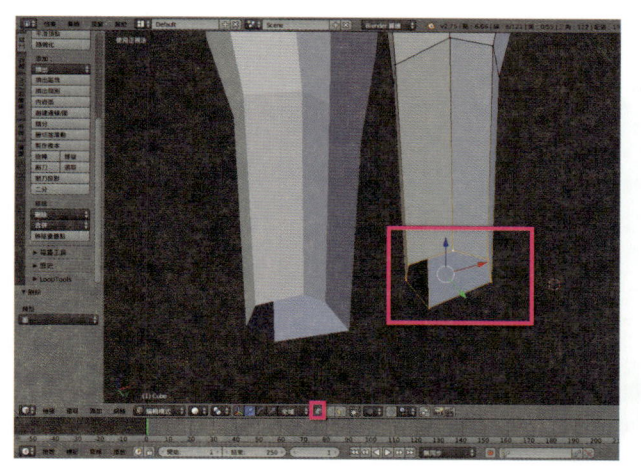

3. 點選【3D 視圖編輯器】上的 ▣▣▣【Vertex select（點選取）】按鈕，進入「點選取」模式，以 [Shift] 搭配滑鼠右鍵進行加選，將底下的點選取起來。

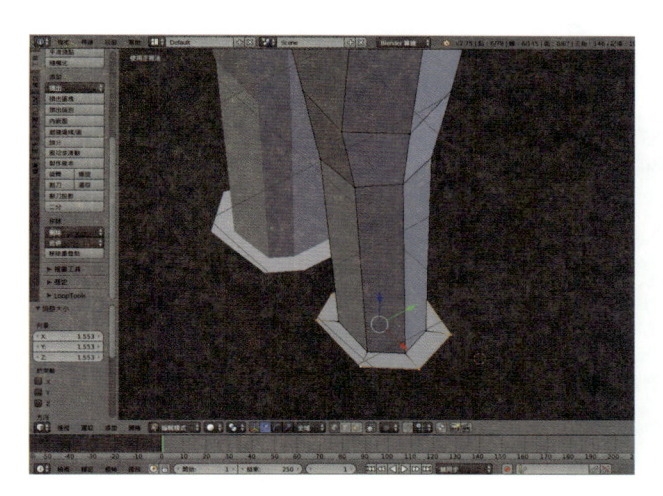

4. 調整畫面方便接下來的調整。按 [E] 執行「擠出區塊」功能，按右鍵讓變形回到原點，再按 [S] 執行「縮放」進行放大。

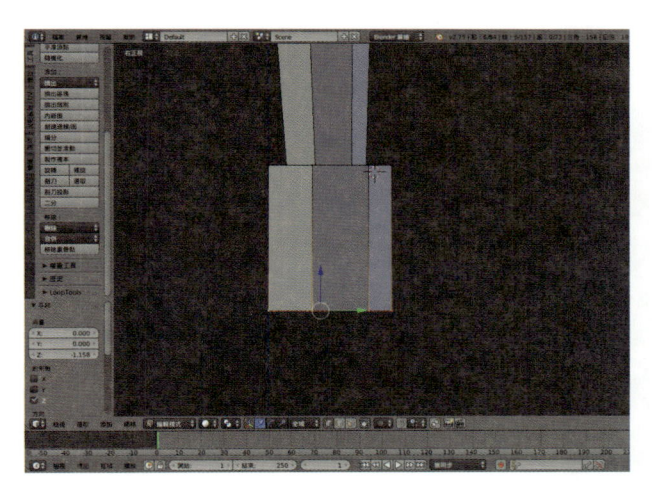

5. 按 [3] 切換為「右視圖」，按 [E] 執行「擠出區塊」功能，按 [Z] 沿 Z 軸方向作延伸。

▶Step ❹ 增加表面

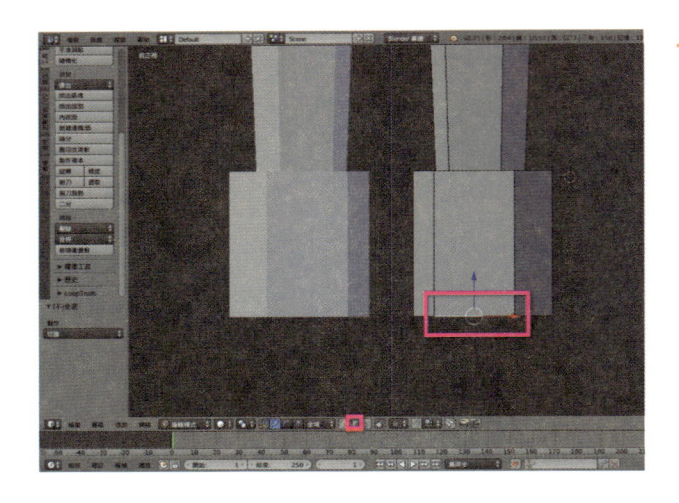

1. 按 [1] 切換為「前視圖」，使用【3D 視圖編輯器】指令列上的 【Edge select（線選取）】按鈕進入「線選取」模式，點選前方線段。

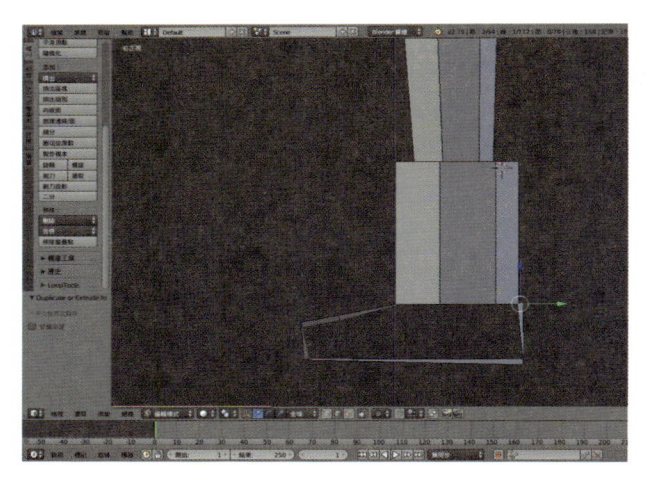

2. 按 [Shift] + [Ctrl] + 滑鼠左鍵來增加表面。

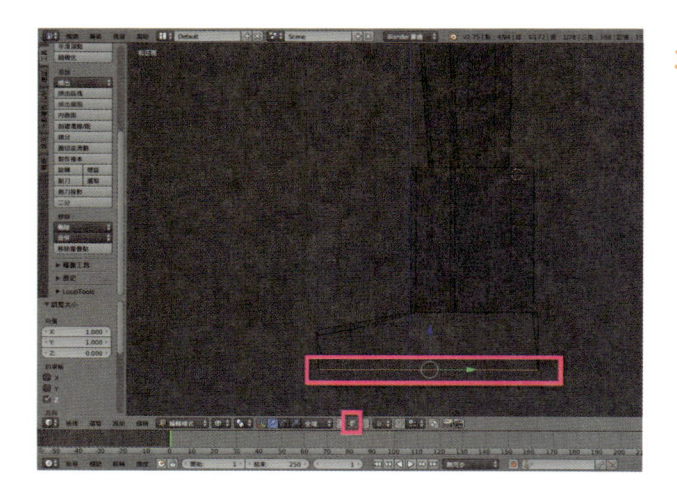

3. 按 [Z] 切換到「線框模式」，按 [B] 進行框選，框選底下的線段按 [S] 使用「縮放」，按 [Z] 後以數字鍵輸入「0」。

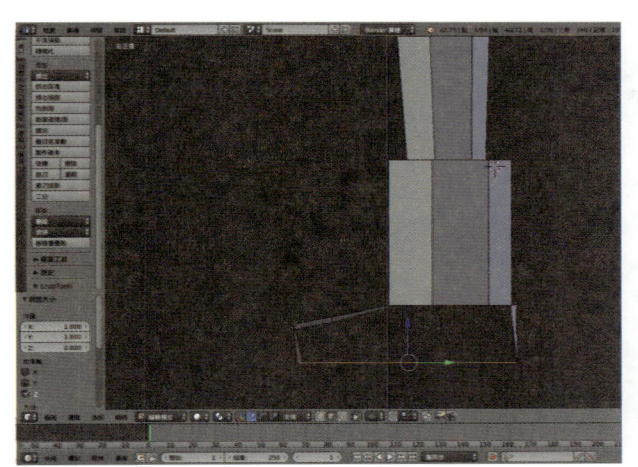

4. 按 [Z] 切換到「實體模式」。

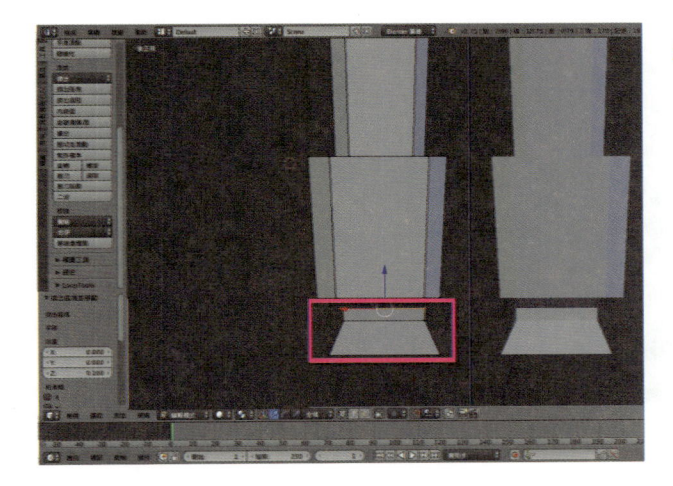

5. 按 [Ctrl]+[1] 切換為「後視圖」。按 [E] 沿 Z 軸方向作「擠出區塊」，按左鍵進行確認，再按 [G] 使用「平移」工具，按 [Z] 沿 Z 軸進行移動。

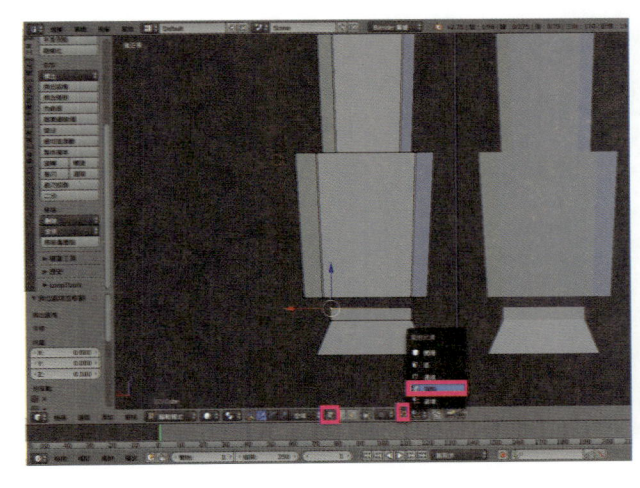

6. 點選【3D 視圖編輯器】上的 【Vertex select（點選取）】按鈕，進入「點選取」模式，點選角落頂點，點選【3D 視圖編輯器】指令列上的【變換時吸附】按鈕，【吸附元素】選單中選擇【頂點】。

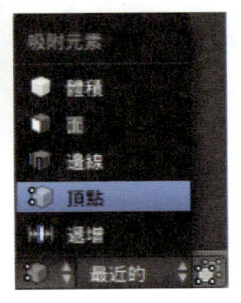

【變換時吸附】快速鍵：
[Shift]+[Tab]

7. 再按 [3] 切換為「右視圖」，移動點到要連接的腳部點上。

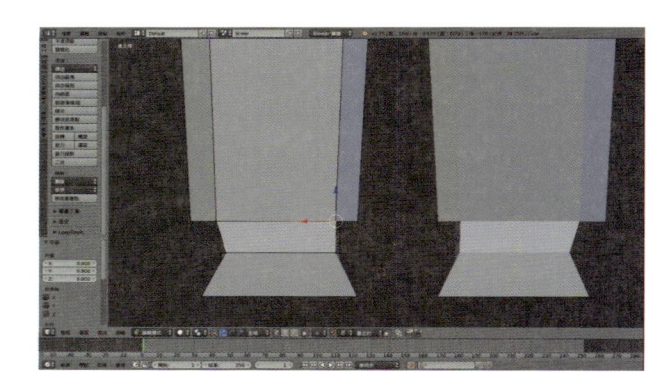

8. 按 [Ctrl] + [1] 切換為「後視圖」，將另一點也進行移動。

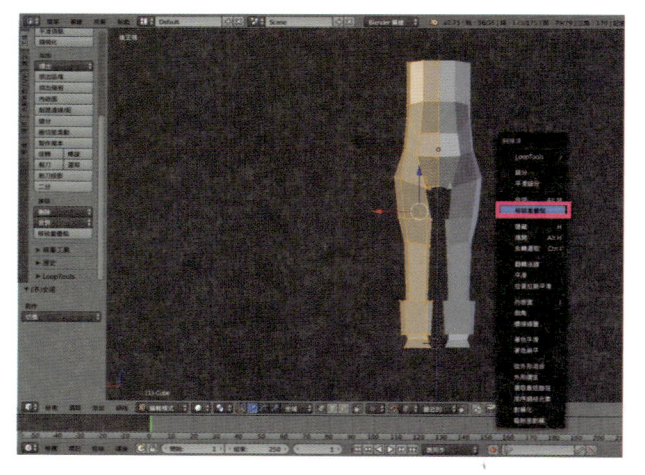

9. 按 [A] 進行全選物件。執行【工具架區域→工具標籤→網格工具面板】的【移除→移除重疊點】指令。

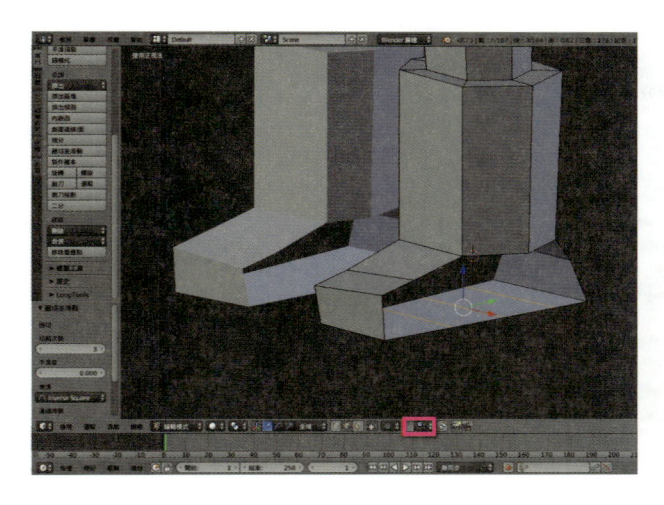

10. 到【工具架區域→工具標籤→添加面板】點選【圈切並滑動】，將腳底的面進行切割，切割次數設定為「3」。

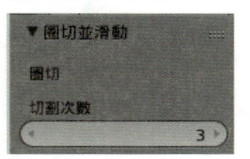

   此時可以將「變換時吸附」功能關閉以方便後續操作。
   【圈切並滑動】快速鍵：Ctrl + R

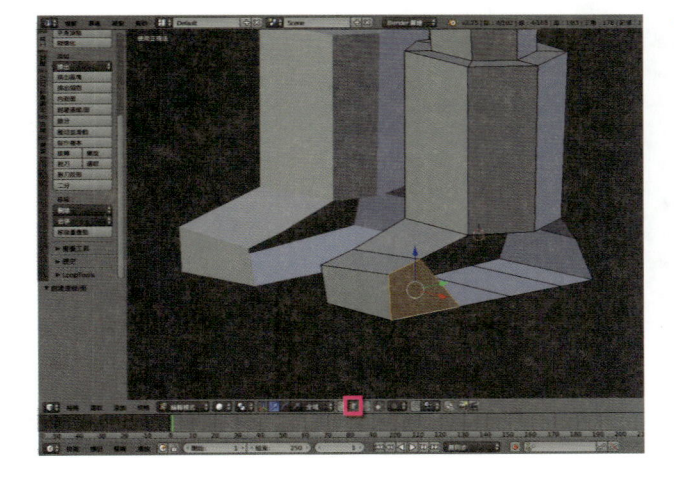

11. 可使用【3D 視圖編輯器】指令列上的 【Edge select（線選取）】按鈕進入「線選取」模式，以 Shift 搭配滑鼠右鍵加選線段，將側面空洞的面周圍的線段選取起來，到【工具架區域→工具標籤】，按下【網格工具面板→添加→創建邊線面】按鍵。

   【創建邊線面】快速鍵：F

12. 依序將面補起來。

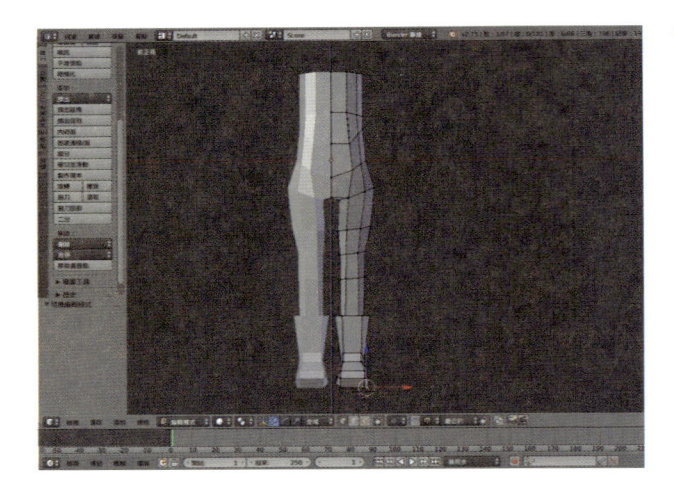

13. 腳的部分完成製作。

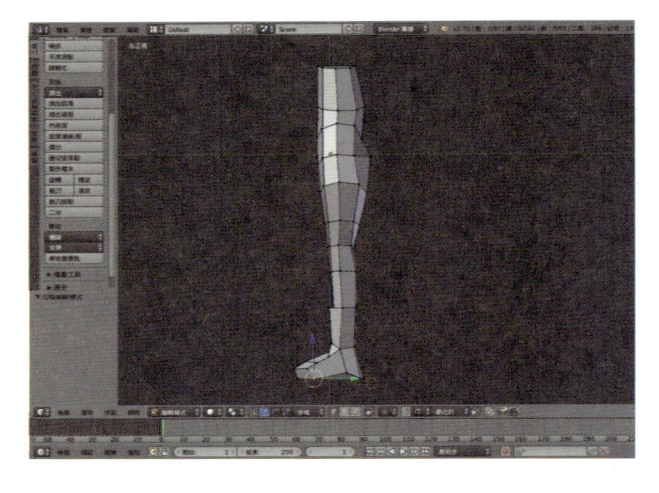

8-3 手部製作

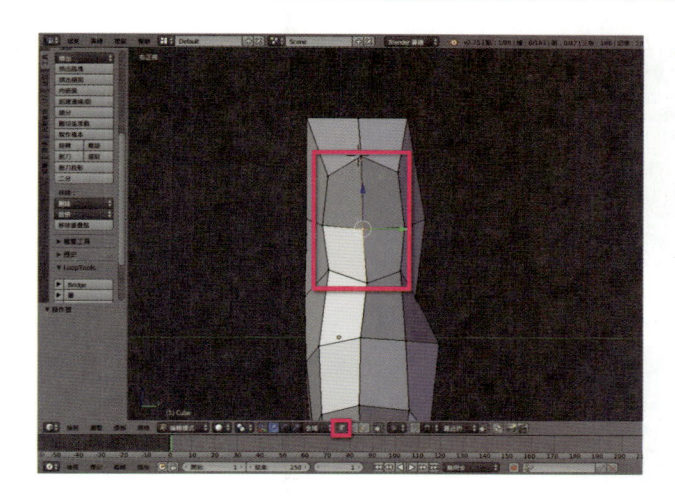

Step ❶ 擠出區塊

1. 按 `3` 切換為「右視圖」，按 `G` 進行「平移」調整手部位置的點。

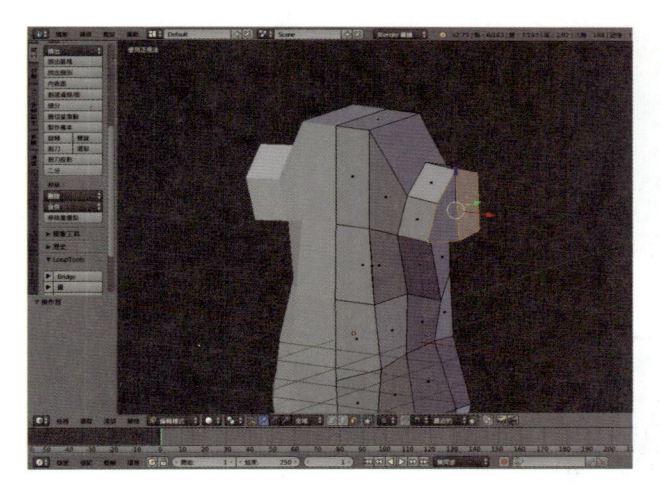

2. 按 `E` 執行「擠出區塊」功能，調整到適當位置按滑鼠左鍵確認。「擠出區塊」時，可再按 `X` 沿 X 軸進行擠出。

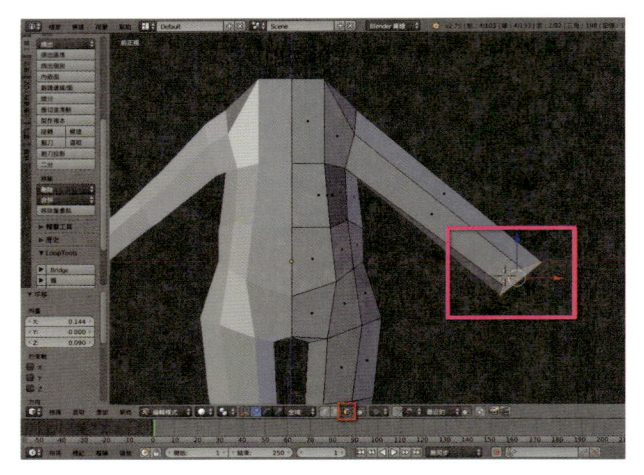

3. 使用 【R】「旋轉」、【G】「移動」、【S】「縮放」等功能進行調整。

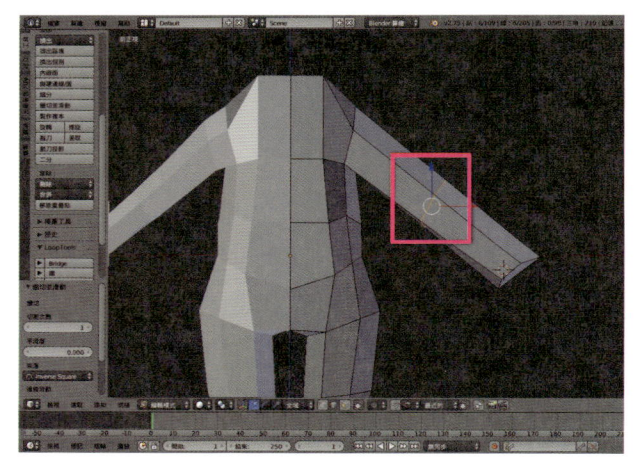

4. 到【工具架區域→工具標籤→添加面板】點選【圈切並滑動】，在手肘關節位置進行切割。

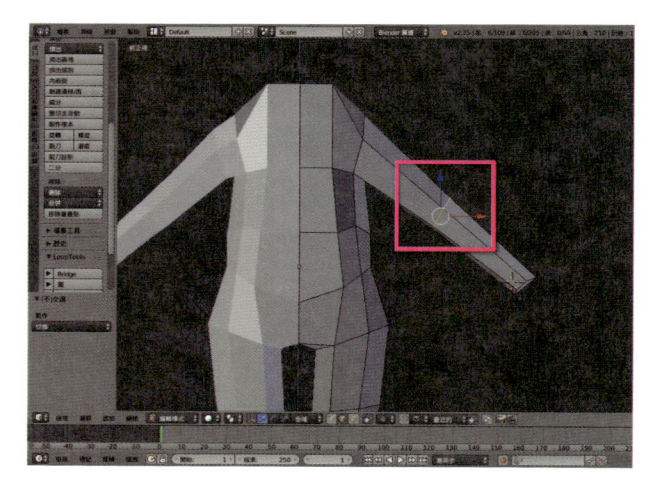

【圈切並滑動】快速鍵：
【Ctrl】+【R】

5. 使用 【R】「旋轉」、【G】「移動」、【S】「縮放」等功能進行調整。

6. 到【工具架區域→工具標籤→添加面板】點選【圈切並滑動】，在肩膀關節位置進行切割。使用 [R]「旋轉」、[G]「移動」、[S]「縮放」等功能進行調整。

🔍 【圈切並滑動】快速鍵：
[Ctrl] + [R]

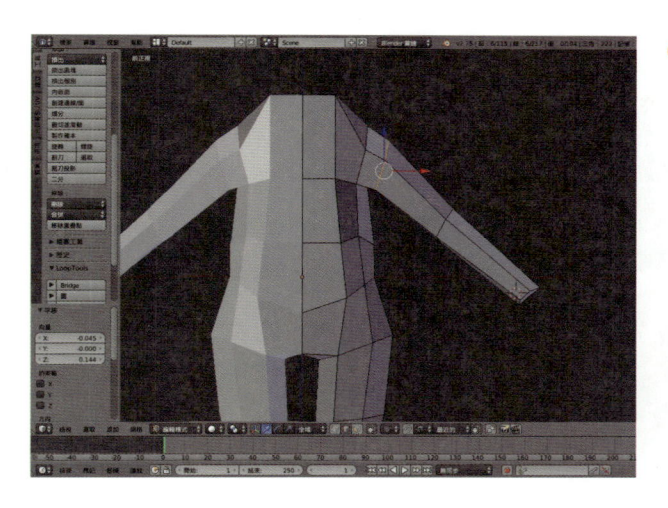

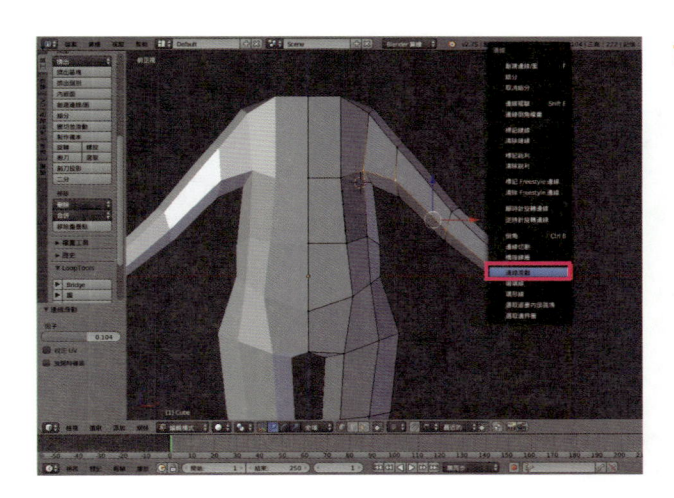

7. 可使用【3D 視圖編輯器】指令列上的 【Edge select（線選取）】按鈕進入「線選取」模式，以 [Shift] 搭配滑鼠右鍵進行加選，選取手部正面線段，執行【3D 視圖編輯器】指令列上的【網格→邊線→邊線滑動】指令進行調整。

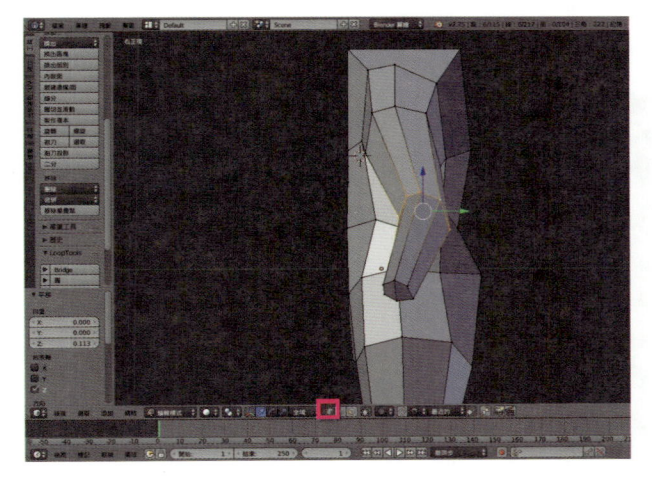

🔍 【邊線】快速鍵：[Ctrl] + [E]

8. 按 [3] 切換為「右視圖」，對手肘關節的線段進行調整。

Step 2 製作手掌

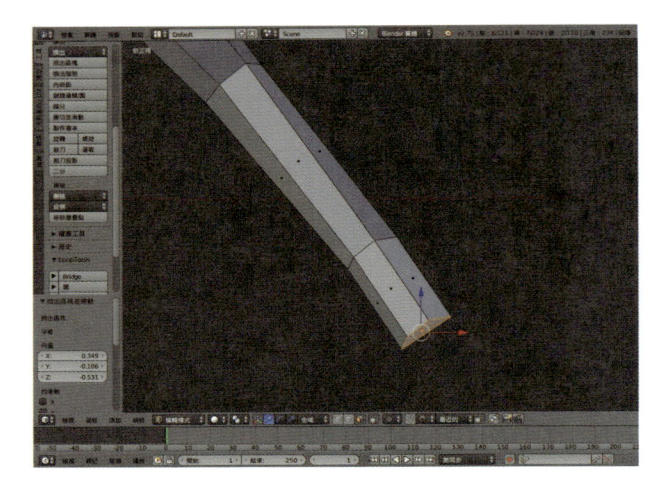

1. 按 [1] 切換為「前視圖」，使用【3D 視圖編輯器】指令列上的 [面選取] 按鈕，進入「面選取」模式選取手部末端的面，按 [E] 進行「擠出區塊」到適當位置按左鍵確認，再用 [G]「平移」功能進行調整。

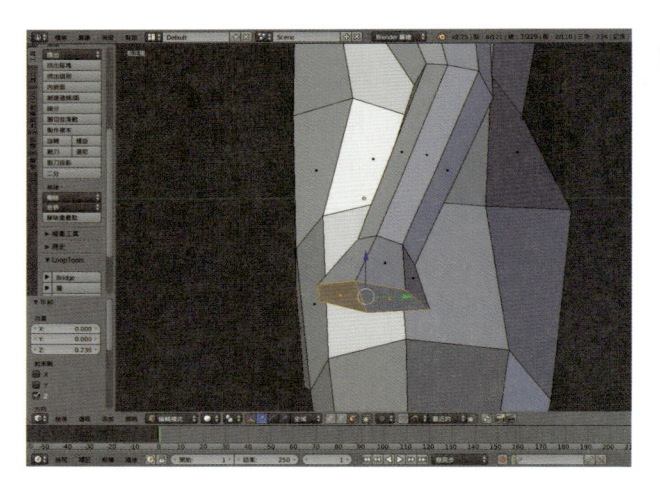

2. 按 [3] 切換為「右視圖」，按 [S] 再按 [Y] 進行 Y 軸的縮放，按 [G] 再按 [Z] 沿 Z 軸向上移動。

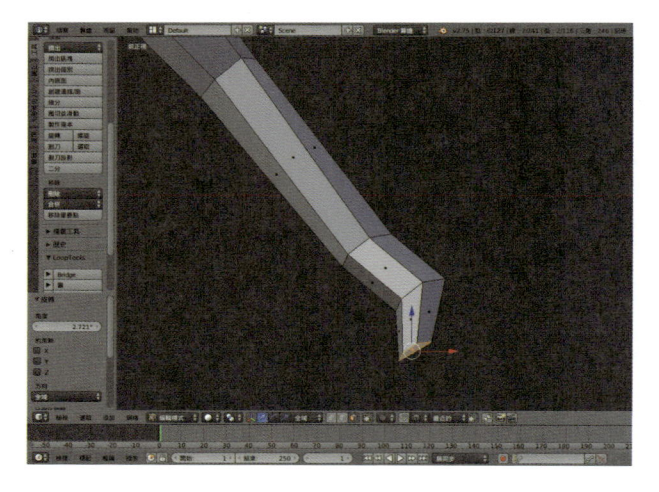

3. 按 [1] 切換為「前視圖」，按 [E] 進行「擠出區塊」，按 [Z] 沿 Z 軸擠出到適當位置按左鍵確認，使用 [R]「旋轉」、[G]「移動」等功能進行調整。

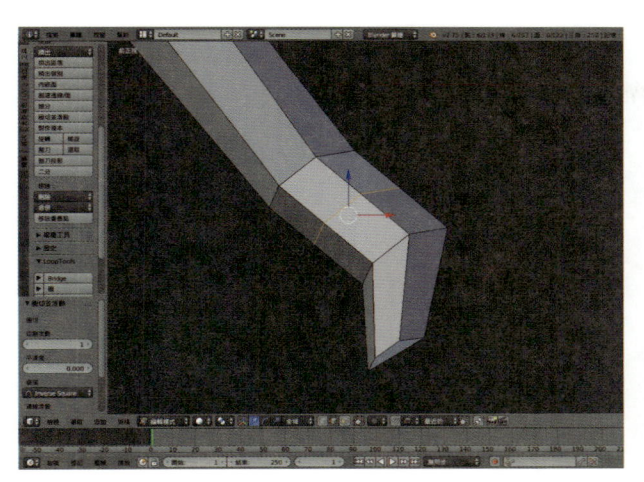

4. 到【工具架區域→工具標籤→添加面板】點選【圈切並滑動】，進行手掌部份的切割。

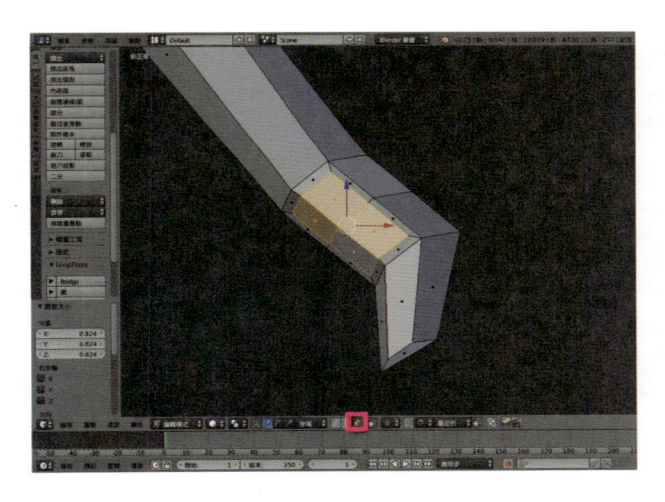

   【圈切並滑動】快速鍵：
   Ctrl + R

5. 使用【3D 視圖編輯器】指令列上的 ▣▣▣【面選取】按鈕，進入「面選取」模式，選取要做出拇指的面，按 E 執行「擠出個別」功能，再按滑鼠右鍵使變形回到原位。

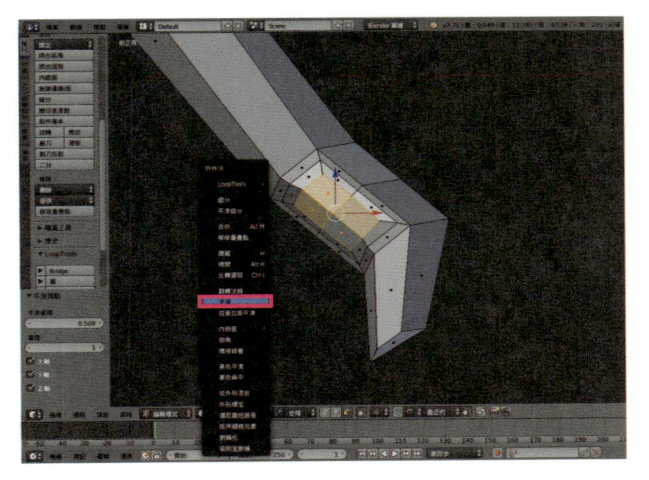

6. 到【工具架區域→工具標籤→網格工具面板】點選【變形→平滑頂點】功能。

   可按 W 叫出選單後點選「平滑」。

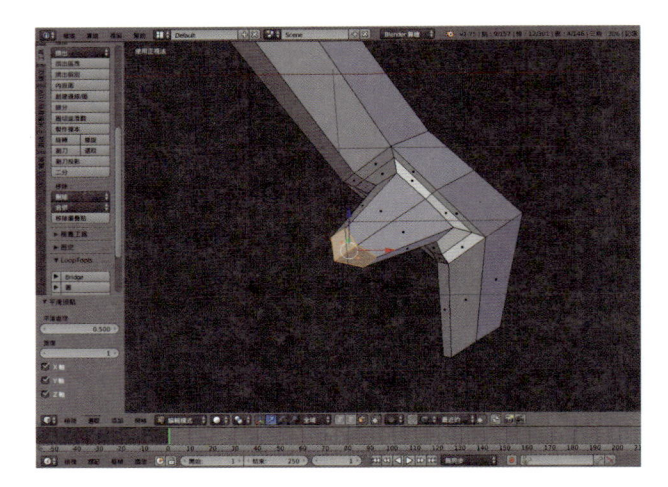

7. 按 [E] 進行「擠出區塊」到適當位置後按左鍵確認，使用 [R]「旋轉」、[G]「移動」等功能進行調整。再執行兩次【工具架區域→工具標籤→網格工具面板】的【變形→平滑頂點】功能。

> 可按 [W] 叫出選單後點選「平滑」。

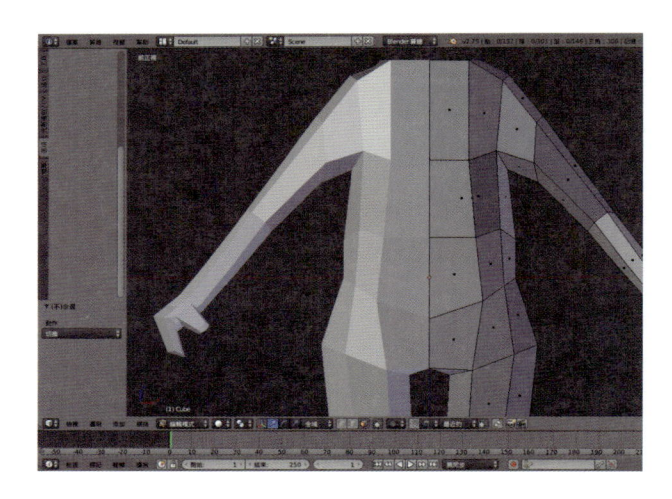

8. 手掌的部分完成。

8-4 頭部與頭髮

Step 1 製作脖子

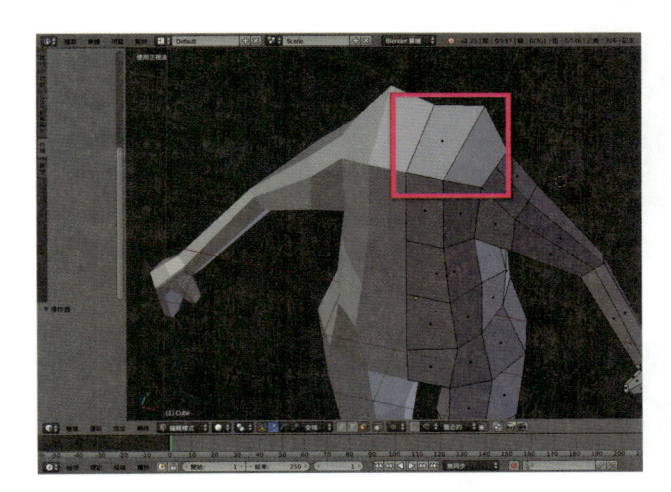

1. 移動畫面到脖子的位子。

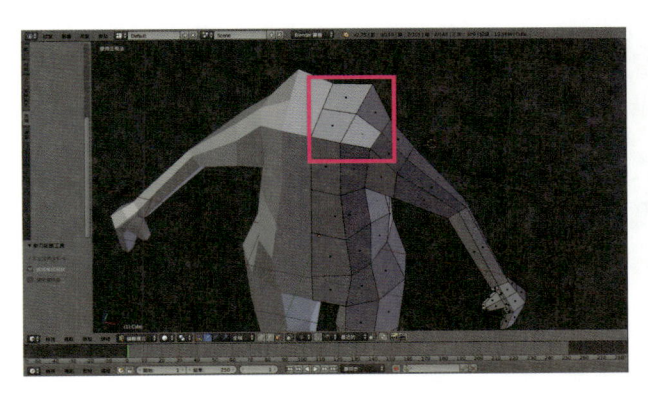

2. 按 [K]，將要製作脖子的面進行切割。

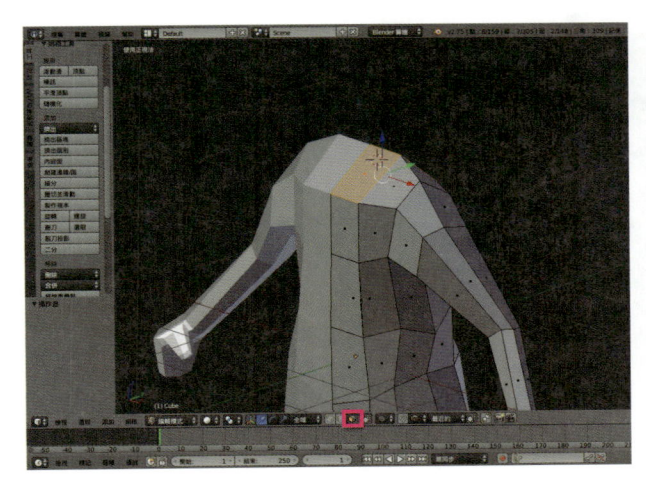

3. 使用【3D 視圖編輯器】指令列上的 ▢▢▢【面選取】按鈕進入「面選取」模式，選取要製作脖子的面。

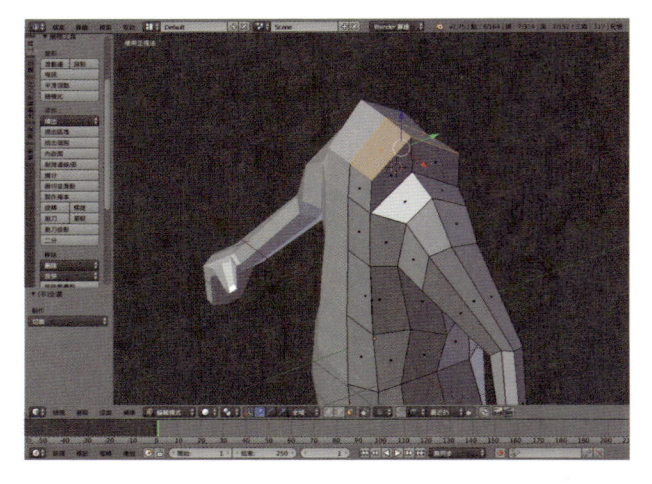

4. 按 [E] 進行「擠出區塊」，再按 [Z] 沿 Z 軸進行擠出，到適當位置按左鍵確認。

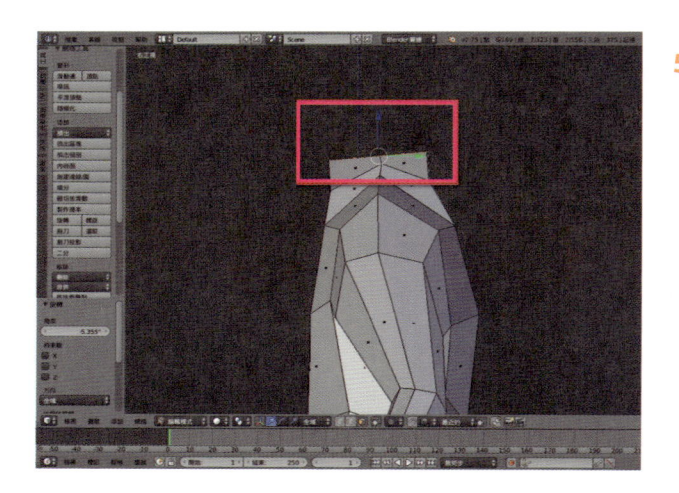

5. 按 [3] 切換為「右視圖」。使用【3D 視圖編輯器】指令列上的 【Edge select（線選取）】按鈕進入「線選取」模式，按 [S] 再按 [Z] 進行沿著 Z 軸的縮放，以數字鍵輸入「0」。

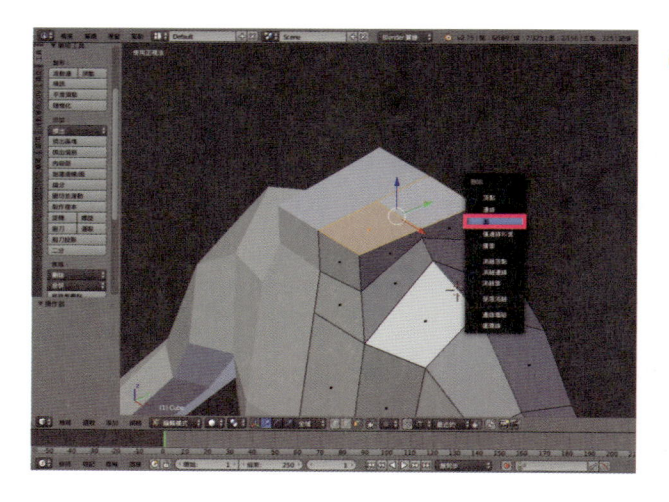

6. 按 [Z] 切換到「實體模式」。使用【3D 視圖編輯器】指令列上的 【面選取】按鈕，進入「面選取」模式，按 [X] 進行面的刪除。

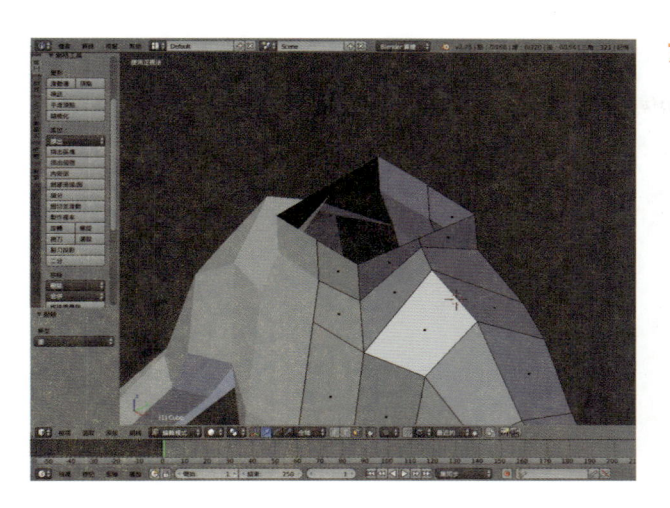

7. 刪除面完成。

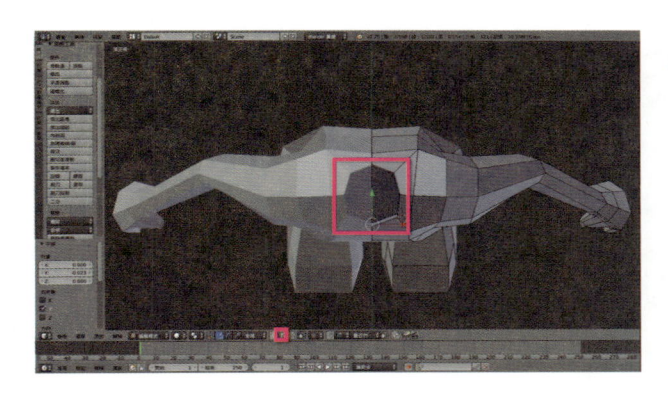

8. 按 **7** 切換「頂視圖」。點選【3D 視圖編輯器】上的 【Vertex select（點選取）】按鈕，進入「點選取」模式，按 **G** 進行「平移」調整，調整出脖子的曲線。

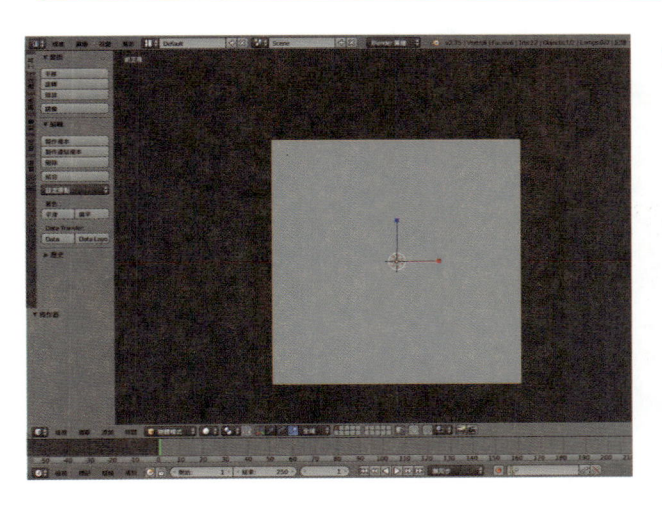

Step ❷ 製作頭部

1. 按 **1** 切換為「前視圖」。到【工具架區域→建立標籤】按下【網格→立方】建立一個立方體。

🔍 【添加】快速鍵：**Shift** + **A**

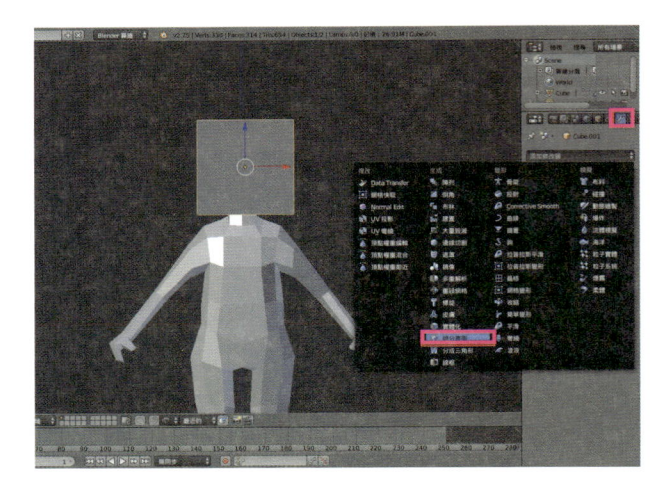

2. 到【屬性編輯器→修改器標籤】按下【添加修改器】按鈕，選擇【細分表面】。

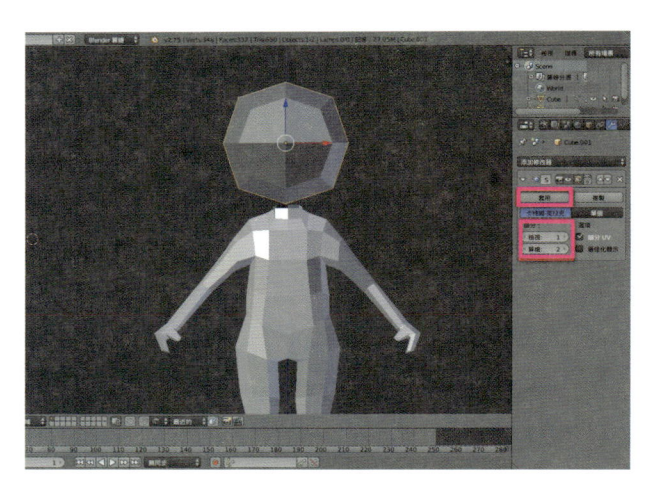

3. 設定細分選項：
   檢視＝1
   算繪＝2，按下【套用】按鈕。

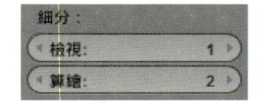

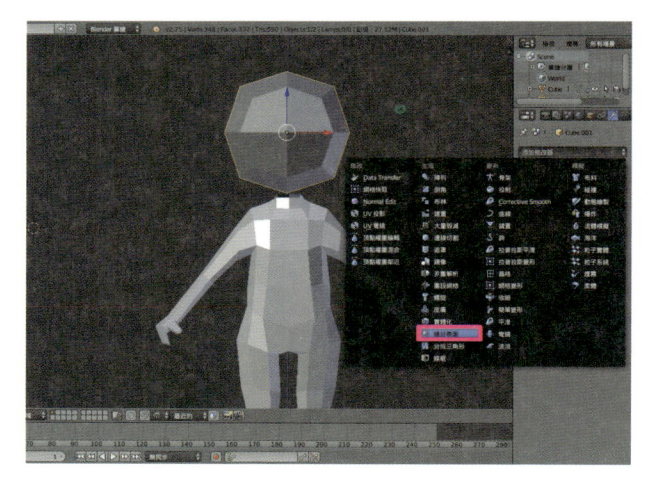

4. 再進行一次「細分表面」。

5. 按 [1] 切換「前視圖」。

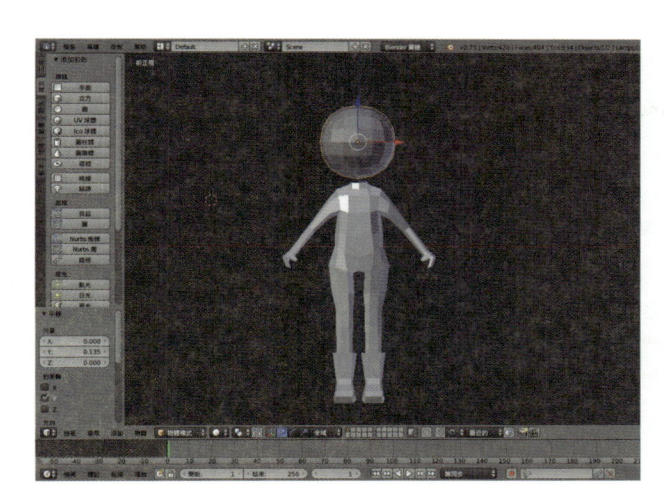

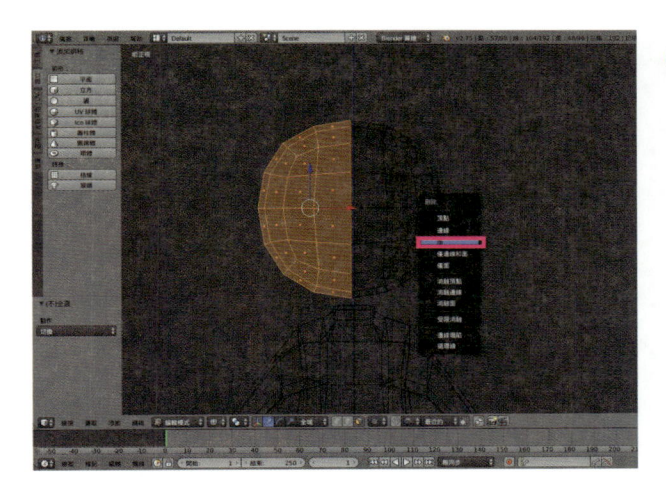

6. 按 [Tab] 切換到「編輯模式」，按 [B] 進行「框選」，選取半邊臉的面，按 [X] 刪除面。

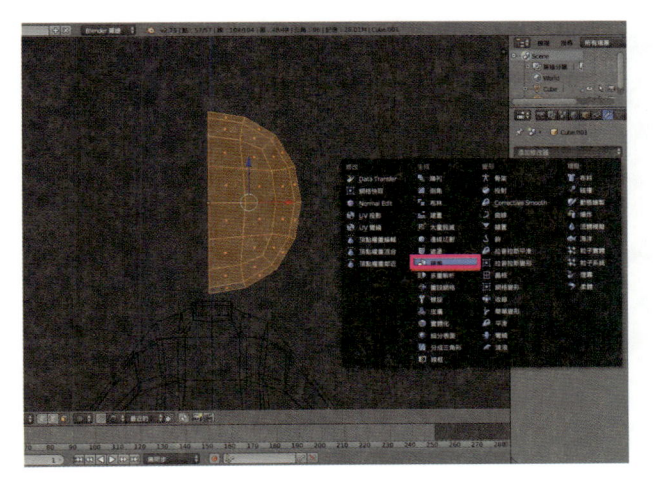

7. 到【屬性編輯器→修改器標籤】按下【添加修改器】按鈕，選擇【鏡像】。

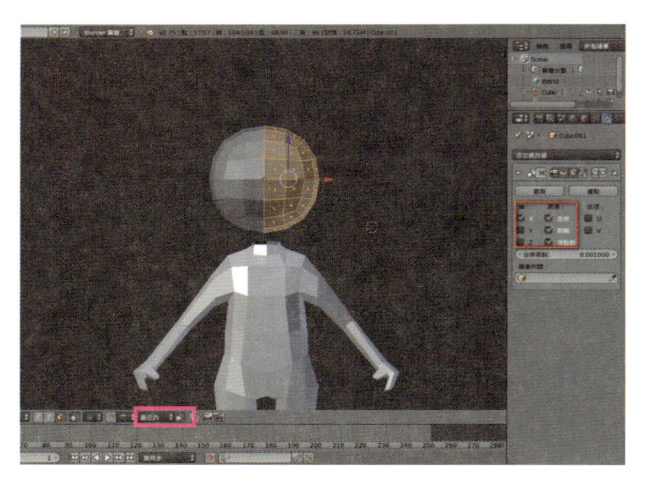

8. 鏡像修改器設定：

   軸＝X 軸

   選項＝勾選合併。

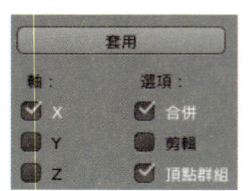

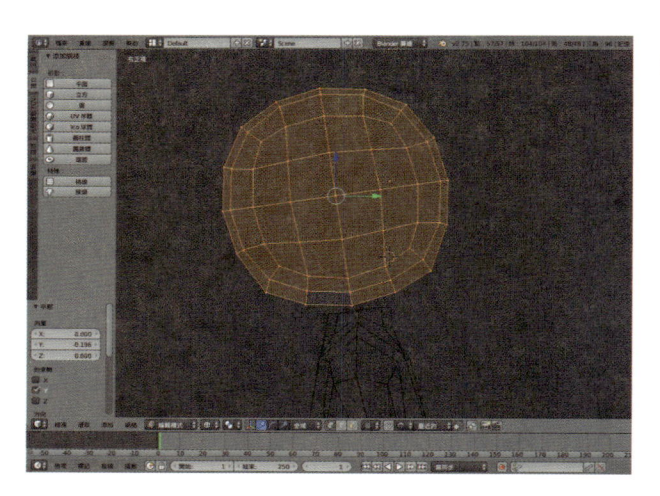

9. 按 [3] 切換為「右視圖」，將頭部物件沿 Z 軸方向往下移動，並按 [R] 稍微向前旋轉。

10. 按 [Tab] 切換到「物體模式」，點選【3D 視圖編輯器】指令列上的【物體→結合】將頭部和身體做結合物件。

    【結合】快速鍵：[Ctrl] + [J]

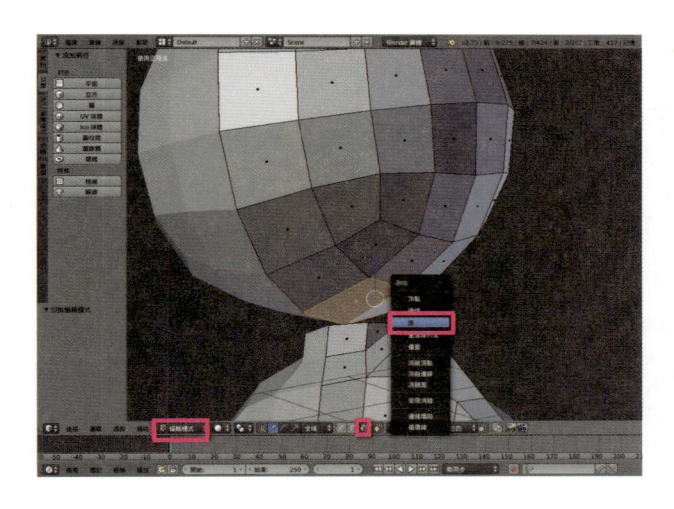

11. 按 [Tab] 切換到「編輯模式」，使用【3D 視圖編輯器】指令列上的 [面選取] 按鈕，進入「面選取」模式，以 [Shift] 搭配滑鼠右鍵進行加選，選取要與脖子進行連結的面，按 [X] 進行刪除。

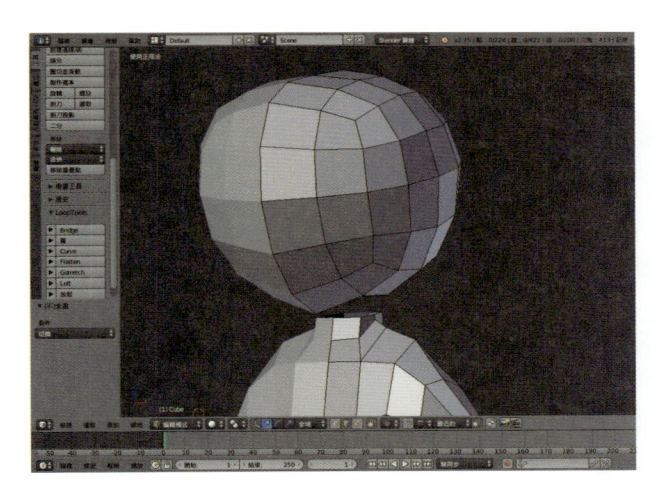

12. 使用【3D 視圖編輯器】指令列上的【Edge select（線選取）】按鈕進入「線選取」模式，選取頭部與脖子物件要進行連結的線段。

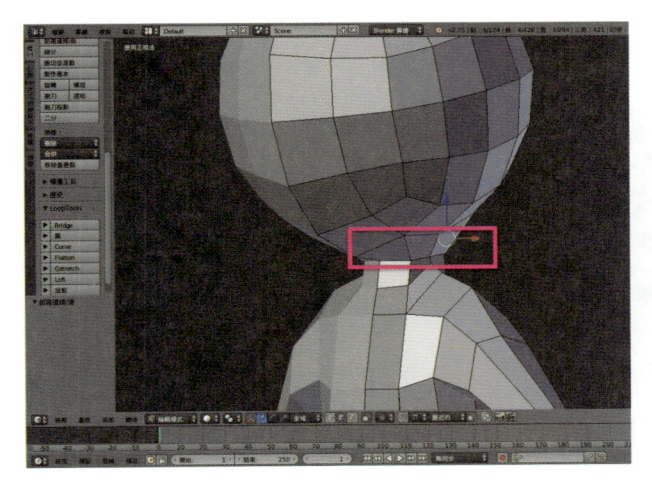

13. 到【工具架區域→工具標籤】，按下【網格工具面板→添加→創建邊線面】按鍵。

【創建邊線/面】快速鍵：[F]

Step ❸ 製作頭髮

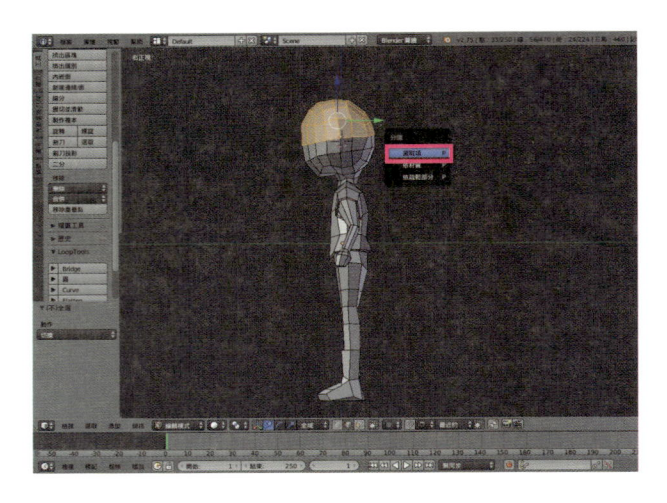

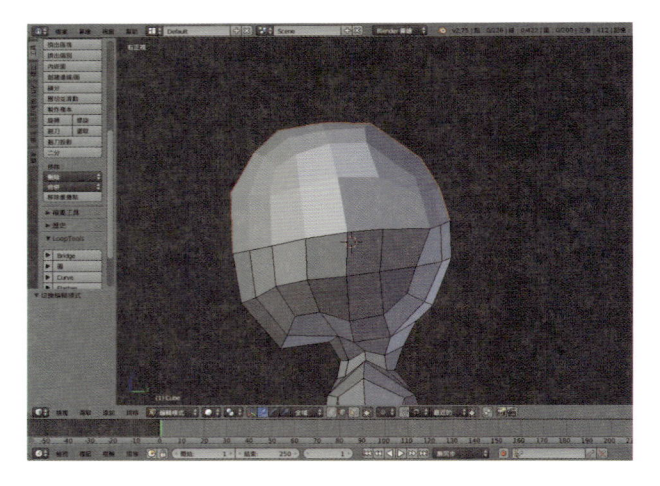

1. 按 `3` 切換到「右視圖」，按 `B` 進行「框選」，選取要製作為頭髮的部份，按 `P` 進行「分離」，選單中選擇「選取項」。

2. 分離完成。

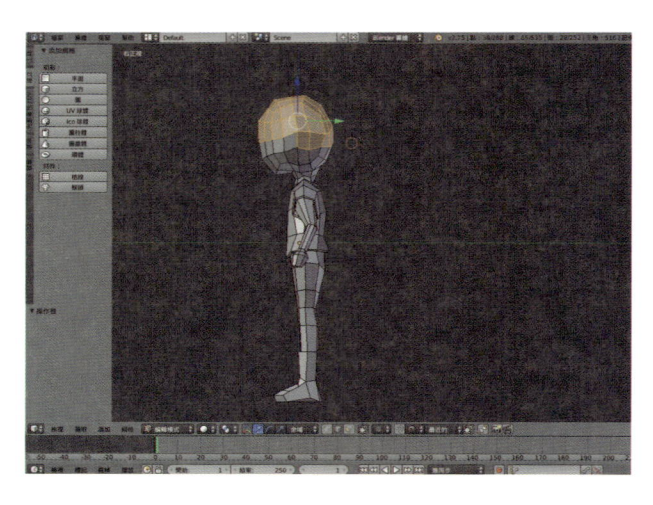

3. 選取頭髮的部份，按 `Shift` + `D`，執行「製作物體複本」。

4. 使用【3D視圖編輯器】指令列上的 ▢▢▢【Edge select（線選取）】按鈕進入「線選取」模式，以 [Shift] 搭配滑鼠右鍵進行加選，選取要製作出長髮的線段。
按 [E] 進行「擠出區塊」到適當位置按左鍵確認，再按 [G]「平移」進行調整。這個步驟進行兩次以做出頭髮的變化。

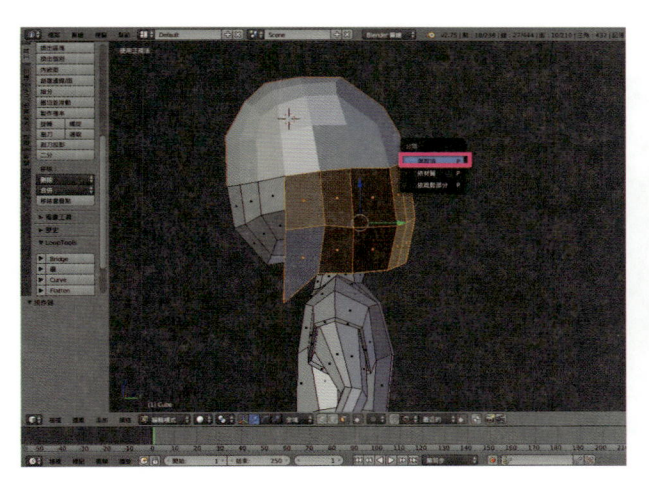

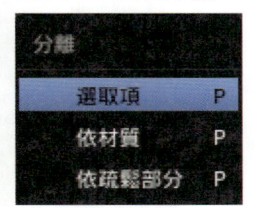

5. 將頭頂的群組和做出來的頭髮，再按 [P] 進行一次「分離」，選單中選擇「選取項」。

6. 按 [E] 執行「擠出個別」功能，再按滑鼠右鍵使變形回到原位。按 [S] 做「縮放」調整，做出頭髮的厚度。

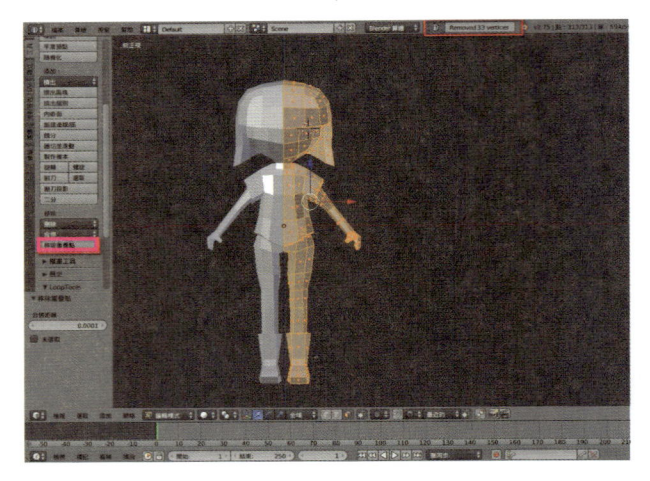

7. 按 [A] 進行全部選取，再執行【工具架區域→工具標籤→網格工具面板】的【移除→移除重疊點】。

Step ④ 加底座

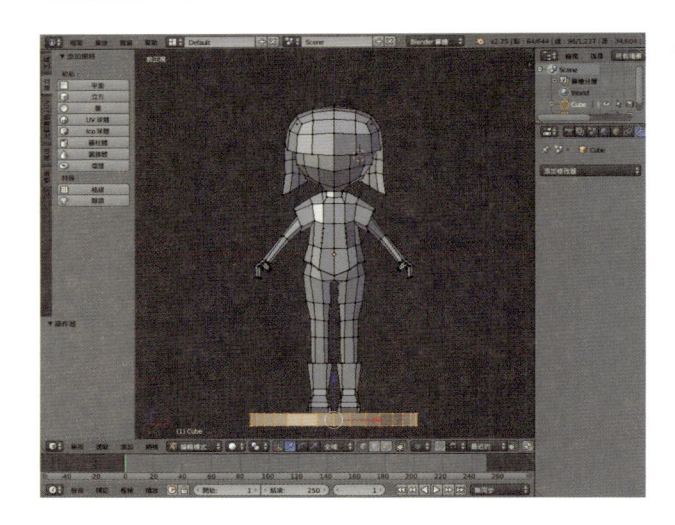

1. 按 [Tab] 切換到「編輯模式」，到【工具架區域→建立標籤】選擇【網格→圓柱體】，建立一個圓柱體物件。可按 [1]、[7] 切換視窗，以調整圓柱體的大小。

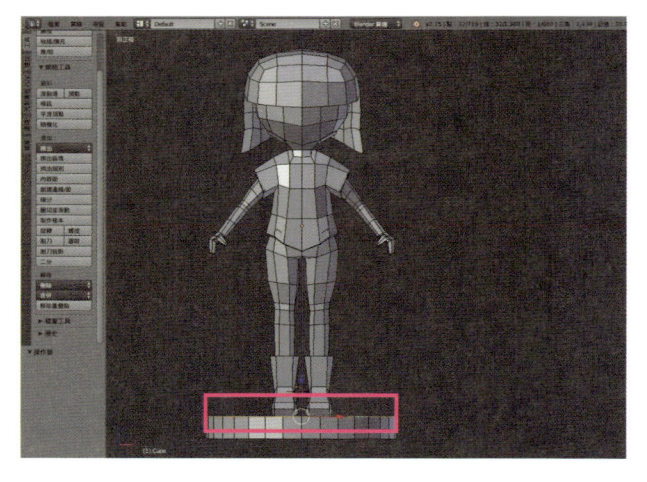

   【添加】快速鍵：[Shift] + [A]

2. 點選【3D 視圖編輯器】指令列上的 【線選取】，以 [Shift] 搭配滑鼠右鍵進行加選，選取底座上方的線段。

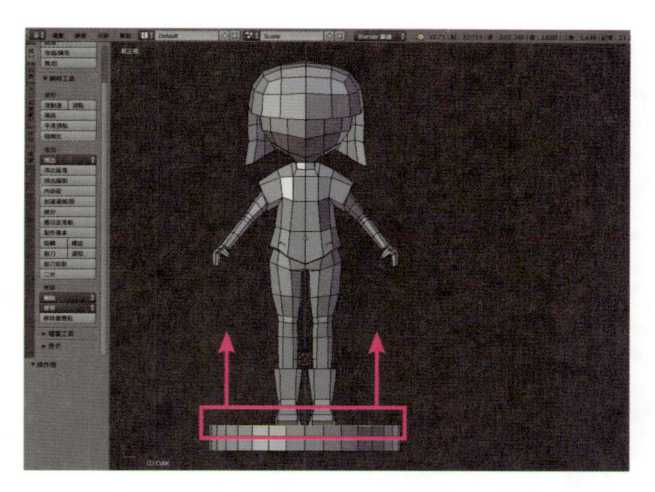

3. 再以滑鼠左鍵移動線段,往上移動至人物腳底的上方一點。

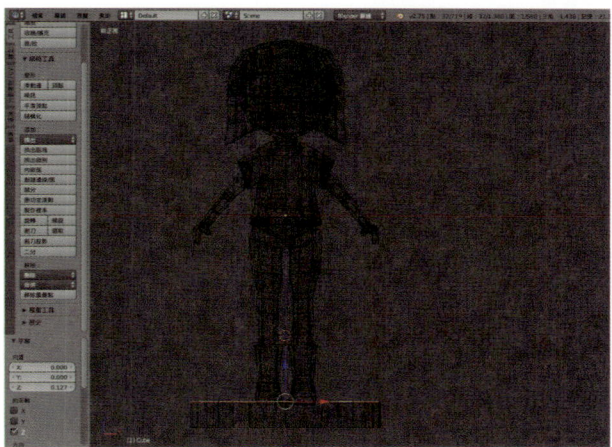

4. 按 [Z] 切換到「線框模式」,滾動滑鼠滾輪,將畫面放大後,確認底座與人物腳底有完全重疊,這樣列印時才不會有懸空的問題存在。

Step 5 移除人物與底座的重疊點

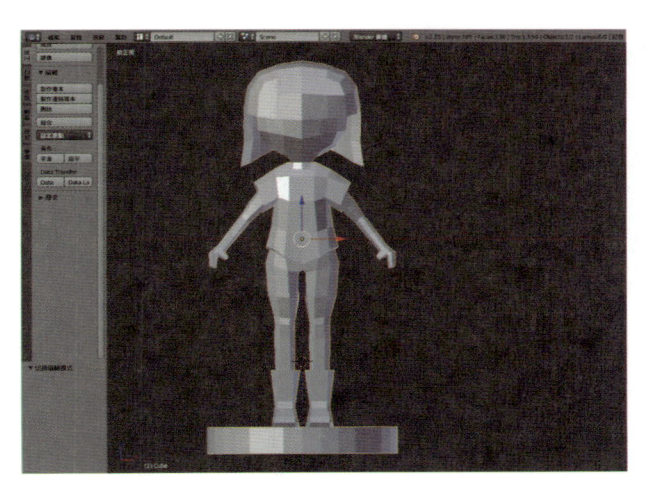

1. 按 [Tab] 切換回到「物體模式」。

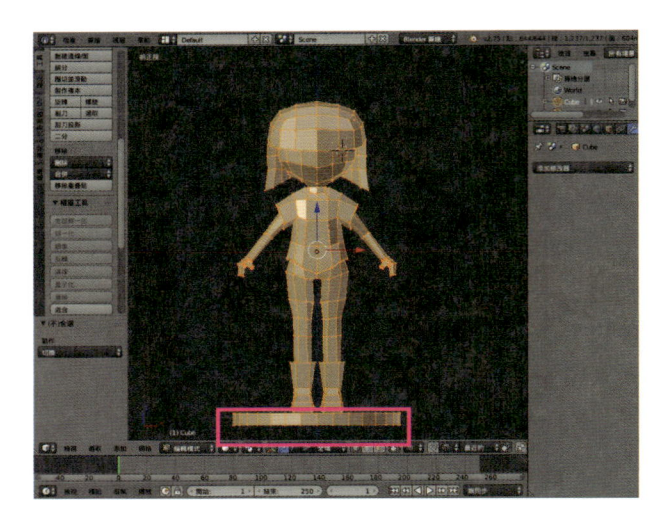

2. 按 [A] 進行全部選取,再執行【工具架區域→工具標籤→網格工具面板】的【移除→移除重疊點】。

8-5 製作臉部物件

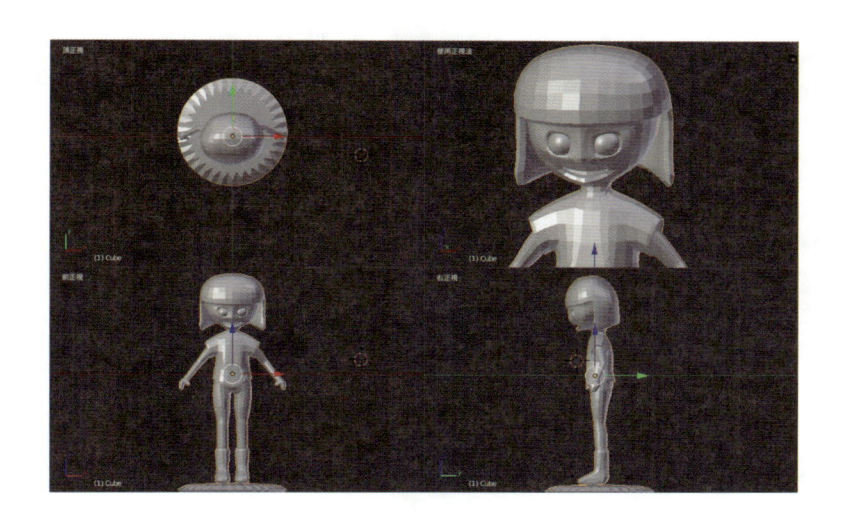

Step 1 製作眼睛

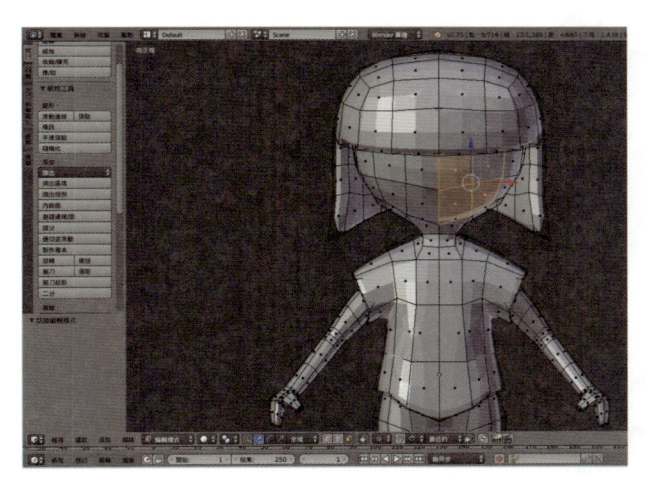

1. 按 **Tab**，切換到「編輯模式」，使用【3D 視圖編輯器】指令列上的 【面選取】按鈕，進入「面選取」模式，以 **Shift** 搭配滑鼠右鍵進行加選，選取要進行製作眼睛的面。

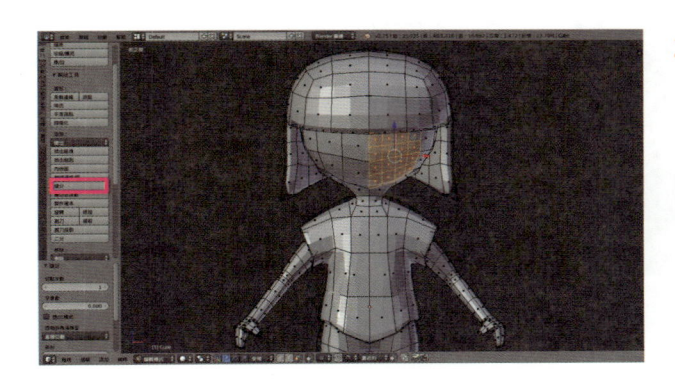

2. 到【工具架區域→工具標籤→網格工具面板】，點選【添加→細分】按鈕，設定切割次數為「1」。

添加：
- 擠出
- 擠出區塊
- 擠出個別
- 內嵌面
- 創建邊線/面
- 細分

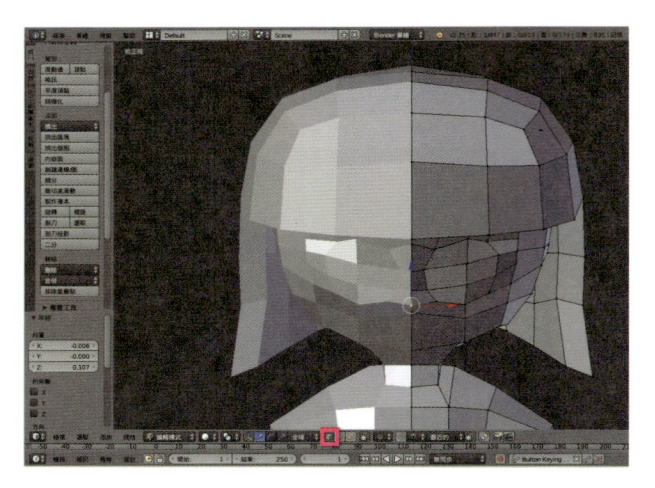

3. 點選【3D 視圖編輯器】上的 【Vertex select（點選取）】按鈕，進入「點選取」模式，按 G 使用「平移」工具調整出眼睛的輪廓。

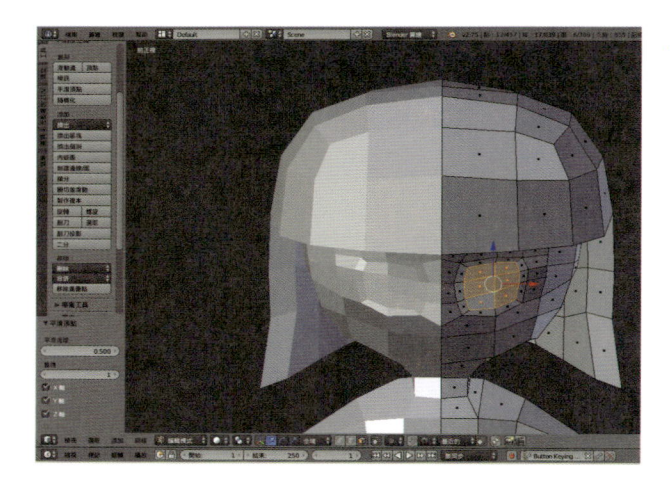

4. 使用到【工具架區域→工具標籤→添加面板】點選【擠出區塊】，按右鍵使變形回到原點，再按 S 「縮放」稍微進行縮小。

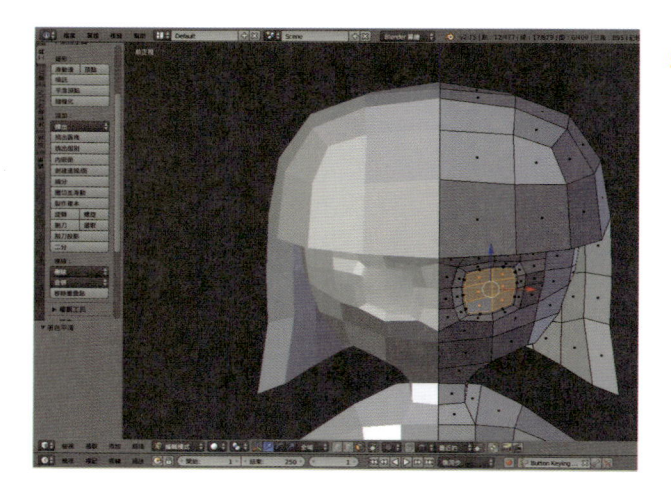

【擠出區塊】快速鍵：E

5. 再按 E 執行一次「擠出區塊」，按右鍵使變形回到原點，再按 S 「縮放」稍微進行縮小。再按 W 鍵，選單中選擇【著色平滑】。

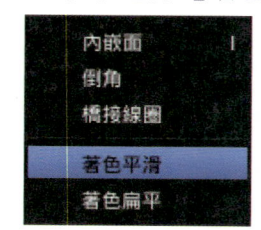

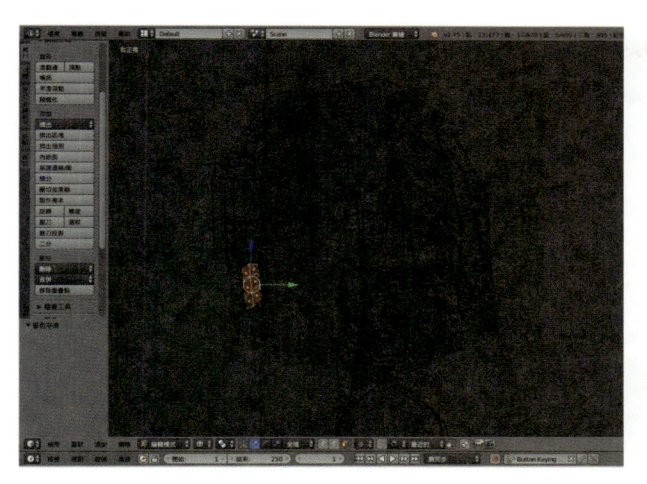

6. 可按 [3] 切換為「右視圖」及按 [Z] 切換到「線框模式」去做細部調整。

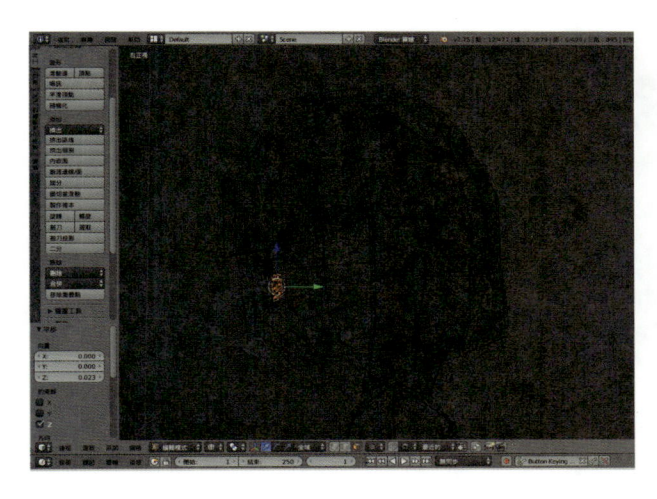

7. 按 [G] 使用「平移」工具,再按 [Y] 沿 Y 軸調整。再按 [S] 做大小縮放。

Step 2 製作嘴巴

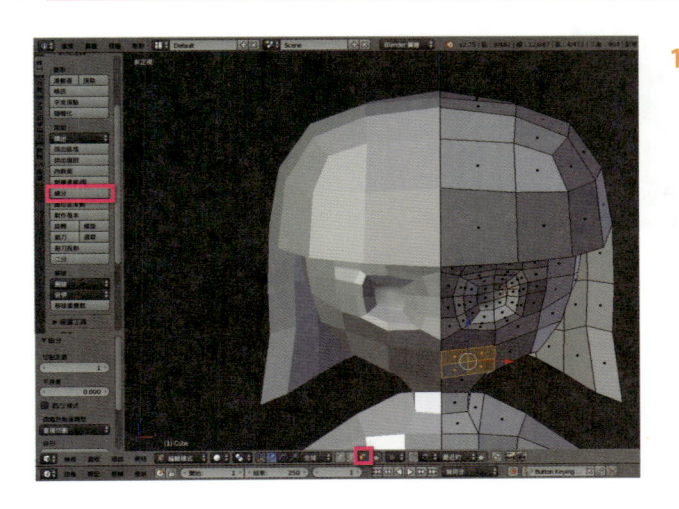

1. 按 [1] 切換 3D 預視區域為「前視圖」及按 [Z] 切換到「實體模式」。使用【3D 視圖編輯器】指令列上的 ▢▢▢【面選取】按鈕進入「面選取」模式,以 [Shift] 搭配滑鼠右鍵進行加選,選取要製作嘴部的面。
到【工具架區域→工具標籤→網格工具面板】,點選【添加→細分】按鈕,設定切割次數為「1」。

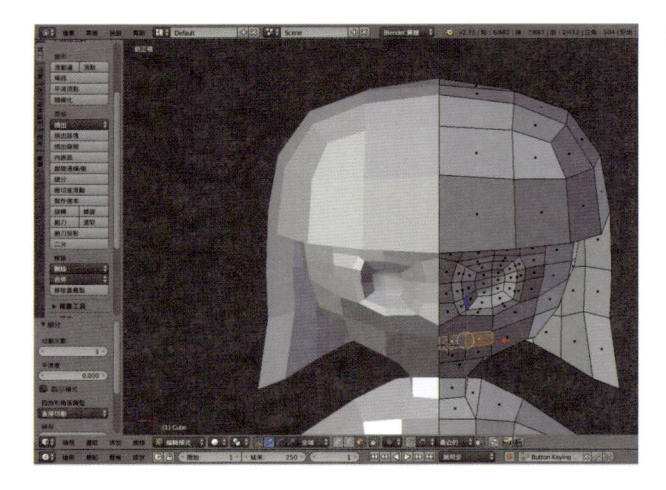

2. 點選【3D 視圖編輯器】上的
   【Vertex select（點選取）】按鈕，
   進入「點選取」模式選取嘴部的點
   調整大小。
   再進入「面選取」模式以 [Shift] 搭
   配滑鼠右鍵進行加選，選取要製作
   嘴部的面。

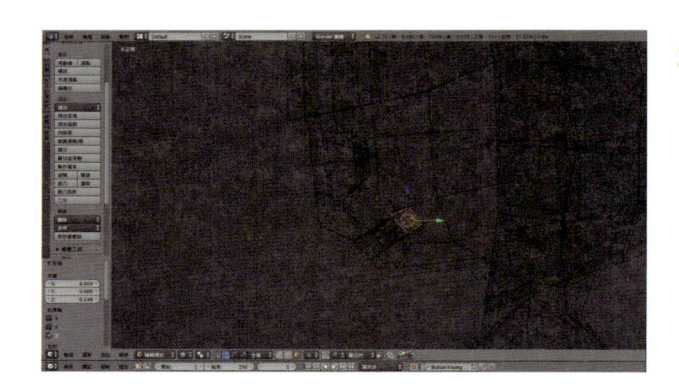

3. 按 [3] 切換 3D 預視區域為「右
   視圖」及按 [Tab] 切換到「編輯模
   式」。
   按 [E] 執行「擠出區塊」功能，再
   按滑鼠右鍵使變形回到原位。按 [G]
   「平移」再按 [Y] 沿 Y 軸移動。

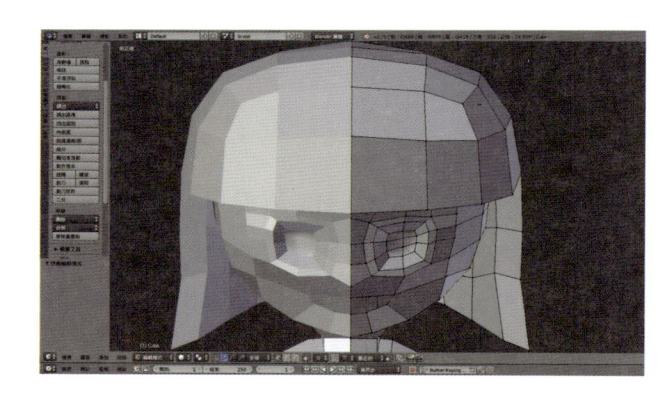

4. 可按 [1] 切換為「前視圖」及按
   [Z] 切換到「實體模式」進行檢視。

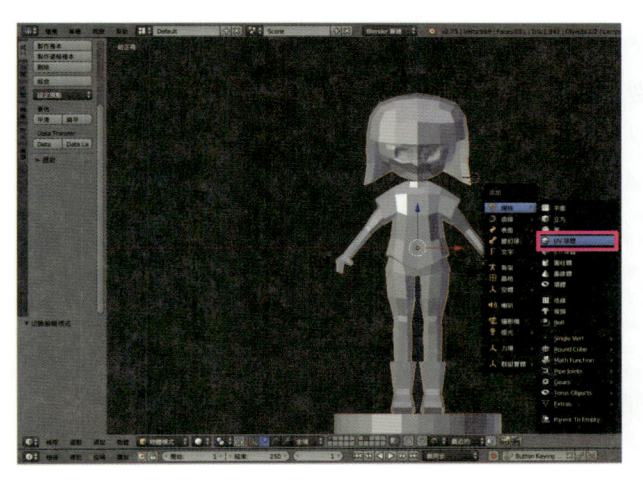

5. 按 `Tab` 切換到「物體模式」，到【工具架區域→建立標籤】選擇【網格→ UV 球體】，建立一個 UV 球體物件。

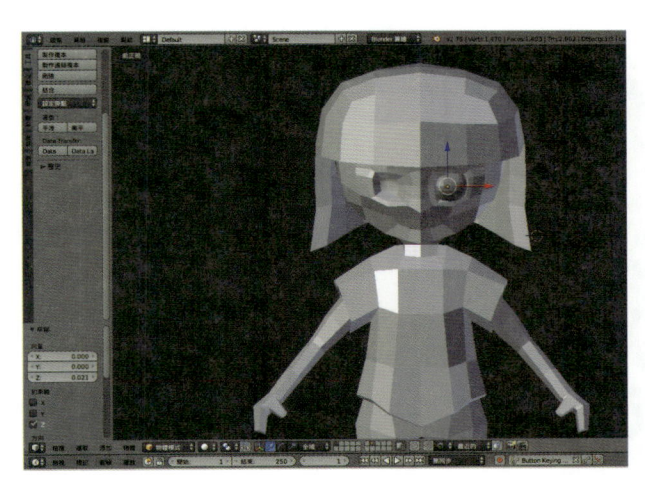

   【添加】快速鍵：`Shift` + `A`

6. 按 `G` 進行「平移」，將 UV 球體物件放置到眼球的位置，按 `S`「縮放」進行大小的調整。

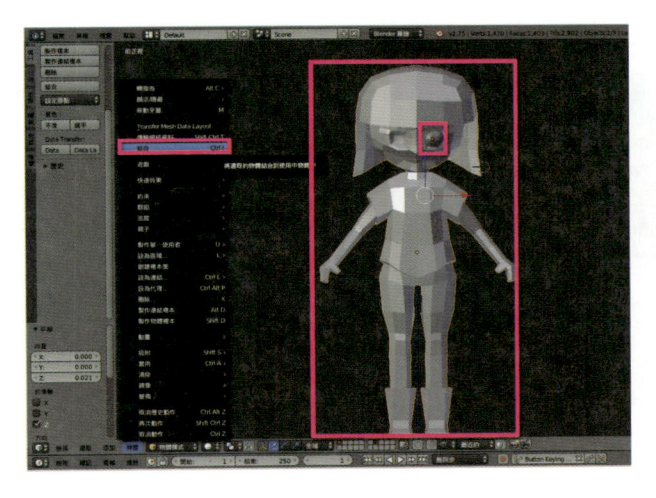

7. 點選【3D 視圖編輯器】指令列上的【物體→結合】將 UV 球體與身體結合。

   【結合】快速鍵：`Ctrl` + `J`

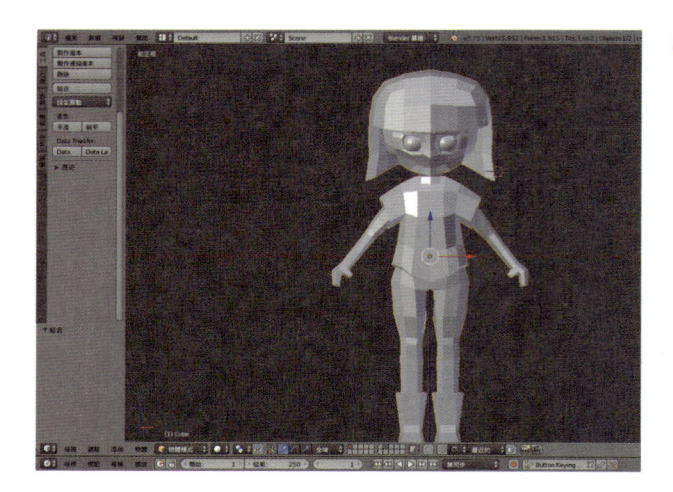

8. 結合完成。

Step 3 移除重疊點

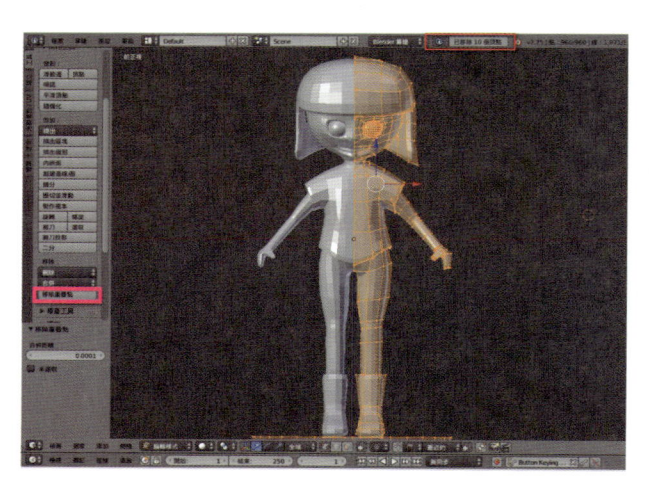

1. 按 [Tab] 切換到「編輯模式」，按 [A] 進行全部選取。再執行【工具架區域→工具標籤→網格工具面板】的【移除→移除重疊點】指令。

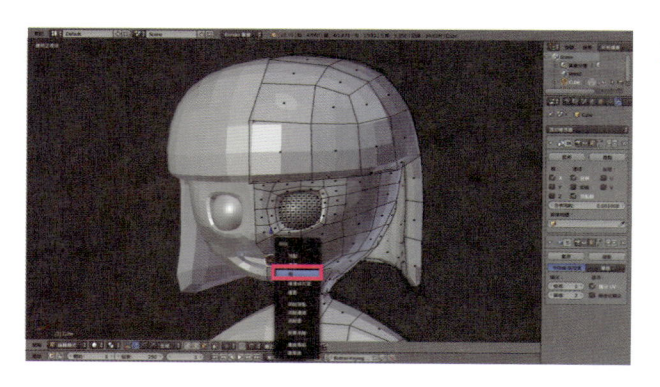

2. 使用【3D視圖編輯器】指令列上的 【面選取】按鈕，進入「面選取」模式，選取嘴唇的面，按 [X] 刪除面。

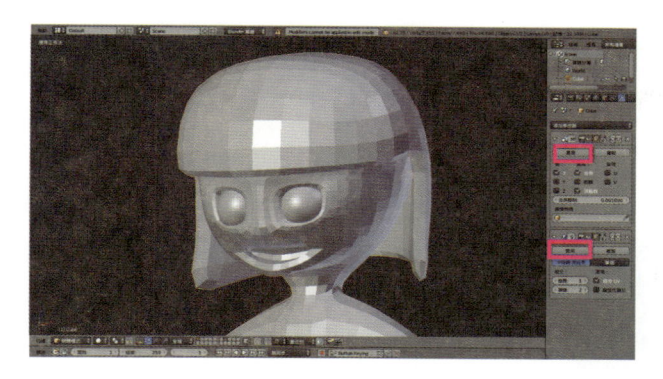

3. 按 Tab 回到「物體模式」，到【屬性編輯器→修改器標籤】按下鏡像修改器的【套用】按鈕。

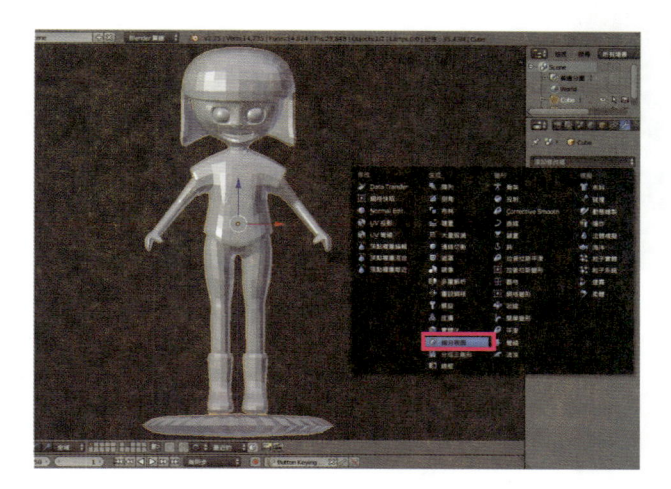

4. 想要物件看起來更細緻可以再次使用【細分表面修改器】。

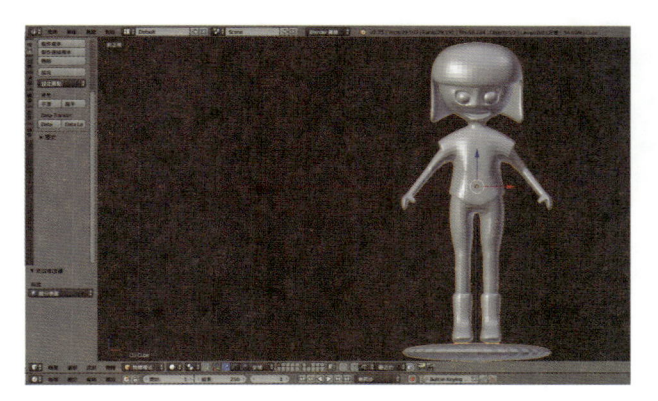

5. 製作完成。

8-3 儲存檔案

存為 Blender 檔案

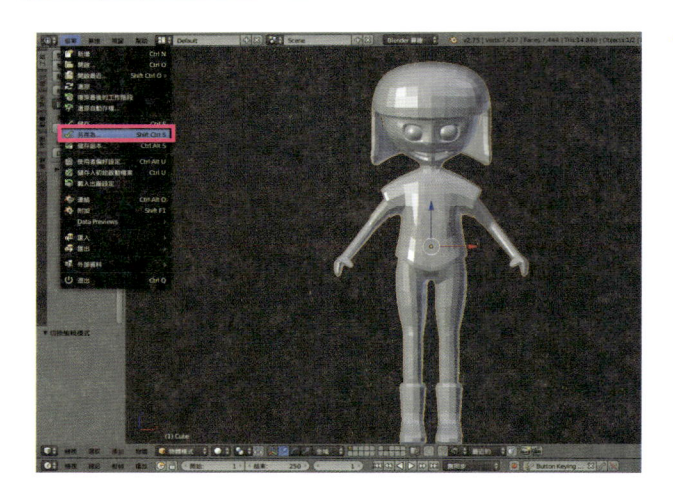

1. 執行【資訊編輯器】指令列的【檔案→儲存】指令。

2. 依序進行：①確認儲存的位置→②輸入檔案名稱→③點選【存為 Blender 檔案】進行儲存。

匯出成 STL 檔案格式

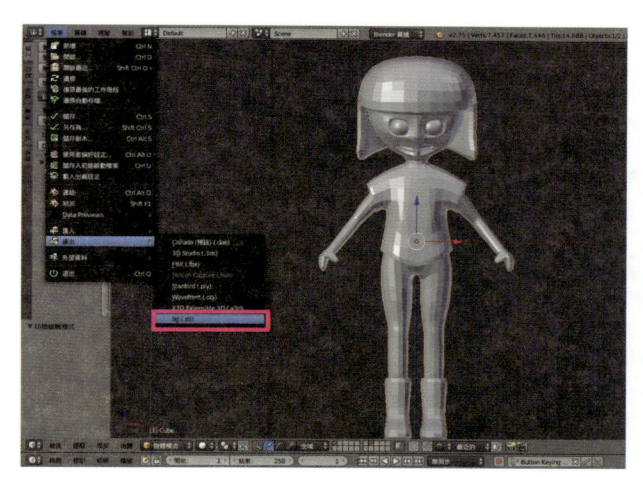

1. 執行【資訊編輯器】指令列的【檔案→匯出→ STL】指令。

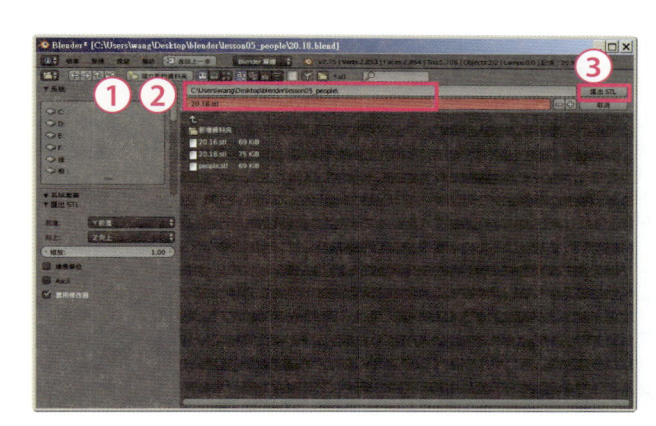

2. 依序進行：①確認儲存的位置→②輸入檔案名稱→③點選【匯出 STL】進行儲存。

3D 列印成品

Chapter 9

3D 模型列印

- 9-1 3D 模型列印
- 9-2 範例檔案列印參數

學習目標
利用 Cura 軟體進行 3D 列印。

運用新功能
Cura 軟體操作

9-1 3D 模型列印

Step 1 使用 Cura 列印 3D 模型

1. 開啟 3D 切片軟體「Cura」。

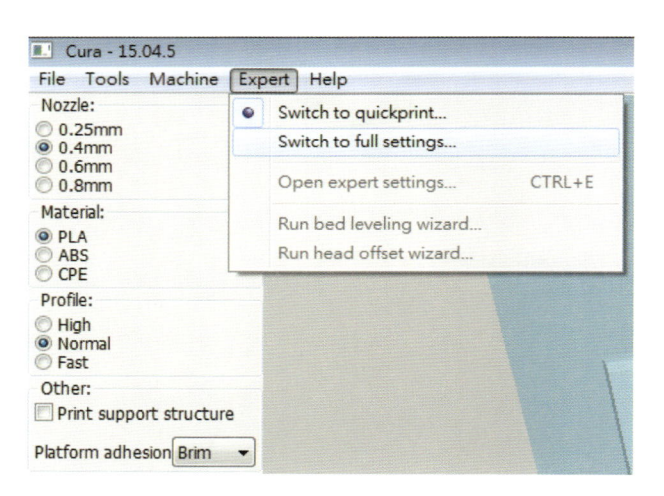

2. 點選功能區的【Expert → Switch to full settings】，從簡易模式調整成完整設定模式。

3. 切換到「完整設定模式」。

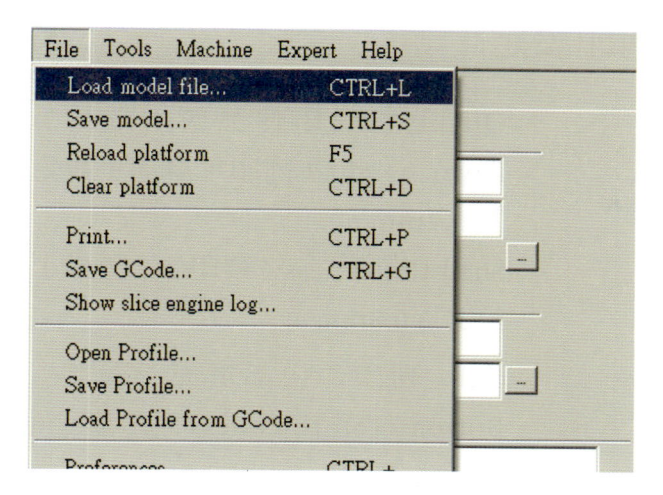

4. 點選【File → Load model file】，載入待列印之 STL 檔。

5. 選取檔案路徑。

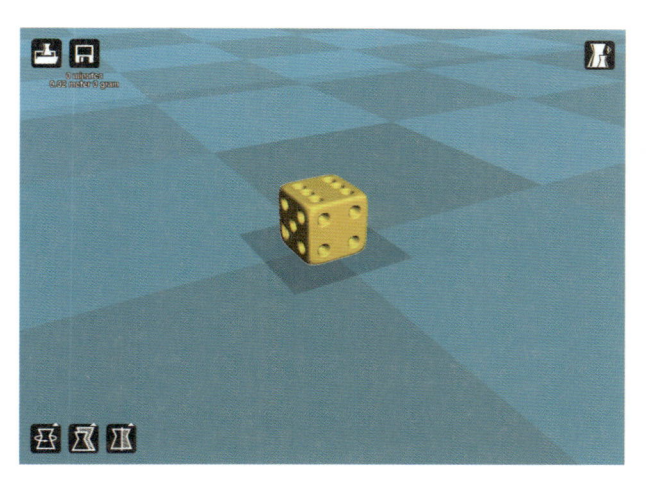

6. 載入檔案後如下圖所示。

Step ❷ 使用 Cura3D 模型列印設定

1. Quality（列印件品質）設定：
   Layer height（列印單層高）設定為 0.2mm。
   Shell thinckness（列印件之壁厚）設定為 0.8mm。

2. Fill（列印件內部填充）設定：
   Bottom/Top thickness（底層與頂厚度）設定為 0.8mm
   Fill Density (%)（列印件內部填充比例）設定為 10%。

3. Speed and Temperature：Print speed (mm/s)（列印速度）設定為 50。
   Printing temperature (℃)（加熱頭溫度）設定為 180。

Step ❸ Cura 列印件大小顯示與比例調整

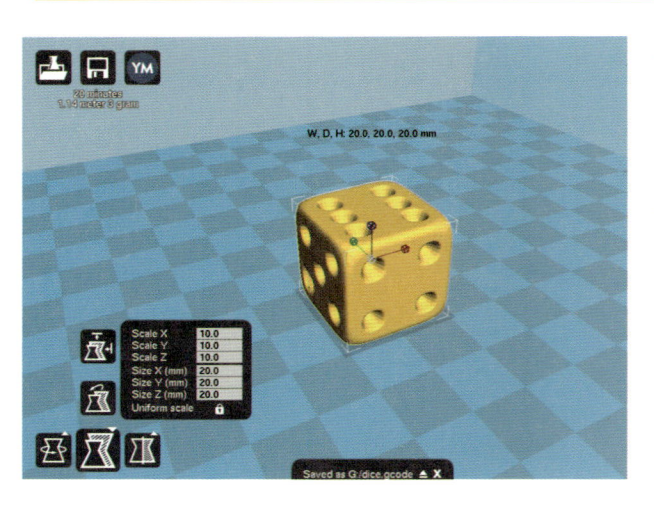

點選 Scale 圖示 ，修改列印件之大小，設定值：Scale Scale XYZ 各為 10；Size XYZ 為 20mm。
按下 Uniform scale 可鎖定比例，修改 XYZ 其中一項數值時，另兩項數值會自動等比做更改。

Step 4 檢視 Cura 列印件軌跡

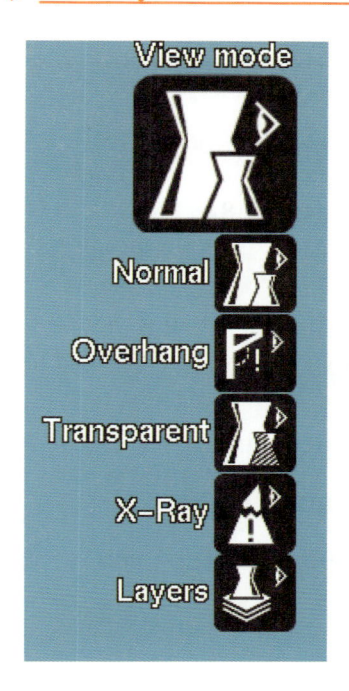

1. 點選 [View mode] 圖示，可顯列印件各種模式。

   點選 [Layers] 圖示，可顯列印件之軌跡路徑。

2. 上下拉動數字軸，可檢示列印層之列印軌跡。

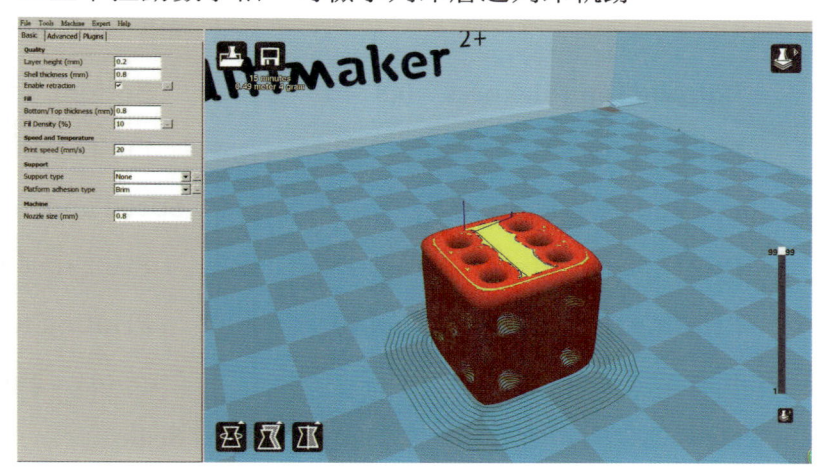

Step 5 匯出 GCode，供 3D 列印機讀取用

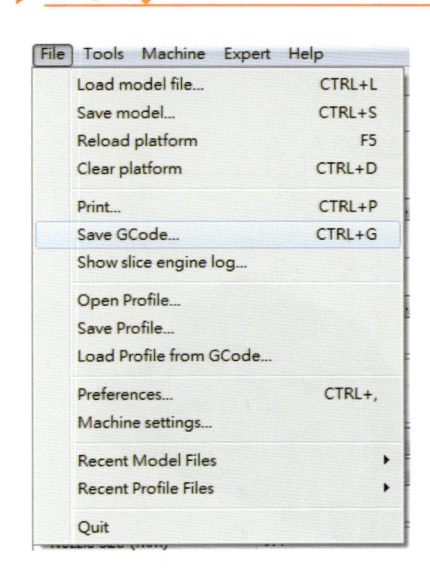

點選【File → Save GCode】，另存透過切片】，另存透過切片】，另存透過切片軟體轉成之「GCode」至 SD 卡上，供 3D 列印機離線列印使用。

9-2 範例檔案列印參數

Quality
　Layer height：0.2
　Shell thinckness：0.8
Fill
　Bottom/Top thickness：0.8
　Fill Density：10
Speed and Temperature
　Print speed (mm/s)：50
　Printing temperature (c)：180
Support：None
Scale
　Scale X：10.0
　Scale Y：10.0
　Scale Z：10.0
　Size X：20.0
　Size Y：20.0
　Size Z：20.0

Quality
　Layer height：0.2
　Shell thinckness：0.8
Fill
　Bottom/Top thickness：0.8
　Fill Density：10
Speed and Temperature
　Print speed (mm/s)：20
　Printing temperature (c)：180
Support：None
Scale
　Scale X：10.0
　Scale Y：10.0
　Scale Z：10.0
　Size X：31.817
　Size Y：52.198
　Size Z：22.987

Quality
- Layer height：0.2
- Shell thinckness：0.8

Fill
- Bottom/Top thickness：0.8
- Fill Density：15

Speed and Temperature
- Print speed (mm/s)：50
- Printing temperature (c)：180

Support
- Support type：Touching buildplate
- Structure type：Grid
- Overhang angle for support：45
- Fill amount(%)：15
- DistanceX/Y(mm)：0.7
- DistanceZ(mm)：0.2

Platform adhesion type：Raft
- Extra margin (mm)：5.0
- Line spacing(mm)：3.0
- Base thickness(mm)：0.3
- Base line width(mm)：1.0
- Interface thickness (mm)：0.27
- Interface line width(mm)：0.4
- Airgap：0.0
- First Layer Airgap：0.22
- Surface layer：2
- Surface layer thickness(mm)：0.27
- Surface layer line width(mm)：0.4

Scale
- Scale X：15.0
- Scale Y：15.0
- Scale Z：15.0
- Size X：63.893
- Size Y：50.786
- Size Z：70

Left (pink):

Quality
    Layer height：0.2
    Shell thinckness：0.8
Fill
    Bottom/Top thickness：0.8
    Fill Density：15
Speed and Temperature
    Print speed (mm/s)：50
    Printing temperature (c)：190
Support
    Support type：Touching buildplate
    Structure type：Grid
    Overhang angle for support：45
    Fill amount(%)：15
    DistanceX/Y(mm)：0.7
    DistanceZ(mm)：0.15
Platform adhesion type：Brim
    Brim line amount：20
Scale
    Scale X：6.0
    Scale Y：6.0
    Scale Z：6.0
    Size X：48.791
    Size Y：39.799
    Size Z：62.233

Right (green):

Quality
    Layer height：0.2
    Shell thinckness：0.8
Fill
    Bottom/Top thickness：0.8
    Fill Density：10
Speed and Temperature
    Print speed (mm/s)：50
    Printing temperature (c)：190
Support
    Support type：Touching buildplate
    Structure type：Lines
    Overhang angle for support：45
    Fill amount(%)：15
    DistanceX/Y(mm)：0.7
    DistanceZ(mm)：0.22
Platform adhesion type：None
Scale
    Scale X：15.0
    Scale Y：15.0
    Scale Z：15.0
    Size X：63.893
    Size Y：50.786
    Size Z：70

Quality
- Layer height：0.2
- Shell thinckness：0.8

Fill
- Bottom/Top thickness：0.8
- Fill Density：20

Speed and Temperature
- Print speed (mm/s)：50
- Printing temperature (c)：190

Support
- Support type：Touching buildplate
- Structure type：Lines
- Overhang angle for support：45
- Fill amount(%)：15
- DistanceX/Y(mm)：0.7
- DistanceZ(mm)：0.2
- Platform adhesion type：Everywhere

Scale
- Scale X：5.0
- Scale Y：5.0
- Scale Z：5.0
- Size X：36.56
- Size Y：36.228
- Size Z：79.385

教學推薦

熱熔成型 3D 印表機

※ 運送、安裝、教育訓練另計
※ 可自由組合搭配
※ 價格、規格依實際報價為準

一人一台免排隊

Ender-2 Pro 便攜型 3D 印表機

產品編號：4101041
建議售價：$7,800

規格
- FDM 熔融堆積成型，單噴頭單色、遠端送料。
- 列印尺寸 16.5*16.5*18 cm。
- 懸臂設計，並 Z 軸增加固定塊，提高列印穩定度。
- 全機僅 4.65Kg，具備便攜把手。
- 使用軟性磁吸墊，方便取下成品。

大成型尺寸

CR-10 Smart 大成形 3D 印表機

產品編號：4101002
建議售價：$18,500

規格
- FDM 熔融堆積成型，單噴頭單色、遠端送料。
- 列印尺寸 30*30*40 cm。
- 使用雙 Z 軸，側邊有加強鋁桿。
- 使用黑晶玻璃列印平台。
- 具備靜音主板、自動調平系統及 WiFi 無線傳輸。

雙進單出

CR-X Pro 雙色 3D 印表機

產品編號：4101052
建議售價：$29,500

規格
- FDM 熔融堆積成型，單噴頭雙色、遠端送料。
- 列印尺寸 30*30*40 cm。
- 雙風扇冷卻速度快。
- 使用黑晶玻璃列印平台。
- 具備雙 Z 軸及自動調平系統。。
- 雙全金屬高校擠出器。

PN059
輕課程 畫出璀璨、列印夢想 - 從 3D 列印輕鬆動手玩創意 - 使用 Tinkercad、123D Design、Paint.NET 繪圖軟體
郭永志 張夫美 黃昱睿 黃秋錦 編著

PN057
輕課程 創客數位加工與 Fusion 360 繪圖及製作 - 使用 mCreate 智慧調平 3D 印表機 & LaserBox 激光寶盒
王振宇 編著

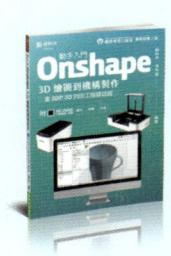

PB12801
動手入門 Onshape 3D 繪圖到機構製作 含 3DP 3D 列印工程師認證
趙珩宇 張芳瑜 編著

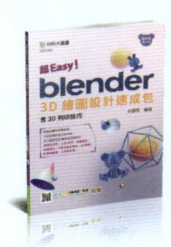

GB02302
超 Easy！Blender 3D 繪圖設計速成包 - 含 3D 列印技巧
倪慧君 編著

勁園科教 www.jyic.net

諮詢專線：02-2908-5945 或洽轄區業務
歡迎辦理師資研習課程

教學推薦

XYZprinting 全彩 3D 印表機

全新的列印體驗

- 輕鬆卸除列印平台。
- 無線連接與自動平台校正。
- 使用方便的彩色觸控螢幕。
- 線材殘量偵測功能,方便追蹤線材存量並停止 / 恢復列印過程。

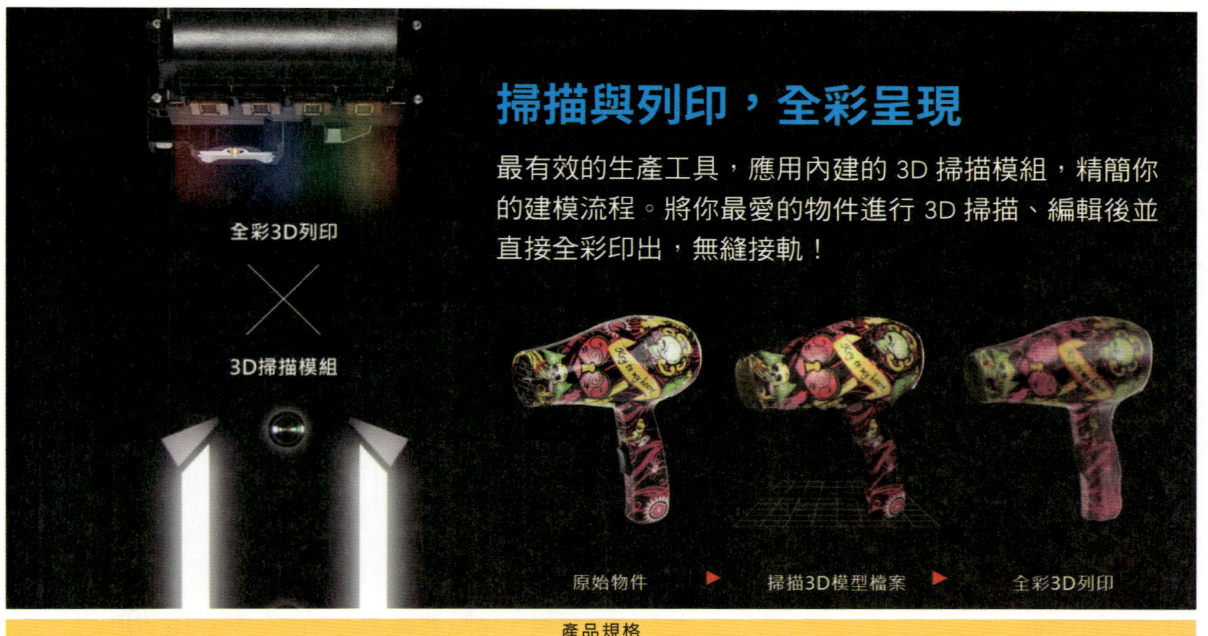

產品編號:**4011402**
教育優惠價:**$98,000**
影片介紹

掃描與列印,全彩呈現

最有效的生產工具,應用內建的 3D 掃描模組,精簡你的建模流程。將你最愛的物件進行 3D 掃描、編輯後並直接全彩印出,無縫接軌!

全彩3D列印 × 3D掃描模組

原始物件 ▶ 掃描3D模型檔案 ▶ 全彩3D列印

產品規格

列印性能	成型技術	3D 結構:熱融積層製造 (Fused Filament Fabrication)　2D 噴墨:噴墨列印
	最大成型尺寸	單色 20 x 20 x 15 cm;全彩 18.5 x 18.5 x 15 cm
	層厚設定	100 - 400 microns
	最高列印速度	180 mm/s
	定位精準度	X/Y 12.5 micron;Z : 0.0004 mm
	支援檔案格式	.stl、.3mf、.obj、.igs、.stp、.ply、.amf、.nkg (.stl)、.3cp
	適用材料	3D Color-inkjet PLA / PLA / 抗菌 PLA / Tough PLA / PETG / *XYZ 碳纖維 / * 金屬 PLA (* 列印頭選配)
	NFC 晶片線材	晶片將自動偵測殘量與最適合的參數設定。直徑 1.75 mm。
	墨水種類	Separate Ink Cartridge (CMYK)
掃描性能	掃描尺寸	5 cm 立方體 - 14 cm 立方體
	掃描解析度	5M pixel
	轉盤承重	≦ 3 Kg / 6.6 lbs
	輸出格式	.stl、.obj

勁園科教　www.jyic.net

諮詢專線:02-2908-5945 或洽轄區業務
歡迎辦理師資研習課程

書　　　　名	超 Easy! Blender 3D 繪圖設計速成包
書　　　　號	GB02302
版　　　　次	2016 年 6 月初版 2023 年 1 月三版
編　著　者	倪慧君
責　任　編　輯	一言文教　黃曦緡
校　對　次　數	6 次
版　面　構　成	顏彣倩
封　面　設　計	楊蕙慈

國家圖書館出版品預行編目資料

超 Easy! Blender 3D 繪圖設計速成包 / 倪慧君編著 . -- 三版 . -- 新北市 : 台科大圖書股份有限公司 , 2022.10
　　面 ；　公分
ISBN 978-986-523-541-3(平裝)
　　1.CST: 電腦繪圖　2.CST: 電腦動畫
312.866　　　　　　　　　　111016875

出　版　者	台科大圖書股份有限公司
門市地址	24257 新北市新莊區中正路 649-8 號 8 樓
電　　　　話	02-2908-0313
傳　　　　真	02-2908-0112
網　　　　址	tkdbooks.com
電　子　郵　件	service@jyic.net
版　權　宣　告	**有著作權　侵害必究** 本書受著作權法保護。未經本公司事前書面授權，不得以任何方式（包括儲存於資料庫或任何存取系統內）作全部或局部之翻印、仿製或轉載。 書內圖片、資料的來源已盡查明之責，若有疏漏致著作權遭侵犯，我們在此致歉，並請有關人士致函本公司，我們將作出適當的修訂和安排。
郵　購　帳　號	19133960
戶　　　　名	台科大圖書股份有限公司 ※ 郵撥訂購未滿 1500 元者，請付郵資，本島地區 100 元 / 外島地區 200 元
客　服　專　線	0800-000-599
網　路　購　書	PChome 商店街　JY 國際學院　　博客來網路書店　台科大圖書專區
各服務中心	總　　公　　司　02-2908-5945　　台中服務中心　04-2263-5882 台北服務中心　02-2908-5945　　高雄服務中心　07-555-7947

線上讀者回函
歡迎給予鼓勵及建議
tkdbooks.com/GB02302